国之重器出版工程

网络强国建设

学术中国·空间信息网络系列

★ ★ ★
"十三五"
国家重点出版物出版规划项目

天空地一体化自组织网络导航技术及应用

Space-Air-Ground Integrated Self-Organizing Network Navigation Technology and Application

巩应奎 薛瑞 编著

人民邮电出版社

北京

图书在版编目（ＣＩＰ）数据

天空地一体化自组织网络导航技术及应用 / 巩应奎,
薛瑞编著. -- 北京：人民邮电出版社，2020.11（2023.1重印）
（国之重器出版工程. 学术中国. 空间信息网络系列）
ISBN 978-7-115-54950-1

Ⅰ. ①天… Ⅱ. ①巩… ②薛… Ⅲ. ①导航－研究
Ⅳ. ①TN96

中国版本图书馆CIP数据核字(2020)第186530号

内 容 提 要

本书围绕天空地一体化自组织网络导航技术及其应用，探讨了网络架构、网络感知与自愈、导航通信协同、组网导航增强等主要问题。本书结合空间信息网络的最新研究成果以及我国基于北斗的综合定位导航授时体系呈现出的更加泛在、更加融合、更加智能的发展趋势，提出了导航增强自组织网络架构、导航自组织网络的感知与自愈、导航通信自组织网络、组网导航增强技术及应用模式，进行了天空地一体化组网导航集成仿真验证，解决了异质异构网络多维度协同、突变需求下高动态网络动态调整、时空间变化的随机误差准确消除等问题。

本书可作为高等院校通信与网络、计算机等专业的师生的教学参考书，也可供信息类相关领域的研究和实践工作者参考。

◆ 编　　著　巩应奎　薛　瑞
　　责任编辑　代晓丽
　　责任印制　杨林杰

◆ 人民邮电出版社出版发行　　北京市丰台区成寿寺路 11 号
　　邮编　100164　　电子邮件　315@ptpress.com.cn
　　网址　https://www.ptpress.com.cn
　　固安县铭成印刷有限公司印刷

◆ 开本：720×1000　1/16
　　印张：16.5　　　　　　　　2020 年 11 月第 1 版
　　字数：306 千字　　　　　　2023 年 1 月河北第 2 次印刷

定价：149.00 元

读者服务热线：(010)81055493　印装质量热线：(010)81055316
反盗版热线：(010)81055315

《国之重器出版工程》
编辑委员会

专家委员会委员（按姓氏笔画排列）：

于　全　中国工程院院士

王　越　中国科学院院士、中国工程院院士

王小谟　中国工程院院士

王少萍　"长江学者奖励计划"特聘教授

王建民　清华大学软件学院院长

王哲荣　中国工程院院士

尤肖虎　"长江学者奖励计划"特聘教授

邓玉林　国际宇航科学院院士

邓宗全　中国工程院院士

甘晓华　中国工程院院士

叶培建　人民科学家、中国科学院院士

朱英富　中国工程院院士

朵英贤　中国工程院院士

邬贺铨　中国工程院院士

刘大响　中国工程院院士

刘辛军　"长江学者奖励计划"特聘教授

刘怡昕　中国工程院院士

刘韵洁　中国工程院院士

孙逢春　中国工程院院士

苏东林　中国工程院院士

苏彦庆　"长江学者奖励计划"特聘教授

苏哲子　中国工程院院士

李寿平　国际宇航科学院院士

李伯虎	中国工程院院士
李应红	中国科学院院士
李春明	中国兵器工业集团首席专家
李莹辉	国际宇航科学院院士
李得天	国际宇航科学院院士
李新亚	国家制造强国建设战略咨询委员会委员、中国机械工业联合会副会长
杨绍卿	中国工程院院士
杨德森	中国工程院院士
吴伟仁	中国工程院院士
宋爱国	国家杰出青年科学基金获得者
张 彦	电气电子工程师学会会士、英国工程技术学会会士
张宏科	北京交通大学下一代互联网互联设备国家工程实验室主任
陆 军	中国工程院院士
陆建勋	中国工程院院士
陆燕荪	国家制造强国建设战略咨询委员会委员、原机械工业部副部长
陈 谋	国家杰出青年科学基金获得者
陈一坚	中国工程院院士
陈懋章	中国工程院院士
金东寒	中国工程院院士
周立伟	中国工程院院士

郑纬民　中国工程院院士

郑建华　中国科学院院士

屈贤明　国家制造强国建设战略咨询委员会委员、工业
　　　　和信息化部智能制造专家咨询委员会副主任

项昌乐　中国工程院院士

赵沁平　中国工程院院士

郝　跃　中国科学院院士

柳百成　中国工程院院士

段海滨　"长江学者奖励计划"特聘教授

侯增广　国家杰出青年科学基金获得者

闻雪友　中国工程院院士

姜会林　中国工程院院士

徐德民　中国工程院院士

唐长红　中国工程院院士

黄　维　中国科学院院士

黄卫东　"长江学者奖励计划"特聘教授

黄先祥　中国工程院院士

康　锐　"长江学者奖励计划"特聘教授

董景辰　工业和信息化部智能制造专家咨询委员会委员

焦宗夏　"长江学者奖励计划"特聘教授

谭春林　航天系统开发总师

前　言

　　空间信息网络作为国家重要的空间基础设施，对我国充分利用空间资源、发展经济建设以及提升国际竞争力具有重要意义。时空信息服务作为空间信息网络的一项基本服务，将面临一系列新的挑战。本书围绕天空地一体化自组织网络导航技术及应用，重点针对导航增强自组织网络架构、导航自组织网络的感知与自愈、导航通信自组织网络、组网导航增强方法及应用模式进行了研究和探索，并介绍了天空地一体化组网导航集成仿真验证平台。

　　作者及所属团队在"十二五"规划、"十三五"规划期间先后承担了多项与天空地一体化网络、天空地一体化导航增强方法等相关的国家自然科学基金项目和省部级课题的研究工作。通过国家自然科学基金重大研究计划重点支持项目——"天空地一体化导航增强动态自组网模型及应用模式"，研究了导航增强自组织网络的体系架构、导航增强自组织网络模型及感知自愈机制、导航增强方法及应用模式，提出了空天动态组网模型和应用模式，搭建了集成仿真验证环境。

　　本书相关的研究工作由中国科学院空天信息创新研究院、北京航空航天大学和中国科学院软件研究所共同完成。全书共分为 6 章。第 1 章绪论，介绍了天空地一体化导航增强自组织网络的相关研究进展以及面临的技术挑战；第 2 章导航增强自组织网络架构，介绍了时空基准的统一和维持、临近空间动态导航网络构型、临近空间组网协同定位方法；第 3 章导航自组织网络的感知与自愈，介绍了导航自组织网络的协同定位、导航自组织网络的故障检测、导航自组织网络的误差估计和导航自组织网络的用户定位；第 4 章导航通信自组织网络，介绍了基于时空信息的动态路由技术、基于网络编码技术的空间自组织网络技术和"同平台，共网络"导航通信组网技术；第 5 章组网导航增强技术及应用模式，介绍了卫星导航的完好性增强技术、导航自组织网络的空基增强技术及导航自组织网络的地基增强技术；第 6 章天空地一体化组网导航集成仿真验证系统，介绍了集成仿真系统架构、集成仿真验证系统设计等内容。

本书的撰写得到了很多人的支持和帮助。巩应奎负责全书的内容规划和整体结构搭建工作、撰写过程的组织和协调工作以及全书统稿工作。此外，刘炳成、万红霞、杨光主要承担了第 2 章的编写工作，薛瑞主要承担了第 3 章、第 5 章的编写工作，张晓光、陈威屹主要承担了第 4 章的编写工作，王大鹏主要承担了第 6 章的编写工作。另外，李大朋、邓礼志、史政法等人的研究成果为本书的编写提供了支持。在此一并表示感谢。

本书的撰写得到了国家自然科学基金委员会的大力资助，在此表示衷心感谢！

在项目研究及本书撰写的过程中，张军院士、吴海涛研究员、袁洪研究员等前辈和专家学者提供了很多的指导和帮助，在此表示衷心感谢！

在本书的编辑和校稿过程中，人民邮电出版社的代晓丽、胡俊霞等编辑付出了辛勤的劳动，在此表示衷心感谢！

由于作者水平有限，书中难免存在不妥之处，恳请读者批评指正。

作者

2019 年 7 月于北京

目 录

第 1 章

绪 论

伴随万物互联时代的不断演进，空间信息网络作为国家重要的基础设施，也将迎来天空地导航资源的一体化协同和融合发展。空间信息网络节点之间的互联互通，对于增强网络功能、提升生存能力、提高服务质量都会产生深刻影响。同时，空间信息网络所具有的节点异质异构、网络动态多变、环境复杂多样等特性，都对天空地一体化组网导航提出了技术挑战。本章将从导航增强动态自组织网络架构、节点动态感知与网络自愈、导航增强等方面出发，阐述国内外学者的相关研究进展，梳理目前存在的问题与挑战，为发展天空地一体化的组网导航技术奠定基础。

空间信息网络作为国家重要的空间基础设施，将逐步实现导航、通信、遥感等业务的融合发展。时空信息的传递和应用作为空间信息网络的一种服务，也将面临新的发展机遇和挑战。本章介绍天空地一体化自组织网络导航技术的基本概念和国内外研究现状。

| 1.1 研究背景 |

全球导航卫星系统（GNSS，Global Navigation Satellite System）在国民经济的各个领域中都得到了广泛应用，人们对卫星导航的依赖程度逐渐提高。与此同时，卫星导航的一些不足之处也日渐受到关注，主要体现在可用性、完好性和定位精度3个方面。针对此问题，一般采用星基增强、空基增强和地基增强手段，通过信息增强和信号增强，提升卫星导航的服务性能。但是，各种导航增强平台之间相互独立、缺乏协同，阻碍了导航增强平台发挥更大的作用。本书中的天空地一体化组网导航增强，是指天基的通信卫星、空基的临近空间浮空器和无人机、地基的伪卫星通过节点间的组网通信实现对北斗卫星导航系统的一体化导航增强。导航增强自组织网络，不仅可以提升导航服务质量，而且可以提升导航系统的生命力和可靠性。

目前，针对星基增强和地基增强的相关研究较多，而针对空基增强尤其是利用临近空间浮空器和无人机作为增强平台实现导航增强的研究相对较少。临近空间浮空器布设机动、灵活，而且具有良好的悬停功能，用于卫星导航增强具有良好的发展潜力。

为了实现天空地一体化导航增强动态自组织网络，基于临近空间浮空器和无人机的组网导航增强是关键。北斗导航卫星和通信卫星都是按照各自的运行轨道飞行的，由于地面伪卫星的位置固定，其灵活机动的导航增强主要依赖临近空间浮空器和无人机。

天基、空基和地基导航平台的导航及导航增强原理不同，而且时间基准和空间基准不统一，与单纯的空间信息网络相比，各个导航平台之间除了传递增强信息之外，还相互传递时间校准信息和测距信息，而且导航业务对时间校准信息的时效性要求更高，对测距信号则要求保持连续。

如何充分利用天空地一体化的空间信息网络，结合导航业务需求，将导航业务和通信业务进行融合，构建天空地一体化的导航增强自组织网络；各个节点之间通过动态感知与网络自愈机制，解决导航增强自组织网络的动态变化；同时通过多个增强平台之间的协同，实现多源多层的导航增强是亟需解决的问题。

| 1.2　国内外研究现状 |

导航网与通信网服务于不同的业务。导航网强调时空基准的统一和空间位置的确定，关注时效性和连续性；通信网则关注数据在网络中传递的准确性。将导航网与通信网融合成为导航增强自组织网络，需要考虑导航增强动态自组织网络架构、节点动态感知与网络自愈和导航增强 3 个方面的内容，这 3 个方面的国内外研究现状如下。

1.2.1　导航增强动态自组织网络架构

导航网传递与时空基准相关的导航电文，注重导航电文传递的时效性和连续性。因此，建立动态自组织网络架构需要对导航增强组网、导航通信一体化、时间同步技术进行研究。

（1）导航增强组网

现有的导航增强平台包括星基增强系统（SBAS，Satellite-Based Augmentation System）、地基增强系统（GBAS，Ground-Based Augmentation System）、空基增强系统（ABAS，Aircraft-Based Augmentation System）和混合增强系统。

SBAS 利用地球同步卫星向用户发送测距信号、差分改正信息以及 GNSS 的完好性信息。SBAS 包括美国的广域增强系统（WAAS，Wide Area Augmentation System）、欧洲地球静止导航重叠服务（EGNOS，European Geostationary Navigation Overlay Service）系统和日本的多功能卫星增强系统（MSAS，Multi-Functional Satellite Augmentation System）等。

GBAS，美国定义其属于局域增强系统（LAAS，Local Area Augmentation System），是一种能够在局部区域内提供高精度 GNSS 定位服务的增强系统。其原理与 WAAS 类似，只是用地面的基准站代替了 WAAS 中的地球同步卫星，通过这些基准站向用户发送测距信号、差分改正信息及完好性信息。GBAS 能够在局部地区提供比 SBAS 精度更高的定位信号，并因此用于机场导航。在机场覆盖空域范围内，配置相应接收机的飞机能够获得达到 I 类精密进近甚至更高标准的精密进近着陆引导服务。GBAS 在欧洲、美国、澳大利亚、日本和韩国等均有机场导航的实际应用工程案例。

ABAS 综合了 GNSS 信息和机载设备信息，从而保证了导航信号的完好性。它的应用包括接收机自主完好性监测（RAIM，Receiver Autonomous Integrity Monitoring）、飞机自主完好性监测（AAIM，Airborne Autonomous Integrity Monitoring）、全球定位系统（GPS，Global Positioning System）/惯性导航系统（INS，Inertial Navigation System）等。其宗旨是保证定位精度，实现对卫星工作状态的监控，确保使用健康的卫星进行定位。

SBAS 和 GBAS 以美国的 WAAS 和 LAAS 为代表，目前已初步形成空地协同的区域导航增强网络，以保障较高的精度和完好性，但仍存在以下局限性：首先，其导航增强网络是静态的，且尚未实现无缝覆盖，在都市、峡谷和一些复杂地形环境下存在盲区，从而极大影响了导航增强服务应用的范围；其次，其仅针对 GNSS 导航源，在 GNSS 导航信号受限情况下将无法使用；最后，抗毁性差，当地面监测网络遭到飓风、水灾等重大自然灾害时，将无法工作。为解决上述问题，研究人员试图突破单一导航源与单一静态导航增强网络的瓶颈，引入动态导航增强网络模式。Han Z[1]提出利用移动自组织网络（MANET，Mobile Ad Hoc Network）来实现无人机之间的通信和相对定位，并分析了确保最优网络接入的无人机布局模式，从而为空基导航动态增强提供有效的网络平台；Mourad F[2]在此基础上进一步探讨了通过接收信号能量强度比较来计算 MANET 中无人机相对位置的方法；Karia D C[3]提出可以利用 GNSS 实现 MANET 最优路由，并给出仿真结果，进一步加强了位置信息在移动自组织网络中的重要性。

上述研究的主要贡献在于为 MANET 能够作为动态导航增强网络提供了理论依据，还需要解决的主要问题如下：首先，如何在高动态拓扑、稀疏节点分布的情况下确保导航增强网络的连通性和高效性；其次，如何选取合理的导航源，以实现天基、地基和空基动态自组织网络的协同导航增强。

我国在 SBAS 和 GBAS 方面做过一些研究。对于 SBAS，一般通过租用或专门发射通信卫星，以通信卫星作为信号增强或信息增强的平台，在地面设置一定数量的卫星导航监测站，提供测距功能、广域差分校正和广域完好性通道 3 类增强服务，为用户改善导航精度、完好性、连续性和可用性；对于 GBAS，一般由地面参考站、中心处理站等组成增强平台，为用户提供地基伪卫星测距功能、差分校正和完好性通道 3 类增强服务，改善地面用户的导航精度并提供完好性预警，改善空中用户的导航定位的连续性和可用性。

我国在 2002 年前后开始发展 SBAS，基于北斗一号系统的通信广播链路，卫星定位总站牵头建立了 GPS 广域增强系统，主要功能是利用北斗一号系统的通信链路向我国及周边区域内的用户广播 GPS 误差修正信息和完好性信息。其工作在 S 波段（用户接收频点），与国外普遍采用的 L1 频段不同，信号格式的设计也与国外 SBAS 不同，因此该系统的接收机不能与国外共用，实际运行证明该系统在技术上可行。在北斗全球系统设计中，拟在北斗系统的地球同步轨道（GEO，Geostationary Earth Orbit）和倾斜地球同步轨道（IGSO，Inclined Geo Synchronous Orbit）卫星上搭载增强信息广播载荷，向用户广播误差改正信息和完好性信息。

随着伪卫星概念的提出及其硬件技术的不断完善，伪卫星定位系统已在室内、地下、飞行导航、火星探测等方面得到了一些应用，利用伪卫星和 GPS 组合进行定位也成为提高 GPS 定位精度的有效途径之一，同时也是有效的地基增强手段。

伪卫星（PL，Pseudo-Satellite）一般定义为地面 GPS 信号发射器，最初用于 GPS 卫星发射之前的测试工作。由于伪卫星具有抗干扰能力强、灵活组网、可靠性高、经济性好等特点，可有效解决卫星导航系统的几何构型不佳、冗余度差以及卫星损坏或遮挡所造成的卫星数目不足等问题，为改善卫星导航系统和提高导航定位精度提供了一种有效方案。如今，针对伪卫星定位组网的研究主要包括两个方向：一是针对伪卫星增强系统组网的研究，二是针对伪卫星独立定位系统组网配置的研究。

针对伪卫星技术在飞机精确着陆系统中的应用的研究不断加强，而且针对伪卫星在普通导航和定位中的应用探索也得到了很大的发展。

斯坦福大学的 Cobb H S 和 Lawrence D、Pervan B 合作利用低成本伪卫星设计了完好信标着陆系统（IBLS，Integrity Beacon Landing System），在初始化只需要 15 s 的条件下，该系统取得了厘米级的定位结果。另外，斯坦福大学的 Bell T 和 Connor M L O 利用 Cobb 设计的伪卫星设计普通差分全球定位系统（CDGPS，Common Differential Global Positioning System），实现了对农用拖拉机的自动控制，试验取得了令人满意的效果。同样，利用伪卫星与 GPS 的组合定位也在船舶航行和监控应用中得到了验证[4-5]。

以新南威尔士大学卫星导航定位研究组为代表的一些团队在伪卫星静态精密观测领域开展了开创性工作，并取得了一些初步成果。此外，英国和加拿大等国家也进行了一些研究，提出了静态观测中 GPS 和伪卫星几种可能的组合方式，并且证明了该组合方式应用于静态精密定位的可行性[6-8]。

在伪卫星独立定位技术研究方面，在 Cobb H S 等之前曾有人提出在公路隧道和大型厂房内利用伪卫星定位的设想，斯坦福大学的另外一些学者在此基础上对伪卫星在室内和室外机器人导航领域内的应用做了进一步的研究。

斯坦福大学太空机器人实验室（ARL，Aerospace Robotics Laboratory）[9]利用 6 颗 Cobb 设计的简单伪卫星建立了一套室内导航系统，成功地模拟了机器人自动捕获目标的过程。在此之后，斯坦福大学又在 NASA 的支持下提出了在火星上使用自校准的伪卫星阵列对火星车进行导航的设想[10-11]，并进行了一系列的地面试验，试验中的伪卫星同时具有收发彼此之间导航信号的功能，并采用双向差分定位算法，取得了比较理想的成果。

首尔大学与斯坦福大学的研究者[12-15]合作搭建了室内异步伪卫星导航系统，尽管伪卫星在室内应用时受到多径效应和接收机与伪卫星视线矢量太短等方面误差的影响，但通过载波相位差分技术，并在特殊的起始条件下，其实验的最终结果仍然达到了 1~2 mm 的静态误差和 5~15 mm 的动态误差，证明了室内伪卫星精确定位有着坚实的理论基础。

国内对于伪卫星的相关技术研究起步较晚，但研究进展较快，并且得到了一定的实验性应用。相关研究主要包括：临近空间伪卫星增强北斗双星导航系统的组网配置方案研究[16]以及伪卫星室内、水下、城市峡谷等复杂环境独立定位组网构型的研究[17-20]，组网的评价标准一般考虑覆盖性、导航精度因子和定位精度等因素，这些研究对获得最佳的伪卫星定位系统组网布局提供了参考。

导航增强组网在提升导航系统服务性能的同时，也提升了导航系统的生命力和可靠性。

（2）导航通信一体化

为扩展卫星导航的应用范围，基于现存卫星导航系统建立了 3 个新系统：基于双向卫星通信链路的中国区域定位系统（CAPS，China Area Positioning System）、卫星辅助的地面移动通信和导航系统、地空通信协作多系统多模定位系统[21]。

CAPS 是基于卫星通信的定位系统，其利用通信卫星向用户发送地面生成的导航信息，实现了 5 种结合：导航和通信的结合，导航和高精度轨道测量的结合，导航电文和广域/局域差分处理的结合，不同卫星间频率和码的结合，导航电文和气压高度测量的结合[22]。CAPS 的建立，标志着导航通信一体化的发展方向。通信卫星通过发送地面生成的导航信号，实现导航和定位。基于通信卫星的 CAPS 的导航信息由地面站生成，并通过卫星发送给用户，从而具有通信的整合能力[23]。其利用 C 频段进行通信，从而能够选择 3 个频点进行精密导航，结合 3 个频率上的载波和码尽可能地移除了电离层时延，同时能够在较少的时元内确定相位的整周模糊度[24]。解决了如下技术问题：精确定位和通信卫星的轨道预测，信号传播时间的测量和计算，通信卫星信号发送中载波频率的漂移，星座几何的调整以及导航和通信的融合[25]。目前，CAPS 的时间同步精度为 0.3 ns，测速精度为 4 cm/s[26]，静态定位精度在 10 m 以内，动态定位精度在 15 m 以内[27]。小倾角倾斜同步轨道（SIGSO，Slightly Inclined Geostationary Orbit）卫星的机动性改善了 CAPS 星座配置，有效降低了 PDOP，实现了三维定位导航并延长了 GEO 卫星的寿命[28]。

CAPS 和 GPS 不同，测量伪距时原始导航信号的发送时元是从地面主控站算起而不是从卫星算起。Shi H L 等[29]建立了基于通信卫星进行导航定位的 3 个观测方程，同时讨论了观测特征方程的线性解算和条件数大于 4 的最小二乘解算，提出的方法对通信卫星的导航定位有潜在价值。对于导航通信一体化的导航通信系统，多径干扰和多接入干扰是影响 CAPS 性能的主要因素。通过使用扩频序列能够解决上述问题，基于此，Lei L H 等[30]基于 Chebyshev 图的混沌序列，建立了卫星通信系统模型以研究混沌序列在 CAPS 中的应用。混沌序列在 CAPS 中的多用户探测和提高系统性能方面具有应用价值。

Shi H L 等[31]提出的利用退役的 GEO 卫星进行导航和通信，使导航完好性和定位精度得到了提高，同时建立了新的卫星通信服务，实验结果表明该研究具有显著的社会价值并能够带来可观的经济效益。

随着移动通信网络的发展，辅助定位方法成为新的研究热点，主要包括基于贝叶斯和 Kalman 滤波方法的位置指纹方法[32]，利用接收信号强度（RSS，Received Signal Strength）在室内密集多径环境进行定位[33]，A-GPS、Wi-Fi 定位和蜂窝网络定位集成的定位方法[34]。而目前采用 TOA 原理的手机定位算法有两种：最小二乘（LS，Least Squares）和非凸约束加权最小二乘（CWLS，Constrained Weighted Least Squares），Cheung K W[35]的研究表明，CWLS 估计比 LS 性能更优，具有更低的克拉美罗（CR，Cramer-Rao）界，并且在高信噪比的环境下具有更小的误差。Li B 提出了 GNSS 和 WLAN 融合的方法，利用 WLAN TOA 估计的距离观测量和 GNSS 伪距测量信息，采用基于扩展卡尔曼滤波的紧耦合方式，适用于二维室内/城市峡谷环境。

导航通信一体化信号体制不仅仅是单一信号源的信号体制，而且是多源融合的信号体制。

（3）时间同步技术

目前，基于全球导航卫星系统的高精度时间传递方法主要有共视（CV，Common View）法、全视（AV，All in View）法、载波相位定位（CP，Carrier Phase Positioning）法和 GNSS 精密单点定位（PPP，Precise Point Positioning）法以及基于通信卫星的双向卫星时间频率传递（TWSTFT，Two-Way Satellite Time and Frequency Transfer）法等。这些方法各有优劣，适用于各种对时间传递精度要求不同的场合。其中，GNSS CV 是以卫星钟时间作为参考源的，相距遥远的两个增强平台同步观测卫星，测定增强平台时间与卫星钟时间之差，通过比较两个增强平台的观测结果，确定两个增强平台时间的相对偏差，其最大的优点在于比对结果不受卫星钟误差的影响，而且具有设备便宜、使用费用低、操作简单、可连续运行等优点[36]。在 1980 年国际频率控制年会上，Allan D W 等[37]首次提出了 GPS 共视法时间传递的原理；1985 年，GPS 共视法正式被用于远距离时间比对，参与国际原子时（TAI，International Atomic Time）计算；20 世纪 90 年代，GPS 共视法开始得到广泛应用[38-39]，1994 年，Allan D W 代表 GPS 时间传递标准工作组（GGTTS，The Group on GPS Time Transfer Standards），在 *Metrologia* 上发表了 "Technical Directives for Standardization of GPS

Time Receiver Software"，统一了共视接收机软件的处理过程和单站观测文件的格式，进一步提高了共视比对精度[37]。至今，GPS 共视法应用于 TAI 比对已有 20 多年，并被不断改进，由最初的 GPS 单频单通道共视发展到 GPS 单频多通道共视、GLONASS P 码共视、GPS 双频共视、GPS 全视、GPS 载波相位等多种方法，其技术原理都是类似的，只是观测数据量有所不同，其比对精度也不同[36]。目前，GPS 共视法是国际原子时系统中应用最广泛的比对方法[40]，是全球 70 多个时间实验室采用最多的时间传递技术。

为了进一步提高时间同步精度，需要更好地解决路径时延问题，于是出现了 TWSTFT 技术[41-42]。近年来，卫星双向时间频率传递技术越来越成熟，是目前国际计量局（BIPM，International Bureau of Weights and Measures）进行国际时间比对所采用的主要方法之一。由于参与卫星双向时间频率传递比对的一对地面站同时向同一颗卫星发送时间信号，并接收对方发送并经卫星转发的信号，发送和接收的信号路径基本相同，该技术有效地抵消了卫星位置和地面站位置不准确而造成的测量误差以及电离层异常和对流层干扰引起的时延误差，因此时间同步精度高，目前 TWSTFT 准确度可达到 500~750 ps，稳定度可达到 200 ps。如果 TWSTFT 的潜力得到充分发挥，预计其精度可达到 80 ps[40,43]。经国际电信联盟推荐，1999 年卫星双向时间频率传递方法比对结果正式参加国际原子时计算。美国、欧洲和亚洲均已组建了卫星双向比对网。

国内学者对导航系统中的时间同步方法展开了系统深入的研究，主要包括站间同步方法、星地时间同步方法和导航卫星自主时间同步方法。站间同步方法主要有卫星双向时间频率传递法[44]、共视法[45]和单星授时法[46]，星地时间同步方法则包括星地双向无线电测距法、伪码激光测距法、倒定位法。最近几年，国内学者又对基于星间链路的导航卫星自主时间同步方法进行了研究，主要方法是采用星间双向测距实现距离和钟差参数的解耦，利用星载滤波器进行实时估计[47-49]。

目前的导航通信一体化侧重解决单一导航信号与通信信息的信号体制一体化，较多讨论的是单一的 SBAS 方法、单一的 GBAS 方法，初步讨论了天地协同的方法，而关于空基增强方法的讨论还处于空白。同时，针对天空地一体化的增强组网以及导航增强组网与通信组网的融合的研究还有待进一步发展。

1.2.2 节点动态感知与网络自愈

在节点动态感知与网络自愈方面，国内外学者主要针对无线自组织通信网络的状态感知、自组织网络模型和自愈方法开展了研究。

（1）状态感知

在网络状态感知方面，现有研究主要针对无线传感器网络中的多传感器数据进行融合处理，提高无线传感器网络的状态监视和目标跟踪的精度和可靠性。

多传感器融合的概念是由美国的 Tenney 和 Sandell 于 20 世纪 70 年代首次提出的[47]。随后，美国国防高级研究计划局（DARPA, Advanced Research Projects Agency）先后将多传感器数据融合列为重大研究课题、国防部 22 项关键技术之一。近年来，随着无人机技术的迅速发展，美国国防部战略能力办公室、美国海军、DARPA 自 2014 年起，先后启动了以多传感器数据融合技术为技术基础的无人机蜂群、低成本无人机技术蜂群和小精灵等，进一步拓展了对多传感器融合技术的应用研究。

在多传感器数据融合技术研究方面，Nakamura E F 等[48]分析了网络中数据融合的方法、模型以及分类。Chen C C 等[49]以网络中的能量消耗为目标函数，提出了分布式的跨层多传感器数据融合算法。Diaz M O 等[50]基于路由树的构建，提出了动态数据融合算法，通过制定网络中节点周期性休眠策略，进一步节省网络能量消耗。Galluecio L 等[51]针对数据融合过程中的数据冗余问题，提出了一种基于熵驱动分析的高效数据融合算法。Ganesan D 等[52]针对多传感器网络中时空不规则问题，提出了基于数据空间差分和时序信号分割的数据融合算法，能够有效减少数据传输量。

我国在多传感器数据融合技术方面起步较晚，但发展速度较快。1992 年，谢红卫等[53]首次对数据融合技术的设计思路和数据融合的实质进行了总结。潘振中[54]就多传感器数据融合技术在战场侦察中的应用进行了研究。20 世纪 90 年代中期，多传感器数据融合技术得到了我国诸多学者的广泛关注，并在数据融合的理论、系统框架和融合算法方面开展了大量研究[55-57]。进入 21 世纪，多传感器数据融合技术已被列入国家自然科学基金和国家"863"计划重点支持项目，并已被广泛应用到诸多行业，如目标跟踪[58]、协同定位[59]、水利信息采集与反馈[60]、环境监测[61]、图像处理[62-63]等。

（2）自组织网络模型

在自组织网络模型方面，主要是基于复杂网络理论来研究无线传感器网络拓扑结构中的各种演化行为和动力学特征，包括网络的节点、链接的自组织演化机制以及网络拓扑结构的自组织演化过程。

无线传感器网络拓扑的结构与演化的理论研究可以为覆盖与连通[64-65]、拓扑控制[66]、地理路由[67]等方面提供理论依据和方法。从研究方法上来讲，早期的研究多采用图论[68]、计算几何[69-70]、连续渗流[71-73]、占位[74-75]等方法。随着复杂网络理论的兴起，部分研究人员开始尝试利用复杂网络理论来研究传感器网络的演化机制，例如连续介质[76]等理论。从研究的对象来讲，可以将网络分为同构网络和异构网络两个大类。同构网络假设所有节点具有相同的传输半径，进而通过确定临界传输范围（CTR, Critical Transmission Range），保证网络的某种属性，如能量最小化、连通性最优等。异构网络假定网络节点的传输半径不尽相同，但都不超过最大传输范围。

Helmy A[77]通过随机的链路重连和加边实验，验证了无线传感器网络当中的小世界现象，确定了空间图与小世界网络之间的关系。Iyer B V[78]在系统地研究了无线网络的可靠性和节点容量的基础上，对无线网络的分簇现象进行了分析，并分别设计了优先连接和均匀连接两种演化模型。Ishizuka M 等[79]提出了随机幂律部署传感器网络节点的概念，实现了一种节点的度以幂律进行演化的随机部署模型，并验证了这种模型的容错能力和可靠性，实验表明这种具有无标度特征的传感器网络可以显著提高网络的容错能力。Sarshar N 等[80]在研究复杂的对等网络与 Ad Hoc 网络的基础上，设计了一种具备节点增加、节点删除和链路补偿机制的演化模型，该模型较好地再现了真实网络的演化行为。Saffre F 等[81]成功实现了一种复杂 Ad Hoc 背景下的无标度网络拓扑。Borrel 等在经典的 BA 无标度模型的基础上，设计了一种 Ad Hoc 网络的优先连接演化模型。

（3）自愈方法

在无线自组织网络的研究中，对网络自愈的研究主要集中在建立路由协议及在网络拓扑动态变化条件下保证通信服务质量。近年的研究热点包括自组织网络能量感知路由（如 LEAR[82]、COMPOW[83]和 PARO[84]等）、有效利用带宽资源的自组织网络路由协议（如 DLAR[85]、LBAR[86]和 LSR[87]等）和自组织网络服务质量（QoS, Quality of Service）路由（如 CEDAR[88-89]、SRL[90]、QoS-MSR[91]、QoS-OLSR[92]和 TBP[93]等）。

如何针对多业务的不同需求提供差异化保护，学术界和产业界已进行了较多研究[94-96]。对网络生存性问题的研究正逐渐从定性研究转向定量研究[97]。同时，在网络保护质量方面，目前缺乏有效的量化指标和评价工具，因此需要研究如何定量地评价保护质量。基于定量指标评估，才可以指导和构建保护机制，改善设计和操作，为用户提供差异化的保护质量。流量疏导和带宽分配是网络优化中需要重点解决的问题[98]。通信网以分组化内核承载多业务，分组化固有的流量流向不固定等特征，给网络规划带来了较大的不确定性。这几个方面的差异性决定了不同的链路带宽需求、保护带宽需求、流量负载分布等[99]。由于网络服务质量的不确定性，现有通信网络通常将业务分为高质量要求业务和低质量要求业务。对高质量要求业务的保护容易产生资源过度配置，对低质量要求业务的保护容易产生资源过度订购。

1.2.3 导航增强

一般通过信息增强和信号增强来实现可用性增强、完好性增强和精度增强。本书重点关注可用性增强和完好性增强。

（1）可用性增强方法

尽管 GNSS 已经能够提供全球、全天候的位置、速度和时间等导航信息，但在都市、峡谷、室内和一些复杂地形环境下，其信号易受遮挡，导致导航服务性能下降，无法满足特定的运行需求。引入多种导航源，采用先进的导航模式成为解决上述问题的主要手段。在 2000 年年初，美国国防高级研究计划局（DAPRA，Defense Advanced Research Projects Agency）就开始进行相关研究，并将 Wi-Fi 信号、数字电视信号和移动通信信号纳入备用导航源[100]；Sun 等[101]进一步讨论了利用移动通信信号、Wi-Fi 信号和自组织传感器信号进行组网以实现定位的技术方案，但其思路仍主要局限为单一导航源和导航网络，且仅针对低动态环境。

随后，佛罗里达大学的研究人员[102]提出将 INS 与 GNSS 深组合以提升弱 GNSS 信号情况下的导航精度和连续性；斯坦福大学研制了 GPS 与数字电视信号组合的导航终端[103-104]，逐步将多导航源融合与协同定位由理论变成了原型系统。上述研究具有较强的启发性与开拓性，其主要局限表现在以下两方面：首先，尚未讨论和实现对导航性能的增强以满足特定的运行需求；其次，上述研究主要基于静态和低动态环境，其结果在航空环境下的适用性尚有待验证。

为此，研究人员继而将注意力转移到多种导航源的融合方式上以提升动态环境下的导航性能：Nemra A 等[105]利用与状态相关的 Riccati 方程设计了一种非线性滤波器，以实现 INS 和 GPS 无人机组合增强定位；密歇根理工大学的研究人员[106]提出了二维环境下多节点的 TOA-DOA 测距信息融合定位方法，并论证了其在移动自组织网络中的可行性。

随着移动网络的发展，研究人员提出辅助 GNSS 方案。A-GNSS 是一种移动网络和卫星导航相结合的定位技术，利用移动网络的辅助，解决传统 GNSS 中首次定位时间（TTFF，Time to First Fix）过长以及弱信号下或者有效使用的可见星数小于 4 颗时的定位问题。其参考网络覆盖全球，全天候监测并记录覆盖区域的卫星星历数据、多普勒频移等定位信息，包括移动台辅助和移动台自主两种模式。哈尔滨工业大学的研究团队[107]在开阔的条件下，在普遍采用的最小二乘估计算法、卡尔曼滤波算法的基础上，提出了最小二乘估计和扩展卡尔曼滤波联合的改进的增强定位算法；在非开阔条件下，提出了基站位置与高程差联合辅助定位法、距离补偿辅助定位法、卫星多普勒辅助三星定位法、多普勒测量与基站位置联合辅助两星定位法、卫星复观测定位法以及基站位置辅助的卫星复观测定位法等[108-113]，以上算法增强了定位精度。

目前尚待解决的主要问题为：首先，在动态自组导航网络中，如何合理优选导航源，使得单一节点获得最佳的导航服务性能；其次，如何将网络中不同节点的导航信息进行有效融合，以保障不同层次的导航运行需求。

（2）完好性增强方法

卫星导航真实定位误差未知且呈现随机分布特征，无法直接判定其是否超过指定容限。现有卫星导航完好性监测系统均通过实时估计伪距误差包络模型，计算满足完好性风险要求的定位误差置信上限，并与运行所允许的容限相比较，实现对卫星导航故障的检测。因为在对伪距误差包络模型估计的过程中所使用的样本数量有限，产生了较大的不确定性，为满足完好性需求，所得的结果过于保守。

对卫星导航故障检测方法进行改进，使其满足更高的运行需求，是近年来卫星导航研究领域的热点。研究人员主要在以下 3 个方面开展了多项研究。

（a）基于物理原理对真实误差模型进行推导

Braasch M 等[114]研究了精密进近和着陆环境中的多径误差特性。Brenner M 等[115]

基于实验数据研究了漫反射多径的属性。Enge P 等[116]研究了多径误差对码相位观测量的影响，建立了多径引起的码相位误差的包络。Counselman C C[117]指出使用三元素垂直阵列天线的抗多径性能比传统地面天线好。Pervan B 等[118]根据多径和天线增益图样，推导出天线输出端的含有多径的信号。Sayim I 等[119]定义了地面反射多径的季节变化模型，量化和补偿了误差的季节变化影响，并使用实际数据进行了检验，可处理非高斯和非零均值误差。McGraw G 等[120]基于上述研究定义了使用现有接收机天线技术的伪距误差标准差模型。

然而，到目前为止，研究发现很难使用这种模型导出可接受的能够包络真实误差的概率分布模型[121]。

（b）基于统计原理对真实误差的分布进行假设

Marshall J[122]证明了在仅限制误差概率密度函数（PDF，Probability Density Function）具有对称性和非增性的条件下，其上限形式为一个在中心点的 Dirac Delta 函数和一个均匀分布。虽然该分布是一个数学结构，完全不能物理实现，但确实提供了一个小于 Chebyshev 不等式的理论上限。Braff R 等[123]提出正态反高斯（NIG，Normal Inverse Gaussian）分布可被认为是关于尾概率最低上限的合理估计。基于观测的最大误差，Braff 使用统计方法导出可行的放大因子，给出了用于估计尾概率模型的一个 NIG 分布，并分析了最差的模型。Rife J 等[124-125]提出处理时间相关序列时，只要样本存在一个概率分布函数，就可通过线性变换使其球对称，并基于此给出了各种环境下的滤波器最差性能模型。Blanch J 等[126-127]提出了一种在伪距误差被描述为混合高斯分布的情况下计算最优保护级的方法，展示了这种误差的描述方法在描述厚尾分布的同时，不损失紧核特性所带来的更多的适应性，然而这种算法极大地增加了计算量。

由于难以使用真实数据对上述模型进行验证，上述研究均未得到实际应用。

（c）基于真实数据对误差模型进行统计推断

Rife J[128]提出核心包络方法处理误差分布与高斯分布相差较大的情况，将误差分为核心和尾部两个区域进行分析，表明误差尾部对Ⅲ类精密进近有显著影响，通过使用高斯核高斯边（GCGS，Gaussian Core with Gaussian Sidelobe）方法，给出了误差概率分布尾的允许容限，从而消除了厚尾包络的过保守。Shively C[129]提出将卫星测距均值的偏差加入 LAAS 的广播数据中，仿真证明这样可以满足Ⅱ/Ⅲ类精密进近要求，但其并不符合目前的 LAAS 标准，从而限制了其应用。Rife J 等[130-132]提出使用 Excess-Mass 函数可以有效降低放大因子，以及使用双边包络可以验证定位域完好性，并允许真实误差分布是任意的，改进了早期完好性验证方法对零均值、对称性和单峰性的严格要求。定位域监测（PDM，Position Domain Monitoring）[117]的包络算法直接在定位域进行误差监测，大大降低了放大因子，但由于不知道用户在定位计算中究竟使用的是哪几颗卫星的组合，PDM 算法必须对视界内卫星的全部可能组合分别进行计算，超出了实际系统的计算能力和数据链的容量[133-134]。

然而，上述统计推断方法的研究未能突破样本数量有限带来的统计不确定性难题。

综合国内外研究现状，现有针对卫星导航故障检测方法的研究均为在原有基于统计推断的误差包络方法基础上的改进，难以突破统计推断方法在误差包络中应用的固有不足。

（1）真实误差模型未知，且无法直接观测，所建立的先验模型灵活性不足，难以适应多星座卫星导航。

（2）用于统计推断的样本数量与所需要的置信度相比极为有限，由此产生了较大的统计不确定性。

从上述国内外调研的情况来看，目前导航增强手段单一，缺乏组网协同。本书针对天空地一体化导航增强的完好性模型进行研究，进一步改善了导航增强的性能，提升了导航服务能力。

| 1.3 小结 |

本章从天空地一体化导航增强自组织网络的研究意义入手，围绕天空地一体化导航增强动态自组织网络架构、网络感知和自愈和导航增强方法 3 个方面的国内外研究现状进行了阐述。围绕自组织网络架构，重点了阐述了导航增强组网、导航通信一体化和时间同步技术等内容。围绕网络感知和自愈，重点阐述了状态感知、自组织网络模型和网络自愈等内容。围绕导航增强方法，重点阐述了可用性增强方法和完好性增强方法。通过阐述相关研究工作的国内外现状，分析和梳理需要进一步研究的工作内容，从而为开展后续相关研究工作奠定基础。

| 参考文献 |

[1] HAN Z, SWINDLEHURST A L, LIU K. Optimization of MANET connectivity via smart deployment/movement of unmanned air vehicles[J]. IEEE Transactions on Vehicular Technology, 2009, 58(7): 3533-3546.

[2] MOURAD F, SNOUSSI H, RICHARD C. Interval-based localization using RSSI comparison in MANETs[J]. IEEE Transactions on Aerospace and Electronic Systems, 2011, 47(4): 2897-2910.

[3] KARIA D C, GODBOLE V V. New approach for routing in mobile Ad Hoc networks based on ant colony optimisation with global positioning system[J]. IET Networks, 2013, 2(3): 171-180.

[4] COBB H S. GPS pseudolites: theory, design, and applications[D]. Standford: Standford University, 1997.

[5] HOLDEN T, MORELY T. Pseudolite augmented DGPS for land applications[C]//Proceedings of US Institute of Navigation GPS-97. [S.l.:s.n.], 1997: 1397-1404.

[6] BIBERGER R J, HEIN G W, EISSFELLER B, et al. Pseudolite signal creeping on conducting surfaces[Z]. 2001.

[7] BARLTROP K J, STAFFORD J F, ELROD B D. Local DGPS with pseudolite augmentation and implementation considerations for LAAS[Z]. 1996.

[8] TUOHINOJ L, FARLEYM G, JAMESR R. Military pseudolite flight test results[Z]. 2000.

[9] BARNES J, WANG J L, RIZOS C, et al. The performance of a pseudolite-based positioning system for deformation monitoring[Z]. 2002.

[10] WANG J L. Pseudolite applications in positioning and navigation: progress and problems[J]. Global Positioning Systems, 2002, 1(1): 48-56.

[11] BARTONE C G, KIRAN S. Flight test results of an integrated wideband airport pseudolite for the local area augmentation system[J]. Navigation, 2001, 48(1): 35-48.

[12] GALIJAN R C, LUCHA G V. A suggested approach for augmenting GNSS category III approaches and landings: the GPS/GLONASS and GLONASS pseudolite system[Z]. 1993.

[13] KEE C, YUN D, JUN H. Autonomous navigation and control of miniature vehicle using indoor navigation system[Z]. 2002.

[14] KEE C, JUN H, YUN D, et al. NAVICOM development of indoor navigation system using asynchronous pseudolites[Z]. 2000.

[15] SOON B K H, POH E K, BARNES J. Flight test results of precision approach and landing augmented by airport pseudolites[Z]. 2003.

[16] 孟键, 孙付平, 丛佃伟. 伪卫星增强区域卫星导航系统组网仿真[J]. 测绘科学技术学报, 2008, 25(3): 213-215.

[17] 谭龙玉. 基于飞行器群独立动态组网的北斗伪卫星系统研究[D]. 南京: 南京航空航天大学, 2013.

[18] 彭瑞雪, 胥霖, 王富. 伪卫星定位系统中组网布局研究[J]. 兵工自动化, 2010, 29(8): 53-56.

[19] 宋倩, 张波, 李署坚. 地面伪卫星组网布设技术研究[J]. 计算机测量与控制, 2013, 21(3): 743-746.

[20] 高社生, 赵飞, 谢梅林. 临近空间伪卫星独立组网几何布局研究[J]. 导航定位学报, 2013, 1(4): 21-25.

[21] SHI H L, JING G F, CUI J X. A new perspective to integrated satellite navigation systems[J]. Journal of Global Positioning Systems, 2011, 10(2): 100-113.

[22] AI G X, SHI H L, WU H T, et al. A positioning system based on communication satellites and the Chinese area positioning system (CAPS)[J]. Chinese Journal of Astronomy and Astrophysics, 2008, 8(6): 611-630.

[23] CUI J X, SHI H L, CHEN J B, et al. The transmission link of CAPS navigation and communication system[J]. Science in China Series G: Physics, Mechanics and Astronomy, 2009, 52(3): 402-411.

[24] AI G X, MA L H, SHI H L, et al. Achieving centimeter ranging accuracy with triple-frequency signals in c-band satellite navigation systems[J]. Journal of the Institute of Navigation, 2011, 58(1): 59-68.

[25] AI G X, SHI H L, WU H T, et al. The principle of the positioning system based on communication satellites[J]. Science in China Series G: Physics, Mechanics and Astronomy, 2009, 52(3): 472-488.

[26] WU H T, BIAN Y J, LU X C. Time synchronization and carrier frequency control of CAPS navigation signals generated on the ground[J]. Science in China Series G: Physics Mechanics and Astronomy, 2009, 52(3): 393-401.

[27] JI Y F, SUN X Y, SHI H L. The positioning method and accuracy analysis for CAPS[Z]. 2009.

[28] HAN Y B, MA L H, QIAO Q Y, et al. Functions of retired GEO communication satellites in improving the PDOP value of CAPS[J]. Science in China Series G: Physics, Mechanics and Astronomy, 2009, 52(3): 423-433.

[29] SHI H L, PE I J. The solutions of navigation observation equations for CAPS[J]. Science in China Series G: Physics, Mechanics and Astronomy, 2009, 52(3): 434-444.

[30] LEI L H, SHI H L, MA G Y. CAPS satellite spread spectrum communication blind multi-user detecting system based on chaotic sequences[J]. Science in China Series G: Physics, Mechanics and Astronomy, 2009, 52(3): 339-345.

[31] SHI H L, AI G X, HAN Y B, et al. Multi-life cycles utilization of retired satellites[J]. Science

in China Series G: Physics, Mechanics and Astronomy, 2009, 52(3): 323-327.

[32] HONKAVIRTA V, PERALA T, ALI-LOYTTY S. A comparative survey of WLAN location fingerprinting methods[C]//Proceedings of 2006 6th Workshop on Positioning, Navigation and Communication. Piscataway: IEEE Press, 2009: 243-251.

[33] FANG S H, LIN T N. A dynamic system approach for radio location fingerprinting in wireless local area networks[J]. IEEE Transactions on Communications, 2010, 58(4): 1020-1025.

[34] ZANDBERGEN P A. Accuracy of iPhone locations: a comparison of assisted GPS, Wi-Fi and cellular positioning[J]. Transactions in GIS, 2009, 13(s1): 5-26.

[35] CHEUNG K W, SO H C, MA W K, et al. Least squares algorithms for time-of-arrival-based mobile location[J]. IEEE Transactions on Signal Processing, 2004, 42(4): 1121-1128.

[36] 吴海涛, 李孝辉, 卢晓春, 等. 卫星导航系统时间基础[M]. 北京: 科学出版社, 2011.

[37] ALLAN D W, WEISS M A. Accurate time and frequency transfer during common-view of a GPS satellite[C]//Proceedings of 34th Annual Frequency Control Symposium on Frequency Control. Piscataway: IEEE Press, 1980: 334-346.

[38] ALLAN D W, THOMAS C. Technical directives for standardization of GPS time receiver software[J]. Metrologia, 1994, 31(6): 69-79.

[39] ALLAN D W. The science of time-keeping, application note 1289[R]. 1998.

[40] 刘利. 相对论时间比对理论与高精度时间比对技术[D]. 郑州: 信息工程大学, 2004.

[41] HANSON D W. Fundamentals of two-way time transfers by satellite[C]//Proceedings of 43rd Annual Symposium on Frequency. Piscataway: IEEE Press, 1989: 174-178.

[42] LEWANDOWSKI W, AZOUBIB J. Time transfer and TAI[C]//Proceedings of 2000 IEEE/EIA International Frequency Control Symposium and Exhibition. Piscataway: IEEE Press, 2001: 586-597.

[43] MICHTTO I. Review of two-way satellite time and frequency transfer[J]. MAPAN-Journal of Metrology Society of India, 2006, 21(4): 243-248.

[44] 武文俊. 卫星双向时间频率传递的误差研究[D]. 陕西: 中国科学院研究生院（国家授时中心）, 2012.

[45] 顾胜, 陈洪卿, 曾亮, 等. 基于北斗/GNSS 精密时频量值传递综述[J]. 宇航计测技术, 2012, 32(1): 41-44.

[46] 杜晓辉, 施浒立, 张丽荣, 等. 一种转发式卫星授时新方法[J]. 天文研究与技术, 2012, 9(1): 34-38.

[47] TENNEY R R, SANDELL N R. Detection with distributed sensors[Z]. 1981.

[48] NAKAMURA E F, LOUXEIRO A A F, FRERY A C. Information fusion for wireless sensor networks: methods, models, and classifications[J]. ACM Computing Surveys, 2007, 39(3): 69-79.

[49] CHEN C C, SHROFF N B, LEE D S. Distributed power minimization for data aggregation in wireless sensor networks[C]//Proceedings of IEEE GLOBECOM 2008-2008 IEEE Global

Telecommunications Conference. Piscataway: IEEE Press, 2008: 1-5.

[50] DIAZ M O, LEUNG K K. Dynamic data aggregation and transport in wireless sensor networks[C]//Proceedings of 2008 IEEE 19th International Symposium on Personal, Indoor and Mobile Radio Communications. Piscataway: IEEE Press, 2008.

[51] GALLUECIO L, PALAXZO S, CAMPBELL A T, et al. Efficient data aggregation in wireless sensor networks: an entropy-driven analysis[C]//Proceedings of 2008 IEEE 19th International Symposium on Personal, Indoor and Mobile Radio Communications. Piscataway: IEEE Press, 2008.

[52] GANESAN D, RATNASAMY S, WANG H B, et al. Coping with irregular spatio-temporal sampling in sensor networks[J]. Computer Communication Review, 2004, 34(l): 125-130.

[53] 谢红卫, 汪浩, 苏建志. 数据融合技术[J]. 系统工程与电子技术, 1992(12): 40-49.

[54] 潘震中. 战场侦察中的多传感器数据集成及融合[J]. 现代防御技术, 1993(5): 31-36.

[55] 康耀红. 数据融合理论与应用[M]. 西安: 西安电子科技大学出版社, 1997: 1-25.

[56] 何友, 王国宏, 彭应宁. 多传感器信息融合及应用（第二版）[M]. 北京: 电子工业出版社, 2007: 1-12.

[57] 徐华东. 无人机电力巡线智能避障方法研究[D]. 南京: 南京航空航天大学, 2014.

[58] YANG P, ZHU J, ZHAO J, et al. Multisensor data fusion maneuvering target tracking algorithm[J]. Chinese Journal of Entific Instrument, 2006.

[59] SUN J, ZHANG J, WANG X. Multi-sensor data fusion and target location in pipeline monitoring and a pre-warning system based on multi-seismic sensors[J]. American Society of Civil Engineers, 2012: 961-974.

[60] 高原. 基于传感器集群的水利信息采集与反馈系统的设计与实现[J]. 电子设计工程, 2020, 28(19): 130-137.

[61] 张博航, 崔巍, 任新成, 等. 基于多数据融合的农业大棚环境监控研究[J]. 延安大学学报(自然科学版), 2020, 39(3): 37-40.

[62] 杨军佳. 多站遥测数据加权融合方法[J]. 火力与指挥控制, 2020, 45(5): 157-161, 169.

[63] 范亚军, 王萍. BDS 复杂场景自适应导航数据融合算法[J]. 导航定位学报, 2020, 8(4): 44-49, 57.

[64] MEGUERDICHIAN S, KOUSHANFAR F, POTKONJAK M, et al. Coverage problems in wireless Ad-Hoc sensor networks[C]//Proceedings of Conference on Computer Communications. Piscataway: IEEE Press, 2001: 1380-1387.

[65] ZHANG H, HOU J C. Maintaining sensing coverage and connectivity in large sensor networks[J]. Ad Hoc and Sensor Wireless Networks, 2004, 1(2): 89-123.

[66] PODURI S, PATTEM S, KRISHNAMACHARI B, et al. A unifying framework for tunable topology control in sensor networks: CRES-05-004[S]. 2005.

[67] AL-KARAKI J N, KAMAL A E. Routing techniques in wireless sensor networks: a survey[J]. IEEE Wireless Communications, 2004, 11(6): 6-28.

[68] DEB B, BHATNAGAR S, NATH B. A topology discovery algorithm for sensor networks with applications to network management[R]. 2001.

[69] LI N, HOU J C, SHA L. Design and analysis of an MST-based topology control algorithm[J]. IEEE Transactions on Wireless Communications, 2005, 4(3): 1195-1206.

[70] LI N, HOU J C. Topology control in heterogeneous wireless networks: problems and solutions[C]//Proceedings of IEEE Conference on Computer Communications (INFOCOM). Piscataway: IEEE Press, 2004: 232-243.

[71] MEESTER R, ROY R. Continuum percolation[M]. Cambridge: Cambridge University Press, 1996.

[72] DOUSSE O, THIRAN P. Connectivity vs capacity in dense Ad Hoc networks[C]//Proceedings of IEEE INFOCOM 2004. Piscataway: IEEE Press, 2004.

[73] XUE F, KUMARP R. On the θ-coverage and connectivity of large random networks[J]. IEEE Transactions on Information Theory, 2006, 52(6): 2289-2299.

[74] SANTI P, BLOUGH D M. The critical transmitting range for connectivity in sparse wireless Ad Hoc networks[J]. IEEE Transactions on Mobile Computing, 2003, 2(1): 25-39.

[75] ARTIMY M M, ROBERTSON W, PHILLIPS W J. Minimum transmission range in vehicular Ad Hoc networks over uninterrupted highways[C]//Proceedings of 2006 IEEE Intelligent Transportation Systems Conference. Piscataway: IEEE Press, 2006: 1400-1405.

[76] JIN Z, PAPAVASSILIOU S, XU S. Modeling and analyzing the dynamics of mobile wireless sensor networking infrastructures[C]//Proceedings of IEEE 56th Vehicular Technology Conference. Piscataway: IEEE Press, 2002: 1550-1554.

[77] HELMY A. Small worlds in wireless networks[J]. IEEE Communications Letters, 2003, 7(10): 490-492.

[78] IYER B V. Capacity and scale-free dynamics of evolving wireless networks[Z]. 2003.

[79] ISHIZUKA M, AIDA M. The reliability performance of wireless sensor networks configured by power-law and other forms of stochastic node placement[J]. IEICE Transactions on Communications, 2004, E87-B(9): 2511-2520.

[80] SARSHAR N, ROYCHOWDHURY V. Scale-free and stable structures in complex Ad Hoc networks[J]. Physical Review. E, Statistical, Nonlinear, and Soft Matter Physics, 2004, 69(2): 026101.

[81] SAFFRE F, JOVANOVIC H, HOILE C, et al. Scale-free topology for pervasive networks[J]. BT Technology Journal, 2004, 22(3): 200-208.

[82] WOO K, YUC S, LEE D, et al. Non-blocking localized routing algorithm for balanced energy consumption in mobile Ad Hoc networks[C]//Proceedings of Ninth International Symposium in Modeling, Analysis and Simulation of Computer and Telecommunication Systems. Piscataway: IEEE Computer Society, 2001: 117-124.

[83] NARAYANASWAMY S, KAWADIA V, SREENIVASR S, et al. Power control in Ad Hoc

networks: theory, architecture, algorithm and implementation of the COMPOW protocol[Z]. 2002.

[84] GOMEZ J, CAMPBELL A T. PARO: supporting dynamic power controlled routing in wireless Ad Hoc networks[J]. Wireless Networks, 2003, 9(5): 443-460.

[85] LEES J, GERLA M. Dynamic load-aware routing in Ad Hoc networks[C]//Proceedings of IEEE ICC 2001. Piscataway: IEEE Press, 2001.

[86] HASSANEIN H, ZHOU A. Routing with load balancing in wireless Ad Hoc networks[C]//Proceedings of 4th ACM International Workshop on Modeling, Analysis and Simulation of Wireless and Mobile Systems. New York: ACM Press, 2001: 89-96.

[87] WU K, HARMS J. Load-sensitive routing for mobile Ad Hoc networks[C]//Proceedings of Tenth International Conference on Computer Communications and Networks. Piscataway: IEEE Press, 2001.

[88] SIVAKUMAR R, SINHA P, BHARGHAVAN V. CEDAR: a core-extraction distributed Ad Hoc routing algorithm[J]. IEEE Journal on Selected Areas in Communications,1999, 17(8): 1454-1465.

[89] SIVAKUMAR R, SINHA P, BHARGHAVAN V. Core extraction distributed Ad Hoc routing (CEDAR) specification[Z]. 1999.

[90] DONG Y X, YANG T Z, MAKRAKIS D, et al. Suprnode-based reverse labeling algorithm: QoS support on mobile Ad Hoc networks[C]//Proceedings of 2002 IEEE Canadian Conference on Electrical & Computer Engineering. Piscataway: IEEE Press, 2002.

[91] MOHAMMAD L. The hand book of Ad Hoc wireless networks[Z]. 2003.

[92] MUNARETTO A, BADIS H, AGHA K A, et al. A link-state QoS routing protocol for Ad Hoc networks[C]//Proceedings of 4th International Workshop on Mobile and Wireless Communications Network. Piscataway: IEEE Press, 2002.

[93] CHENS G, NAHRSTEDT K. Distributed quality-of-service routing in Ad Hoc networks[J]. IEEE Journal on Selected Areas in Communications, 2006, 17(8): 1488-1505.

[94] BERGER M S, WESSING H, RUEPP S. Proposal for tutorial: resilience in carrier ethernet transport[C]//Proceedings of 2009 7th International Workshop on Design of Reliable Communication Networks. Piscataway: IEEE Press, 2009: 381-384.

[95] HUYNH M, GOOSE S, MOHAPATRA P. Resilience technologies in ethernet[J]. Computer Networks, 2010, 54(1): 57-78.

[96] CHOLDA P, TAPOLCAI J, CINKLER T, et al. Quality resilience as a network reliability characterization tool[J]. IEEE Networks, 2009, 23(2): 11-19.

[97] CHOLDA P, JAJSZCZYK A. Recovery and its quality in multilayer networks[J]. Journal of Lightwave Technology, 2010, 28(4): 372-389.

[98] GROVER W D, SLEVINSK J B, MACGREGOR M H. Optimized design of ring based survivable networks[J]. Canadian Journal of Electrical and Computer Engineering, 1995, 20(3):

139-149.

[99] LEE D. Efficient ethernet multi-ring protection System[C]//Proceedings of 2009 7th International Workshop on Design of Reliable Communication Networks. Piscataway: IEEE Press, 2009: 305-311.

[100]PAHLAVAN K, LI X, MAKELA J P. Indoor geolocation science and technology[J]. IEEE Communications Magazine, 2002, 40(2): 112-118.

[101]SUN G L, CHEN J, GUO W, et al. Signal processing techniques in network-aided positioning: a survey of state-of-the-art positioning designs[J]. IEEE Signal Processing Magazine, 2005, 22(4): 12-23.

[102]SOLOVIEV A, DICKMAN J. Extending GPS carrier phase availability indoors with a deeply integrated receiver architecture[J]. IEEE Wireless Communications, 2011, 18(2): 36-44.

[103]DO J Y, RABINOWITZ M, ENGE P. Multi-fault tolerant RAIM algorithm for hybrid GPS/TV positioning[Z]. 2001.

[104]DO J, RABINOWITZ M, ENGE P. Performance of hybrid positioning system combining GPS and television signals[C]//Proceedings of 2006 IEEE/ION Position, Location, and Navigation Symposium. Piscataway: IEEE Press, 2006: 556-564.

[105]NEMRA A, AOUF N. Robust INS/GPS sensor fusion for UAV localization using SDRE nonlinear filtering[J]. IEEE Sensors Journal, 2010, 10(4): 789-798.

[106]WANG Z. A novel semi distributed localization via multinode TOA–DOA fusion[J]. IEEE Transactions on Vehicular Technology, 2009, 58(7): 3426-3435.

[107]张光华. 全球导航卫星系统辅助与增强定位技术研究[D]. 哈尔滨: 哈尔滨工业大学, 2013.

[108]PHATAK M, CHANSARKAR M, KOHLI S. Position fix from three GPS satellites and altitude: a direct method[J]. IEEE Transactions on Aerospace and Electronic Systems, 1999, 35(1): 350-354.

[109]NOMURA M, TANAKA T, YONEKAWA M. GPS positioning method under condition of only three acquired satellites[C]//Proceedings of International Conference on Instrumentation Control and Information Technology. Piscataway: IEEE Press, 2008: 3487-3490.

[110]MA W H, LUO J J, WANG M M, et al. Performance discussion on space integrated navigation based three GPS satellites[C]//Proceedings of the Ninth International Conference on Electronic Measurement & Instruments. Piscataway: IEEE Press, 2009: 326-329.

[111]李吉忠, 武穆清, 李筱叶. 利用 Marquardt 算法进行两颗星的 AGPS 定位[J]. 北京邮电大学学报, 2009, 32(2): 39-42.

[112]WANG X L, WONG A K, KONG Y. Mobility tracking using GPS, Wi-Fi and cell ID[C]//Proceedings of 2012 International Conference on Information Networking (ICOIN). Piscataway: IEEE Press, 2012: 171-176.

[113]王萌, 马利华, 张丽荣, 等. 区域定位系统中高程辅助三星定位算[J]. 上海交通大学学报,

2012, 46(10): 1647-1651.

[114]BRAASCH M, DIERENDONCK A J V. GPS receiver architectures and measurements[J]. Proceedings of the IEEE, 1999, 87(1): 48-64.

[115]BRENNER M, REUTER R, SCHIPPER B. GPS landing system multipath evaluation techniques and results[C]//Proceedings of ION GNSS 1998. Manassas: ION Publications, 1998: 999-1008.

[116]ENGE P, PHELTS E D A. Detecting anomalous signals from GPS satellites[M]. Stanford: Stanford University Press, 1999.

[117]COUNSELMAN C C. Multipath-rejection GPS antennas[Z]. 1999.

[118]PERVAN B, SAYIM I. Issues and results concerning the LAAS σ PR_GND overbound[J]. IEEE PLANS, 2000.

[119]SAYIM I, PERVAN B. Over bounding non-zero mean Gaussian ranging error for navigation integrity of LAAS[C]//Proceedings of 2nd International Conference on Recent Advances in Space Technologies. Piscataway: IEEE Press, 2005: 404-410.

[120]MCGRAW G, MURPHY T, BRENNER M, et al. Development of the LAAS accuracy models[Z]. 2000.

[121]BRAFF R, SHIVELY C. A method of overbounding ground based augmentation system (GBAS) heavy tail error distributions[J]. The Journal of Navigation, 2005, 58(1): 83-103.

[122]MARSHALL J. Worst case probability density functions for over-bounding LAAS fault-free errors[EB]. 2019.

[123]BRAFF R, SHIVELY C. A method of overbounding ground-based augmentation system (GBAS) heavy tail error distributions[C]//Proceedings of ION GNSS 17th International Technical Meeting of the Satellite Division. Manassas: ION Publications, 2004: 2797-2809.

[124]RIFE J. Symmetric overbounding of time-correlated errors[Z]. 2006.

[125]RIFE J, GEBRE-EGZIABHER D. Symmetric overbounding of correlated errors[J]. Journal of ION, 2007, 54(2): 109-124.

[126]BLANCH J, WALTER T, ENGE P. Protection level calculation using measurement residuals: theory and results[Z]. 2005.

[127]BLANCH J, WALTER T, ENGE P. Position error bound calculation for GNSS using measurement residuals[J]. IEEE Transactions on Aerospace and Electronic System, 2008, 44(3): 977-984.

[128]RIFE J. Core overbounding and its implications for LAAS integrity[Z]. 2004.

[129]SHIVELY C. A proposed method for including the mean in the LAAS correction error bound by inflating the broadcast sigma[EB]. 2000.

[130]RIFE J, WALTER T. Overbounding SBAS and GBAS error distributions with excess-mass functions[Z]. 2004.

[131]RIFE J, PULLEN S, ENGE P, et al. Paired overbounding for nonideal LAAS and WAAS error

distributions[J]. IEEE Transactions on Aerospace and Electronic System, 2006, 42(4): 1386-1395.

[132]RIFE J, PULLEN S. Paired overbounding and application to GPS augmentation[Z]. 2004.

[133]BRAFF R. A method for LAAS fault-free error overbounding using a position domain monitor[Z]. 2003.

[134]MARKIN K, SHIVELY C. A position-domain method for ensuring integrity of local area differential GPS (LDGPS)[Z]. 2000.

第 2 章

导航增强自组织网络架构

天空地一体化导航网络是以北斗卫星导航为基础的导航增强自组织网络，而动态自组织网络的关键在于临近空间平台。其中，天空地网络节点时空间基准的统一和维持是组网导航的前提和基础，进而通过天空地网络节点协同改善导航网络构型，最终通过节点间双向时空信息交互提升导航定位服务能力。本章从时空基准的统一与维持、临近空间动态导航网络构型、临近空间组网协同定位方法 3 个方面描述导航增强自组织网络的架构，为后续导航自组织网络的感知与自愈奠定基础。

导航增强自组织网络的架构是构建导航增强自组织网络的前提和基础，主要涉及时空基准的统一和维持技术、临近空间动态导航网络构型和临近空间组网协同定位方法。本章主要针对这 3 个方面的内容进行介绍。

2.1 引言

天空地一体化导航增强自组织网络以临近空间平台作为核心平台，以实现灵活、机动的自组织网络导航增强，而自组织网络架构是构建导航增强自组织网络的前提和基础，主要涉及时空基准的统一和维持技术、临近空间动态导航网络构型、临近空间组网协同定位方法 3 部分内容。

2.2 时空基准的统一和维持技术

导航系统能提供持续稳定的运行服务，统一的时空基准是必不可少的环节。所谓的时空基准，就是统一的参考坐标基准和时间基准，它由相应的坐标系和系统时间以及相应的参考框架实现。坐标系规定了位置起算点，时间基准系统规定了时间测量的参考标准（时刻的参考和时间间隔的测量）。

时空基准的统一是天空地一体化导航增强系统的基础和核心。天空地一体化导航增强系统中包含了北斗导航卫星、通信卫星、临近空间浮空器、无人机和地面伪卫星等时空参考源，具有异质异构、时空尺度大、高动态变化等特性，使得时空基准的统一和维持存在较大难度。北斗导航卫星星座和天空地一体化导航增强系统均采用北斗时作为时间基准，采用 CGCS2000 坐标系作为空间基准。

2.2.1　异质异构网络时间基准统一和维持技术

2.2.1.1　时间系统

GNSS 都具有各自独立稳定的时间系统，为了满足各 GNSS 之间的兼容与互操作要求，GNSS 时间都通过相关的链路和世界标准时间（UTC, Universal Time Coordinated）建立了比对关系。由于各 GNSS 时间尺度不同，GNSS 时间与 TAI 和 UTC 的关系也各有特点，对于 GPS 和北斗系统，其系统时间与 TAI 相差一个常数，与 UTC 相差秒的整数倍。俄罗斯的 GLONASS 时间直接溯源到俄罗斯标准时间，其系统时间与 UTC 保持一致。为满足各系统之间的兼容与互操作要求，GPS 与 Galileo 系统间的时差通过电文播发系统的时间差异（GGTO, GPS/Galileo Time Offset）信息供接收用户使用[1]。GGTO 信息的发布增强了 GPS 和 Galileo 系统之间的互操作，使地面用户在同一时刻观测到的卫星数增多，增加了定位和授时的可靠性，同时也解决了单一系统可用卫星不足情况下的定位问题。

系统时间是一个"纸面时间"，对于导航系统而言，它是卫星上的星载原子钟和地面控制区段的钟的数据经过测量比对，使用原子时算法加权得到的一个标准时间参考。对于时间实验室来说，就是实验室内所有守时钟组使用同样的方式联合计算得到的一个标准时间尺度。

国际原子时是一个连续的时间尺度，其基本单位为秒，定义为位于海平面上的铯 133 原子基态的两个超精细能级间在零磁场中跃迁辐射 9 192 631 770 个周期所持续的时间。其初始历元设定在 1958 年 1 月 1 日，在该时刻，一类世界时（UT1, Universal Time）和 TAI 之差近似为 0。由于地球运动的不规律性，随日出日落的世界时秒长不固定，为了协调统一原子时和世界时，产生了协调世界时（CUT, Coordinated Universal Time）。协调世界时是本初子午线的标准时刻，是非连续的时间尺度，和 TAI 通过闰秒的方式进行修正。

GPS 时间（GPST）是一个连续的时间尺度，不用闰秒调整。GPST 系统时与

UTC 在 1980 年 1 月 6 日 0 时是重合的，GPST 与 TAI 相差 19 s（滞后），其与 TAI 的常数偏差保持不变。国际 GNSS 服务（IGS，International GNSS Service）也维护了一个滞后的 IGS 时间（IGST，IGS Time）尺度，IGST 较 GPST 更加稳定，在一天内能达到 1×10^{-15} 量级，本书中 GPS PPP 和 GPS 全视时间传递方法所选用的参考时间就是 IGST。与 GPST 不同的是，GLONASS 采用非连续的系统时间，GLONASS 系统时间溯源到 UTC，其时间尺度有闰秒。北斗系统时间（BDT，BeiDou System Time）是一个连续的时间尺度，起始于 2006 年 1 月 1 日 0 时 0 分 0 秒。

2.2.1.2　时间同步技术

高精度的授时技术在高性能的伪卫星广域增强服务系统中有着极为重要的作用。空基伪卫星网络能够有效改善卫星导航和定位的性能，在军事和民用领域的应用越来越广泛。为使空基伪卫星增强网络更好地辅助北斗导航系统完成高精度的导航定位，网络中各个伪卫星节点与地面控制站间高精度的时间同步技术显得尤为关键。

时间传递是时间用户进行时间比对，获取本地时间和参考时间的偏差或时间实验室之间的偏差。近距离的时间比对通过电缆、光纤等有线介质实现，只需要考虑介质和比对设备的时延，比对精度取决于设备和介质时延的测量精度。远距离的时间比对常用无线电或激光作为介质，通常比对技术的噪声水平要低于钟的噪声水平，时间传递的精度取决于比对手段的误差测量精度[2]。常见的远距离时间高精度传递方法有 GNSS 时间传递、TWSTFT、激光时间传递等。

2.2.1.3　GNSS 时间传递

GNSS 时间传递是基于卫星导航系统的时间传递方法，用户通过接收导航信号解算本地参考时间与系统时间的偏差，获取两地的时间偏差。常见的 GNSS 时间传递方法有：GNSS 单向授时、GNSS 共视、GNSS 全视法和 GNSS 载波相位时间传递。其中，GNSS 精密单点定位技术就是一种精度较高的载波相位时间传递实现方法。

GNSS 共视的基本原理[3]：GNSS 共视是以卫星钟作为公共参考源，相距较远的两个时间实验室在同一时间观测相同的导航卫星，测量实验室时间与卫星钟之间的时间偏差，通过比较两个时间实验室的观测本地钟差结果，确定两个时间实验室时间的相对偏差。GNSS 共视的基本原理如图 2-1 所示。与 GNSS 单向授时法相比，

GNSS 共视法可有效消除卫星钟差的影响,削弱卫星轨道误差和大气时延的影响(满足共视条件),从而明显提高远距离时间传递的精度,是一种目前常用的远距离时间传递技术。GNSS 共视法具有比对精度高、覆盖范围广、使用费用低、可连续运行等特点[4]。

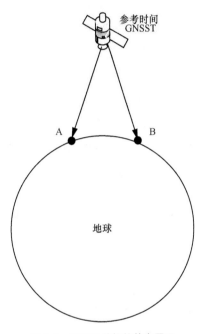

图 2-1 GNSS 共视的基本原理

假设定时接收机分别置于已知的两站,测站 A 和测站 B,在同一时刻观测同一颗卫星 S。于是有:

$$\Delta t_{AS} = (t_A - t_S) \tag{2-1}$$

$$\Delta t_{BS} - (t_B - t_S) \tag{2-2}$$

其中,Δt_{AS} 为测站 A 本地参考时间和卫星 S 的钟差,t_S 为卫星 S 星载钟时间,t_A 为测站 A 本地参考时间,Δt_{BS} 为测站 B 本地参考时间和卫星 S 的钟差,t_B 为测站 B 本地参考时间。

两式作差可得 A、B 两站的钟差,为:

$$\Delta T_{AB} = \Delta t_{AS} - \Delta t_{BS} = (t_A - t_S) - (t_B - t_S) = t_A - t_B \tag{2-3}$$

GNSS 共视法有其标准的处理方法,共视接收机直接输出标准的共视文件格式。

其处理过程可描述为：每次跟踪高度角大于 20°的一颗或多颗卫星 16 min（前 2 min 准备，后 1 min 处理），其中连续跟踪记录 13 min，采集 780 个测码伪距观测数据（每秒一个）为一组共视点，时刻选取该次的首观测时刻；将 780 个数据分成 52 组，每组 15 个点，对 52 组数分别使用二次多项式拟合，选取中点处的值，作为观测伪距值；使用电离层、对流层、相对论效应、多径时延改正等获得本地参考时间和 GPST 之间的时差（REFGPS）或与共视卫星之间的时差（REFSV）；再将这 52 个观测伪距值线性拟合，取中点处的值，得到一次共视的结果；两地获得的 REFGPS 相减即可获得两地钟差。

从共视原理可以看到，共视受到两地必须同时观测相同卫星的限制，从而对两地的共视距离有一定要求，因此不能进行全球任意位置的时间比对。IGS 精密轨道和精密钟差产品的出现，维持了 IGST 这一更加稳定的参考时间尺度，GPS 全视时间传递方法和 GPS PPP 得以应用。GPS 全视时间传递的基本原理：两地时间实验室独立观测多颗卫星，使用 IGS 提供的事后精密轨道和精密钟差计算本地参考时间和 IGST 之间的偏差，各时间实验室将测得的偏差相减即可获得两时间实验室之间的偏差，其计算过程与 GNSS 共视相同。GNSS PPP 时间传递是 GNSS 全视的自然延伸[5]。由于受到伪距观测值精度的影响，全视和共视的传递精度受到了限制，PPP 使用载波相位和伪距的组合观测值来计算本地时间和参考时间 IGST 之间的偏差，其原理与 GNSS 全视相同，不同之处在于在数据的处理方法上使用了载波相位观测数据。

2.2.1.4　TWSTFT

TWSTFT 的原理是由两个参与比对的地面站（一般是时间实验室）使用扩频技术，通过各自本地的信号发射设备向同一个卫星发射伪随机信号，在发射的同时，打开时间间隔计数器（TIC，Time Interval Counter）的闸门（开门信号），同时又接收对方站发射的通过同一卫星转发的信号，用接收到的对方站发射的同一信号关闭 TIC 闸门（关门信号）。TWSTFT 系统结构如图 2-2 所示。

TWSTFT 硬件系统中的调制解调器执行滤波、放大、A/D 转换、扩频/解扩、调制/解调、时差测量等操作。

虽然从每个站到卫星的上行和下行的几何时延是相同的，但由于信号上下行的频率不同，对于一给定信号频率 f，电离层时延与 f^2 成正比。对流层引起的路径不对称非常小，可忽略不计。

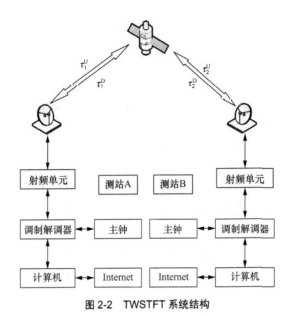

图 2-2　TWSTFT 系统结构

TWSTFT 的优点是发射和接收路径相同、方向相反，可以消除卫星、测站位置误差对时间同步精度的影响，最大限度地降低了电离层对流层时延误差的影响，而且通信卫星较宽的带宽有利于信号设计，受温度影响小，TWSTFT 时间传递的精度比 GNSS 共视时间传递的精度高一个数量级。

2.2.1.5　激光时间传递

卫星激光时间传递可以用于星地钟之间的时间比对，也可以用于两个地面站之间的时间比对。星地钟之间的激光时间传递原理如图 2-3 所示。从地面站向卫星发送激光脉冲，然后由卫星上的后向反射器把激光脉冲反射回地面站。设卫星钟和地面钟的秒脉冲的时间差为 ΔT。如果暂不考虑星地相对运动以及设备时延等因素，星地时间系统的钟差为：

$$\Delta T = \frac{(t_s + t_r)}{2} - t_b \tag{2-4}$$

其中，t_s 为激光脉冲由地面站向卫星发射时的地面钟时刻，单位为 s；t_b 为该激光脉冲到达卫星时的卫星钟时刻，单位为 s；t_r 为该激光脉冲由卫星后向反射器反射回到地面站时的地面钟时刻，单位为 s。

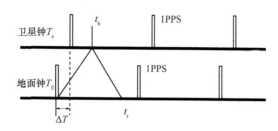

图 2-3　星地钟之间的激光时间传递原理

2.2.2　异质异构网络空间基准统一和维持技术

坐标系是进行位置信息确定的基础，坐标系定义了原点、坐标轴指向、基本平面等信息。用户在进行位置和速度解算时，都是以统一坐标系下的原点为参考的。GPS 采用的坐标框架是 1984 年美国的世界大地坐标系，即 WGS-84，随着时间变化，坐标系也在逐步被修正，当前的框架 WGS84 于 2002 年引入，其与 ITRF2000 的匹配程度优于 1 cm（1σ，σ 是服从正态分布的一个标准差，级为 68%）[6]。为了测量 GPS 卫星的轨道，常用地心惯性坐标系（ECI），其原点位于地球质心，X 轴方向指向春分点，XY 平面和地球赤道面重合，Z 轴与 XY 面垂直，指向北极方向。为了便于确定用户的位置，采用地心地固（ECEF, Earth-Centered Earth-Fixed）坐标系，X 轴指向经度 0°方向，Y 轴指向东经 90°方向，坐标系随地球一起旋转[7]，ECEF 坐标系是固定在 WGS84 参考椭球上的。

与 GPS 不同，GLONASS 采用 PZ-90（Parametry Zelmy-90）坐标系，但它们均是地心地固坐标系。PZ-90 坐标系原点位于地球质心，Z 轴指向国际地球自转服务（IERS，International Earth Rotation Service）推荐的协议地球极（CTP，Conventional Terrestrial Pole），X 轴指向地球赤道与国际时间局（BIH，Bureau International del'Heure）定义的零子午线交点，Y 轴满足右手系。PZ-90 与国际地球参考框架（ITRF，International Terrestrial Reference Frame）是一致的，参考椭球半径 6 378 136 m，地球自转速率 7 292 115×10^{-11} rad/s[1]。

2.2.3　时间基准统一与维持技术仿真验证

本部分的研究内容是空间信息网络中通信卫星、临近空间浮空器、无人机以及地面伪卫星的高精度时间同步，包括时间基准的确定、时间同步网络拓扑、时间同步方法等，空间信息网络节点分布及连接关系如图 2-4 所示。

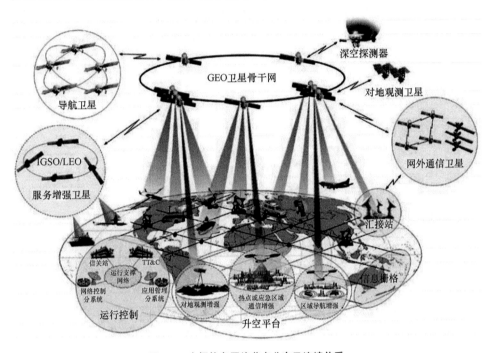

图 2-4　空间信息网络节点分布及连接关系

2.2.3.1　时间基准的确定

时间基准的确定分为两类，第一类是指定某个时间标准和节点作为时间基准，其他节点都向该时间标准和节点时间同步，形成一种中心式的时间基准；第二类是分布式的时间基准，各个具有时钟的节点时间标准共同参与组成一个"虚拟式"的时间基准，每个节点根据时钟性能的不同在时间基准中占有不同的权重。中心式的时间基准管理运行较为简单，不需要各个节点间频繁的数据交互及计算；分布式的时间基准管理运行较为复杂，但由于其采用许多时钟组成"钟组"，其时间准确性及稳定性都更高。

空间信息网络以 GEO 卫星作为骨干网络，因此空间信息网络时间基准采用以部分或全部 GEO 卫星骨干节点作为时间基准节点的分布式时间基准。

2.2.3.2　时间同步网络拓扑

为了提高时间同步的精度及可靠性，在构建时间同步链路方面可以遵循以下原则：先"通视"节点时间同步，然后"非通视"节点时间同步。优先完成"通视"平台的双向时间同步。由于覆盖区域广泛，部分天基平台、空基平台及地基平台无法完成与时间基准站的直接同步，因此可以选择与已经完成同步的空基或天基平台进行时间同步，从而间接完成与时间基准站的同步，这种"接力"方式可以拓展时间同步链路的覆盖范围，但同步精度会有所损失。

2.2.3.3　时间同步方法

目前常用的时间同步方法主要包括：广播式单向授时技术、共视式时间同步技术和双向时间同步技术。广播式单向授时技术适用于静、动平台，时间同步精度可以达到 15~20 ns。共视式时间同步技术需要指定外部或内部的时间基准点，增强网络内各节点均要与该节点建立通信观测链路，同时各节点间也需要建立通信链路，仅能适用于静止（或位置已知）平台间的时间同步。双向时间同步技术在两节点间通过双向通信测量链路，实现双向距离测量和数据交换，进行时间同步。该方法由于抵消了传播路径和大气层附加时延的影响，同步精度得到了提高。双向时间同步技术适合静、动平台，时间同步精度可以达到 5~10 ns，但需要平台具有双向的通信链路，设备相对复杂。天空地一体化导航系统时间同步可采用双向时间同步技术。

双向时间同步技术是采用单个地面中心站与所有伪卫星之间的双向测距技术来实现所有伪卫星之间的时间同步。实际上该方法是将所有伪卫星的时间同步到地面中心站上，每颗伪卫星计算并播发其与地面中心站之间的钟差，用户利用该钟差信息进行修正，从而完成精确定位。

通信卫星可以布置在地球同步轨道上，并装备原子钟，分别与伪卫星节点间实现双向时间同步。应用此法可以有效消除传播路径误差，减弱位置误差的影响，但伪卫星增强平台与通信卫星均在运动，所以，在双向传播时间内，载体的位置运动是引起误差的主要原因。

假设平台 1 是位于地球同步轨道的通信卫星，平台 2 是地表附近的浮空器，二者的时延可达到 0.1 s，在该时间内，地球同步轨道卫星的位移约为 300 m，浮空器位移约为 0.5 m，该误差对授时来说是不被允许的。事实上，平台 1 和平台 2 的钟表时间也不一致，即二者的 t_0 也不一致，由于 GEO 通信卫星与伪卫星在接收到对方信号的时候都已经离开了初始位置，这样用传统双向授时方法就无法完成二者的时间同步，而且飞行器的运动也会产生很大的位置误差，因此需要采取位置补偿的策略补偿二者的运动误差，完成高精度的授时。

考虑采用运动补偿算法，利用卡尔曼滤波器对地基平台钟差进行建模处理，仿真结果如图 2-5 所示。其中，仿真时间为 15 000 s；平台运动为匀速直线运动、盘旋、匀速直线运动，速度为 5 m/s；数据更新速率为 1 s；时钟频率准确度为 1×10^{-12}；收发设备时延误差为 0.2 m；测距误差为 0.5 m；平台位置误差（径向）为 3 m。

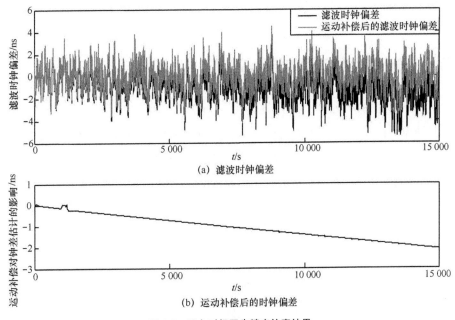

(a) 滤波时钟偏差

(b) 运动补偿后的时钟偏差

图 2-5　双向时间同步精度仿真结果

从仿真结果可以看出，GEO 通信卫星与浮空器双向时间同步精度可以达到 4 ns 以内，运动补偿算法可有效提升时间同步精度。考虑空基平台时间同步精度为 2.6 ns，可得到地基平台与时间基准点时间同步精度为 4.7 ns。

2.3　临近空间动态导航网络构型

临近空间动态导航网络构型的研究是构建临近空间导航网络模型必不可少的步

骤之一，导航网络构型的优劣能够直接影响到用户的定位精度。首先，明确导航网络构型的评价指标，确定位置精度因子可以作为构型的评价因子。其次，从传统几何构型出发，探究其基本构型的共性和区别，确定何种单元构型具有最佳的定位效果。然后，由于临近空间平台在流动的空域中的运动状态并非完全静止，于是在依托平台构建动态导航网络时，需要考虑浮空器的运动原理，如何针对不同浮空器建立运动轨迹模型也是动态导航网络构型研究的另一重点。最后，面向广域无缝覆盖的区域导航需求，模型参数和性能指标的确定会影响到定位结果的合理性，模型优化算法会影响到构型优化设计的复杂性。因此，科学、合理的建模和求解在构型设计中尤为重要。

2.3.1 临近空间导航网络构型基础

1. 精度因子分析

与卫星定位解算过程相似，基于临近空间平台独立组网的定位解算过程如下。

地面用户通过接收机接收到来自 n 个临近空间平台上的导航测距信号，假设 $n \geqslant 4$（因为每个接收机至少接收到 4 个导航信号才能正确解算准确的位置信息），从而解算得到用户的空间位置。来自第 i 个临近空间平台的伪距记为 ρ^i，平台的位置坐标为 (x^i, y^i, z^i)，用户的位置坐标为 (x_u, y_u, z_u)，平台的钟差和接收机的钟差分别记为 δ^i 和 δ_u [7]，则伪距的测量方程为：

$$\rho^i = r_u + c(\delta_u - \delta^i) \tag{2-5}$$

其中，$r_u = \sqrt{(x_u - x^i)^2 + (y_u - y^i)^2 + (z_u - z^i)^2}$ 表示用户和平台之间的几何距离，c 为真空中的光速。

临近空间平台的钟差可以通过导航文件的参数推算，所以式（2-5）中用户位置和用户接收机钟差为待求量，将式（2-5）整理为：

$$\rho^i + c\delta^i = \sqrt{(x_u - x^i)^2 + (y_u - y^i)^2 + (z_u - z^i)^2} + c\delta_u \tag{2-6}$$

令多个如上的非线性的伪距方程联立成方程组，通过线性化再进行求解即可实现定位解算。非线性化的过程如下：

将 $S = \sqrt{(x_u - x^i)^2 + (y_u - y^i)^2 + (z_u - z^i)^2} + c\delta_u$ 围绕用户坐标近似点和对应钟差的预测值 $(\hat{x}, \hat{y}, \hat{z}, \hat{t})$ 通过泰勒级数展开，将其高阶项忽略，可得：

$$S = S\left(\hat{x} + \delta x, \hat{y} + \delta y, \hat{z} + \delta z, \hat{t} + \delta t\right)$$
$$= S\left(\hat{x}, \hat{y}, \hat{z}, \hat{t}\right) + m_{xi}\delta x + m_{yi}\delta y + m_{zi}\delta z + m_{ti}\delta_{u} \tag{2-7}$$

其中，$m_{xi} = \dfrac{\partial r}{\partial \hat{x}} = \dfrac{\hat{x} - x^i}{r}$，$m_{yi} = \dfrac{\partial r}{\partial \hat{y}} = \dfrac{\hat{y} - y^i}{r}$，$m_{zi} = \dfrac{\partial r}{\partial \hat{z}} = \dfrac{\hat{z} - z^i}{r}$，$m_{ti} = \dfrac{\partial r}{\partial \hat{t}} = \dfrac{\hat{t} - t^i}{r}$。

$$r = \sqrt{\left(\hat{x} - x^i\right)^2 + \left(\hat{y} - y^i\right)^2 + \left(\hat{z} - z^i\right)^2} \tag{2-8}$$

式（2-5）变为：

$$\rho^i + \mathrm{cg}\delta^i - \hat{r} = \begin{bmatrix} m_{xi} & m_{yi} & m_{zi} & 1 \end{bmatrix} \begin{bmatrix} \delta x \\ \delta y \\ \delta z \\ c\delta_{u} \end{bmatrix} \tag{2-9}$$

经过整理可变为：

$$Z = HP + W \tag{2-10}$$

其中，$Z = \begin{bmatrix} \rho^1 + c\delta^1 - \hat{r}^1 \\ \rho^2 + c\delta^2 - \hat{r}^2 \\ \vdots \\ \rho^n + c\delta^n - \hat{r}^n \end{bmatrix}$，$H = \begin{bmatrix} m_{x1} & m_{y1} & m_{z1} & 1 \\ m_{x2} & m_{y2} & m_{z2} & 1 \\ \vdots & \vdots & \vdots & \vdots \\ m_{xn} & m_{yn} & m_{zn} & 1 \end{bmatrix}$，$P = \begin{bmatrix} \delta x \\ \delta y \\ \delta z \\ c\delta_{u} \end{bmatrix}$，$W$ 表示伪距测

量误差和线性化误差等影响。若矩阵 H 利用临近空间平台的高度角 E 和方位角 A 之间的关系，也可表示为：

$$H = \begin{bmatrix} \cos E_1 \times \cos A_1 & \cos E_1 \times \sin A_1 & \sin E_1 & 1 \\ \cos E_2 \times \cos A_2 & \cos E_2 \times \sin A_2 & \sin E_2 & 1 \\ \vdots & \vdots & \vdots & \vdots \\ \cos E_n \times \cos A_n & \cos E_n \times \sin A_n & \sin E_n & 1 \end{bmatrix} \tag{2-11}$$

由最小二乘法可计算出最准确的用户位置和接收机钟差修正量。

$$P_{u} = \left(H^{\mathrm{T}}H\right)^{-1} H^{\mathrm{T}} Z \tag{2-12}$$

将待求的用户位置和对应钟差分为两个部分——近似分量和增量分量，表示如下：

$$x = \hat{x} + \delta x, \ y = \hat{y} + \delta y, \ z = \hat{z} + \delta z, \ t = \hat{t} + \delta_{u} \tag{2-13}$$

如此，用户的位置坐标和接收机时钟误差即可解算出。这种线性化求解方法的前提是位移 $(\delta x, \delta y, \delta z)$ 在线性化点附近。根据用户的导航精度要求设置位移的门限，然后利用最小二乘法不断求解迭代至得出的矢量差低于门限值[8]。

2. 精度因子计算

由第 2.1 节可知，用户修正数的最小二乘解为：$P_{\mathrm{u}} = \left(H^{\mathrm{T}}H\right)^{-1} H^{\mathrm{T}} Z$，则修正数误差为：

$$\delta P_{\mathrm{u}} = \left(H^{\mathrm{T}}H\right)^{-1} H^{\mathrm{T}} \delta Z \tag{2-14}$$

修正数的误差方差为：

$$\mathrm{cov}\left(\delta P_{\mathrm{u}}\right) = \left[\left(H^{\mathrm{T}}H\right)^{-1} H^{\mathrm{T}}\right] \mathrm{cov}\left(\delta Z\right) \left[\left(H^{\mathrm{T}}H\right)^{-1} H^{\mathrm{T}}\right]^{\mathrm{T}} \tag{2-15}$$

假设每个临近空间平台有相同的伪距测距误差，并且相互独立，服从均值为零、方差为 σ^2 的分布，则可得：

$$\mathrm{cov}\left(\delta Z\right) = \sigma^2 I \tag{2-16}$$

从而：

$$\mathrm{cov}\left(\delta P_{\mathrm{u}}\right) = \left(H^{\mathrm{T}}H\right)^{-1} \sigma^2 \tag{2-17}$$

令：

$$M = \left(H^{\mathrm{T}}H\right)^{-1} = \begin{bmatrix} g_{11} & g_{12} & g_{13} & g_{14} \\ g_{21} & g_{22} & g_{23} & g_{24} \\ g_{31} & g_{32} & g_{33} & g_{34} \\ g_{41} & g_{42} & g_{43} & g_{44} \end{bmatrix} \tag{2-18}$$

可以看出，M 中个元素包含了全部未知数的精度和有关信息，是评定定位结果的重要根据。一般地，采用精度因子（DOP，Dilution of Precision）的概念来表征定位解算中的精度[6]。DOP，也称误差放大倍数，其与定位误差 m 的关系为：

$$m = \mathrm{DOP} \times 平台测距误差 \tag{2-19}$$

在实际导航场景应用中，根据不同的需求，DOP 有更加详细的分类。

几何精度因子（GDOP，Geometric Dilution of Precision），其反映了空间位置和时间误差的综合影响。

$$\mathrm{GDOP} = \sqrt{g_{11} + g_{22} + g_{33} + g_{44}} \tag{2-20}$$

位置精度因子（PDOP，Position Dilution of Precision），其反映了空间位置误差的影响。

$$\mathrm{PDOP} = \sqrt{g_{11} + g_{22} + g_{33}} \tag{2-21}$$

水平位置精度因子（HDOP，Horizontal Dilution of Precision），其反映了水平位置误差的影响。

$$\text{HDOP} = \sqrt{g_{11} + g_{22}} \qquad (2\text{-}22)$$

垂直位置精度因子（VDOP，Vertical Dilution of Precision），其反映了垂直位置误差的影响。

$$\text{VDOP} = \sqrt{g_{33}} \qquad (2\text{-}23)$$

时间精度因子（TDOP，Time Dilution of Precision），其反映了时间误差的影响。

$$\text{TDOP} = \sqrt{g_{44}} \qquad (2\text{-}24)$$

精度因子提供了用户与临近空间平台几何分布的简单描述。几何分布越好，DOP值就越小。普遍情况下，DOP 和测距误差 σ 和定位精度成正相关关系，即前者越小，定位的精度就越高。

由于在构型优化设计中不涉及时间误差的影响，选择 PDOP 作为用户的空间位置误差的判定基础，较之于选择 GDOP 更符合当前场景。

3. 基础单元视距范围

（1）单个临近空间平台的对地覆盖区

单个临近空间平台对地球表面的覆盖范围如图 2-6 所示。不妨将地球简化成一个光滑的球体，它的半径取 WGS-84 坐标系的半长轴，为 Re=6 378.137 km[10]。O_e 为地心，s 为临近空间平台对应的星下点，h 为平台距地面高度，α 为仰角，β、β' 为浮空器覆盖角，前者不考虑仰角影响，后者考虑仰角 α 的影响。浮空器对地覆盖角公式为：

$$\beta = \arccos\left(\frac{\text{Re}}{\text{Re}+h}\right) \qquad (2\text{-}25)$$

单个平台的覆盖半径即 β 对应的弧长 $r = \text{Re} \times \beta$。

20～25 km 属于临近空间中的准零风层[7]，是飞艇和超压气球等低速浮空器能够到达并稳定飞行的空域，也是临近空间动态导航网络平台的最佳空域[11-12]。

（2）考虑仰角作用下的平台视距范围

实际应用中，若临近空间平台相对用户的接收机取过低的仰角，信号质量会被大气折射，受地面噪声、散射等多方面原因影响而严重失真[8]。因此考虑仰角情况下，平台实际覆盖角计算式变化为：

$$\beta' = \arccos\left(\frac{\text{Re} \times \cos\alpha}{\text{Re}+h}\right) - \alpha \qquad (2\text{-}26)$$

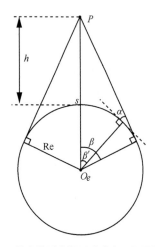

图 2-6 单个临近空间对地球表面的覆盖范围

此时，视距范围的半径计算式为：$r = \text{Re} \times \beta'$ 。

本书中，在计算平台实际覆盖半径时，取 $\alpha = 6°$，平台实际覆盖半径见表 2-1。

表 2-1 平台实际覆盖半径

h/km	30	27	25	22	20
r/km	240.9	219.8	205.5	183.5	168.5

从表 2-1 可以看出，随着平台所处高度的提高，视距范围的半径也相应增大。下文中关于平台覆盖半径的计算均参考表 2-1。平台实际覆盖半径与所处位置高度的关系如图 2-7 所示。

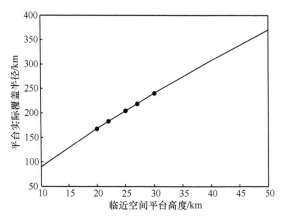

图 2-7 平台实际覆盖半径随高度变化过程

通过图 2-7 可以得出，在固定平台高度的情况下，平台的视距范围同样固定，从而可以降低不同网络对比的复杂度，下面章节基于覆盖区的计算，选取 20 km、25 km 作为平台所处的高度，开展对临近空间动态导航网络构型优化设计的研究。

2.3.2 最优单元构型

最优单元构型是整个网络构型最优的前提和基础，直接影响整个网络构型的定位精度性能。从基本单元构型的讨论和分析出发，继而拓展网络并进行优化，最后实现整体网络的优化。

本文进行研究分析的基本单元构型如图 2-8 所示。

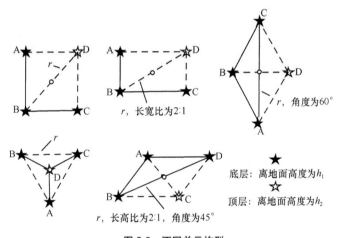

图 2-8 不同单元构型

由于卫星定位区域内用户可视卫星数量必须大于或等于 4 颗，方可实现有效定位，所以基本单元构型从 4 个节点进行研究分析，如正方形、长方形、Y 型、菱形、平行四边形等。图 2-8 中 5 种基本单元构型均为双层构型在地面的投影，为 3 个平台在底、1 个平台在顶的模式，如以 Y 型构型为例，在地面投影为等边三角形及其中心。

不同单元构型是否具备相同的特征，如何保证不同单元构型在同一标准下进行比较分析是首先需要探讨和明确的两个问题。

1. 单个构型定位分析

首先，研究不同单元构型之间的共性。

（1）单元构型中节点之间的距离与目标区域用户定位精度的关系

选取 Y 型构型作为临近空间平台构型做单个构型定位分析。Y 型单元构型共视面积示意图如图 2-9 所示，图 2-9 的阴影区域即 4 颗临近空间平台的共视面积，指能够同时观测到 4 颗临近空间平台的地面区域大小，图 2-9 中顶点之间在地面的投影距离（如 AB、AC、BC）为顶点在对应高度下的实际覆盖半径。数值见表 2-1。

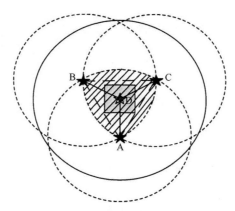

图 2-9 Y 型单元构型共视面积示意图

再对以（39° N，116° E）为目标区域中心，东西和南北跨度均为 20 km 的覆盖区域做最优构型分析，覆盖区域如图 2-9 中正方形区域，该正方形区域的边长即 20 km，记为服务区域边长。Y 型布局呈两层（3 个顶点位于 20 km 高度，Y 型中心位于 25 km 高的服务区域中心正上方），仿真结果如图 2-10、图 2-11 所示。

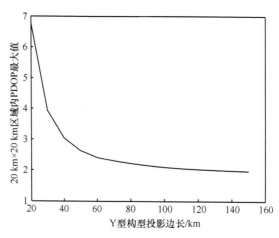

图 2-10 不同投影边长对服务区域的影响

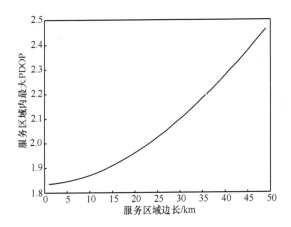

图 2-11　投影长度为 L_{max} 的 Y 型单元构型分析

由图 2-10 可知单元构型下顶点之间在地面的投影边长越大，图 2-11 覆盖区域内的所有用户所接收到的 PDOP 最大值越小。所以在投影边长 AB 取最大值时，单元构型能取得最好的定位服务精度，Y 型构型中，在 6°仰角及 4 星定位约束下，投影长度最大取 168.5 km（记为 r_{max}），即处于底层的临近空间平台的覆盖半径，如图 2-9 中的 BC、AB、AC。此时，Y 型构型的 4 星共视如图 2-9 所示（图 2-9 中 $BC = AB = AC = r_{max} = 168.5$ km）。

由图 2-11 可知，当投影边长取 r_{max} 时，能够满足覆盖要求（服务区域所有用户满足 PDOP≤2），最大矩形服务区域为 23 km × 23 km，远小于图 2-9 所示的共视范围的面积。因此在进行不同单元构型比较时不必考虑 4 星共视面积这个因素。

（2）单元构型单双层情况与目标区域用户定位精度的关系

由于临近空间平台分层数量过多不宜布设和运动控制，目前只研究单双层的对比分析。在此同样选取 Y 型构型做研究对象。以下面 4 种情况中的用户 PDOP 做比较，得出单层构型和双层构型对定位精度的影响差异。4 种情况分别是：

- 单层 20 km（此时 $r_{max} = 168.5$ km）；
- 单层 25 km（此时 $r_{max} = 205.5$ km）；
- 双层 1（中心在 20 km，顶点在 25 km，$r_{max} = 168.5$ km）；
- 双层 2（中心在 25 km，顶点在 20 km，$r_{max} = 205.5$ km）。

单层 20 km 时 Y 型构型下目标区域 PDOP 分布如图 2-12 所示。

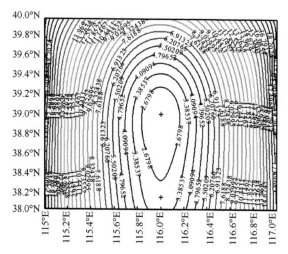

图 2-12 单层 20 km 时 Y 型构型下目标区域 PDOP 分布

对于单层 20 km 的 Y 型构型，由（1）知，当顶点之间的投影边长 AB 取 r_{max} 时，用户的定位精度最高，由表 2-1 可知，此时 $r_{max}=168.5$ km；同理对于单层 25 km 的 Y 型构型，$r_{max}=205.5$ km。单层 25 km 时 Y 型构型下目标区域 PDOP 分布如图 2-13 所示。

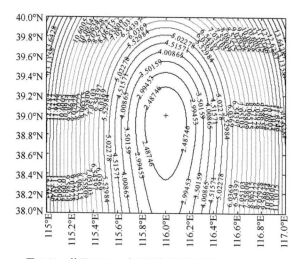

图 2-13 单层 25 km 时 Y 型构型下目标区域 PDOP 分布

对于双层 1 的 Y 型构型，因为中心在 20 km 外，其对应的覆盖半径为 168.5 km，而处于 25 km 高度的顶点对应的覆盖半径为 205.5 km，经计算，AB=205.5 km 时，

$AD = 118.6\text{km} \leqslant 168.5\text{km}$ ，故 $r_{\max} = 205.5\text{km}$ 。双层 1 模式时 Y 型构型下目标区域 PDOP 分布如图 2-14 所示。

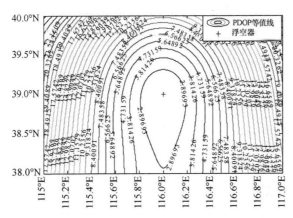

图 2-14　双层 1 模式时 Y 型构型下目标区域 PDOP 分布

而对于双层 2 模式中的 Y 型构型，因为布局中心在 25 km 处，而其余顶点在 20 km 处，为保证服务区域中用户的无缝覆盖，所以 $r_{\max} = 168.5\text{km}$ 。

服务区域用户具体 PDOP 见表 2-2，表 2-2 中 $\text{PDOP}_{\text{aver}}$ 为服务区域所有用户 PDOP 的平均值，其他项为 PDOP 取值的区间，服务区域为 38°N~40°N、115°E~117°E ，用户总数为 160 801 户。

表 2-2　服务区域用户具体 PDOP

构型	$\text{PDOP}_{\text{aver}}$	(0，2]	(2，6]	(6，14]	(14，30]	(30，100)
单层 20 km	8.815 2	278	55 478	76 580	28 465	0
单层 25 km	6.731 4	332	75 940	83 687	842	0
双层 1	9.64	217	53 284	68 322	38 978	0
双层 2	6.542 3	425	79 540	80 105	731	0

由此可得，双层 2 构型比单层构型、双层 1 构型在单元布局上具有更优良的性能指标。即顶点高度为 h_1，中心高度为 h_2，$h_1 < h_2$ 的模式作为基本单元构型骨架即可满足单元最优。

通过以上分析可得出结论：在平台所处高度固定的基础上，每种单元构型都具有一个最优构型，即节点之间在地面的投影距离取平台所处高度在相应仰角约束下所对应的覆盖半径（见表 2-1），基于此可以进行最优单元的研究分析。

2. 不同单元构型比较

针对不同单元构型对定位精度的影响进行分析，可得出一个最优的单元构型。首先选取正方形、长方形、菱形、平行四边形、Y 型等常见的单元布局，进行研究分析，构型如图 2-8 所示。根据前面单个构型的定位分析结果，不同单元构型的具体参数如下。

对于正方形，对角线 $BD = r_{\max} = 168.5\ \mathrm{km}$；对于长方形，长宽比取 2:1，对角线 $BD = r_{\max} = 168.5\ \mathrm{km}$；对于菱形，长对角线 $AC = r_{\max} = 168.5\ \mathrm{km}$，内角为 $60°$、$120°$；对于平行四边形，长高比为 2:1，内角为 $45°$、$135°$。平行四边形构型下目标区域 PDOP 分布如图 2-15 所示。

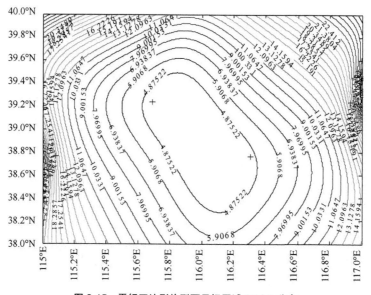

图 2-15　平行四边形构型下目标区域 PDOP 分布

根据前文单元构型的定位分析，选取各种构型在同一高度下，即双层布局（底层 3 个平台在 20 km 处，顶层中心位于 25 km 处）所能接受的浮空器之间最大间距作为评价样本。在 20 km 高度时，浮空器之间的最大距离选取为 168.5 km，选择服务区域 $38°N \sim 40°N$、$115°E \sim 117°E$ 的性能表现进行对比分析，服务区域 160 801 个用户 PDOP 值百分比分布如图 2-16 所示，具体数据见表 2-3。

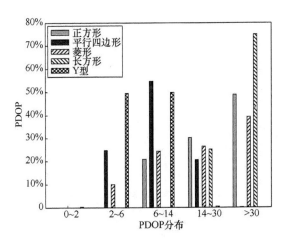

图 2-16　用户 PDOP 值百分比分布

表 2-3　不同单元构型的仿真结果

构型	(0，2]	(2，6]	(6，14]	(14，30]	(30，100)
正方形	0	0	33 796	48 497	78 508
平行四边形	0	39 818	87 783	33 165	35
菱形	0	16 020	39 301	42 481	62 999
长方形	0	0	0	40 467	120 334
Y 型	425	79 540	80 105	731	0

综上仿真可得，Y 型单元构型在性能指标上较之于其他 4 种构型有明显的优势，故以 Y 型单元构型（顶点高度为 h_1，中心高度为 h_2，$h_1 < h_2$）作为基本单元构型可满足单元最优，此时服务区域 PDOP 等值线分布如图 2-17 所示。

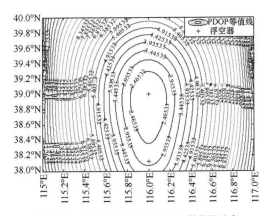

图 2-17　Y 型单元构型下 PDOP 等值线分布

通过对单个构型单双层的分析，进而对不同构型中最优覆盖进行比较，得出最佳的单元构型；基于此，研究面向广域无缝覆盖的网络扩展，以高精度为服务目标的临近空间导航网络构型初步设计如图 2-18 所示，网络基本单元为双层 Y 型结构，向四方延展扩宽至一定位置。

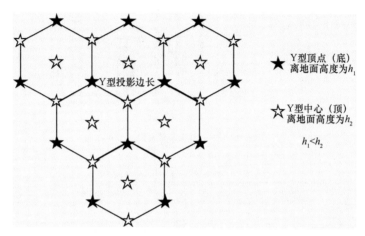

图 2-18　临近空间导航网络构型初步设计

3. **基本构型扩展方法**

根据第 2.3.2 节的仿真结果，针对广域无缝覆盖的导航服务需求，以 Y 型单元作为基本单元构型，同时考虑网络节点复用，从经度（E）、纬度（N）两个方向进行扩展，每扩展一个基本单元，只需要增加两个临近空间平台，一方面保证临近空间导航网络节点的均匀分布，另一方面降低布局成本。临近空间导航网络基本构型及扩展方法如图 2-19 所示。

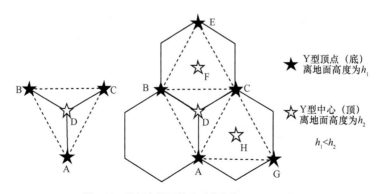

图 2-19　临近空间导航网络基本构型及扩展方法

2.3.3　飞艇动态组网运动特性表征

1. 飞艇的基本工作原理

飞艇是一种轻于空气的浮空器，区别于气球，它具有推进和控制飞行状态的装置[13]，由艇体、吊舱、尾面和动力装置组成。艇体呈现流线型，可减少风阻力，利于控制；尾面起控制平衡的作用。

艇体气囊中充满氦气，通过浮力升空。吊舱位于飞艇下面，可用于载重，通过尾部控制运动方向，通过氦气浮升；同时飞艇上安装发动机，可实现自控功能。自控功能主要用于水平移动及设备供电方面。相对于其他飞行器，飞艇具有载重大、控制能力良好，同时保持超长的滞空时间的优点[9]。

综上，飞艇能够依靠浮力升空、动力推进，并携带任何载荷，是一种能够在临近空间的特定区域上长时间驻留、可控飞行的浮空飞行器。

2. 飞艇的圆周运动轨迹

根据高空飞艇在临近空间中的运动原理，让其环绕一个点进行圆周运动而非定点悬停更符合实际控制[14]。通过数学模型上的抽象，设计组网动态路径。圆周型飞艇理想的运动过程示意图如图 2-20 所示。

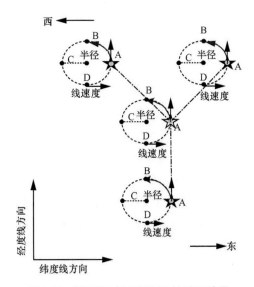

图 2-20　圆周型飞艇理想的运动过程示意图

以 Y 型单元构型结果的任意一个节点为例说明其运动过程：飞艇沿 A—B—C—D 运动，形成一个圆环式运动轨迹。在整个运动过程中，轨迹为一个圆周，沿逆时针方向运动，半径为 r_{circle}，线速度为 v_{circle}。其中，星形中心为飞艇理想初始位置，以 r_{circle}=1 km 为半径的圆周是飞艇的运动轨迹，运动速度为 v_{circle} = 5 m/s，故一周运动时间 T_{circle} = 1 257 s。

考虑到实际情况中飞艇起始布局时维持在一个平行线的可能性很小，故针对初始位置进行假设，飞艇的起点位置为 θ = 360°，对应圆周上的任何一点。于是圆周型飞艇实际的运动过程示意图如图 2-21 所示。

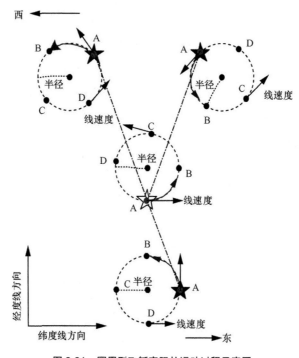

图 2-21　圆周型飞艇实际的运动过程示意图

其中，星形中心为飞艇模拟初始位置，随机产生在以构型开始时的 r_{circle} =1 km 为半径的圆周上，但在运动过程中平台各节点均以相同的线速度围绕各节点的圆心进行圆周运动。

2.3.4　超压气球动态组网运动特性表征

超压气球是一种成本较低的浮空器，具备大范围大数量布设的优点。

1. 超压气球的基本工作原理

准零风层上下的纬向风方向相反，径向风忽略不计，因此可利用纬向风实现两层节点的纬向运动[15]。假设底层节点在西向风作用下自西向东运动，顶层节点在东向风作用下自东向西运动。在高度方向，通过调整超压球的气囊体积大小以改变浮力，实现高度方向的运动。当超压球的气囊体积增加时，浮力增大，导致超压球上升。当超压球的气囊体积减小时，浮力减小，导致超压球下降。根据以上原理，超压球网络形成一个履带式动态网络。超压气球在准零风层上下所受风力和运动模式如图 2-22 所示。

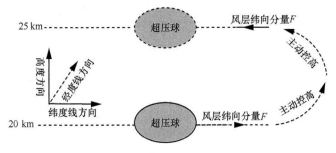

图 2-22　超压气球在准零风层上下所受风力和运动模式

2. 超压气球的履带式运动轨迹

根据超压气球在准零风层的工作状态，进行数学模型上的抽象，设计组网动态路径。

以超压球网络的任意一个节点为例说明其运动过程：超压球沿 A—B—C—D—E—F—A 运动，形成一个履带式运动轨迹。在整个运动过程中，A—B 和 D—E 两段占据大部分时间段，其余上升段和下降段占据较少时间段。

各个关键节点的运动状态如下。

（1）超压球到达 A 点时，向东匀速运动（速度为 V_{Lat}），高度方向速度为 0。

（2）超压球到达 B 点时，向东运动的速度仍为 V_{Lat}，高度方向速度仍为 0，向东开始匀减速运动（加速度为 a_{Lat}），向上开始匀加速运动（加速度为 a_{Ht}）。

（3）超压球到达 C 点时，向上的运动速度达到最大值，纬度方向速度为 0，向西开始匀加速运动（加速度为 a_{Lat}），向上开始匀减速运动（加速度为 a_{Ht}）。

（4）超压球到达 D 点时，向西匀速运动（速度为 V_{Lat}），高度方向速度为 0。

（5）超压球到达 E 点时，向西运动的速度仍为 V_{Lat}，高度方向速度仍为 0，向西开始匀减速运动（加速度为 a_{Lat}），向下开始匀加速运动（加速度为 a_{Ht}）。

（6）超压球到达 F 点时，向下的运动速度达到最大值，纬度方向的速度为 0，向东开始匀加速运动（加速度为 a_{Lat}），向下开始匀减速运动（加速度为 a_{Ht}）。

超压气球运动形成的履带式动态网络如图 2-23 所示，在双层 Y 型单元构型的基础上，底层超压气球位于 20 km 高度，顶层位于 25 km 高度，图 2-23 中 V_{Ht}=5 m/s，则从 20 km 到 25 km 时上升总时间计算得 T_{shang}=5 km/（V_{Lat}/2）=2 000 s，$a_{Lat}=V_{Lat}$/（T_{shang}/2）=0.005 m/s^2。

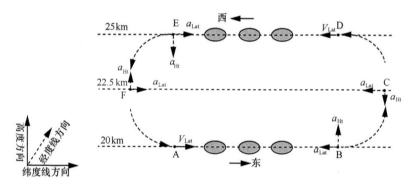

图 2-23　超压气球运动形成的履带式动态网络

其中边界的设定尤为重要。首先，组网中的浮空器要在一个"传送带"周期后回到开始的位置，需要满足在不同维度上的浮空器一个周期的运行里程相同，于是边界设定以 km 为单位，即统计初始布局中每个纬度上经度的极值，由于不同纬度上的经度极值差代表的里程数不同，需要计算出各个纬度上经度极值差所代表的实际距离，选取其中的最大实际距离，作为"传送带"的长度，将距离差根据中心的经度转化成各个纬度圈所对应的经度范围，即边界值。

此设计具有以下特点：

① 抽象了超压气球的工作原理，以数学模型的方式为平台动态运行提供了可行解；

② 相较于每个浮空器都进行相对静止的上下环形运动，节省了主动控高的能耗，整个动态过程既符合实际，又能最大程度地减少动力消耗，延长了滞空时间。

2.3.5　动态组网模型及边界优化算法

1. 动态导航网络构型评价指标

构型的性能指标要与需求相适应。本书对任意面积的目标区域，都能正确提供一个稳定最优的临近空间导航网络构型，能够同时满足目标区域所有用户的高精度定位要求。在传统的构型设计当中，选取的优化指标有：用户区域内 PDOP 均值、离散度 s 和 4 星的共视面积 S[16]。

本书中以飞艇/超压球为临近空间平台的导航动态网络的性能指标包括 5 个元素：PDOP 均值、PDOP 均方差、PDOP 最大值、平台数目、精度要求。指标具体表征如下。

- PDOP 均值 $\text{PDOP}_{\text{aver}}$ 是指目标区域内所有格网点 PDOP 值的平均值，定义如下：

$$\text{PDOP}_{\text{aver}} = \frac{\sum_{i=1}^{n} \text{PDOP}_i}{n} \tag{2-27}$$

其中，$i = 1, \cdots, n$；n 个用户在服务区内均匀分布。

- PDOP 均方差是指目标区域内所有用户 PDOP 值的均方差，能够衡量位置精度因子的波动程度，表达式为：

$$s = \sqrt{\frac{1}{n} \sum_{i=1}^{n} \left(\text{PDOP}_i - \text{PDOP}_{\text{aver}} \right)^2} \tag{2-28}$$

- PDOP 最大值表达式为 $\text{PDOP}_{\text{max}} = \max(\text{PDOP}_i)$。
- 平台数目 Num 是指覆盖目标区域的平台总数。构型优化设计时要求服务区域中任意位置用户的可视平台 $N_i \geqslant 4$。
- 精度要求是指目标区域所有格网点的 PDOP 最低要求。

在满足精度要求的前提下，分析其他 4 个网络的性能指标，其值越小越好，由此将以上 5 个指标作为对构型的评价标准，从而进行组网的优化设计。整个网络设立一个适应度函数，将 PDOP 均值、PDOP 均方差、PDOP 最大值、平台数目囊括其中，为了消除各指标间量纲的影响，需要将所有指标标准化，标准化方程为：

$f_j = \delta_j / 4$；其中δ_j表示第j个指标，f_j表示第j个指标的标准化数值，$j = 1,2,3,4$。

构型服务区域由目标区域中心的经纬度坐标、东西方向的距离、南北方向的距离和双层平台的高度值（高度一样时则视为单层平台）来表示。采用以上方式，表达超压球构型。组网参数有：单元构型的两个超压球在地面的投影距离为r，整体在底层收缩长度为conBase，取值范围为$[0, r_{hBase}]$，顶层的收缩长度为conTop，取值范围为$[0, r_{hTop}]$（其中，r_{hBase}对应表2-1中高度为hBase的r，外圈圆表示超出该范围的超压球对目标区域已无作用），临近空间平台导航网络模型输入参数示意图如图2-24所示。

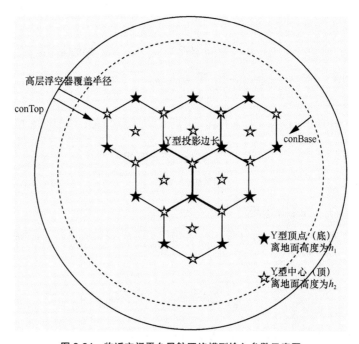

图2-24　临近空间平台导航网络模型输入参数示意图

如图2-24所示，根据第2.3.3节和第2.3.4节的动态模型，在进行单元布局的拓展时，平台会产生边缘的冗余，这部分浮空器会影响整体的成本。所以进行边界多余浮空器的削减，能够对平台做进一步的优化。下面介绍两种边界检测优化的方法。

2. 多参数自适应优化算法

（1）多参数自适应优化算法

由于3个网络构型参数与综合评价函数均成负相关关系，即参数越大，综合评价函数越低，效果越好。多参数自适应检测算法描述如下。

- 以整体横纵收缩为 0 时确立最大投影边长 r_{max}。

- 以 r_{max}、$conBase_{min}$ 最小值 0 确定 $conTop_{max}$，在此基础上更新 $conBase_{min}$；反之，确定 $conBase_{max}$ 及 $conTop_{min}$；即得到 3 个组网参数进一步的边界范围。

在边界的确定范围内，随机产生一组值 (a,b,c)（a 代表投影边长 r，b 代表 $conBase$，c 代表 $conTop$），若满足判决指标，记录当前综合评价函数值。由于 a、b、c 均与综合评价函数呈反比，所以 a 增量向上增加步长 Δa，若仍满足判决指标，同时函数值减小，则更新；反之 a 减量向下增加步长 $\Delta a \times \psi$，$\psi = randn(0,1)$。若满足，则继续保持向上的增量，至连续 3 次变更函数值无法再减小。同理 b、c 指标按照相同的逻辑得出最终的综合评价函数值，即优化后的组网构型特征，所采用的参数值为构型最优解[17]。

多参数自适应优化算法流程如图 2-25 所示。

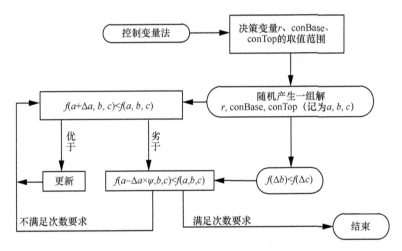

图 2-25　多参数自适应优化算法流程

（2）多参数自适应优化算法仿真场景

- 服务区域：以（39°N，116°E）为目标中心，东西长记为 E-W，南北长记为 N-S。

- 基本配置：双层 Y 型构型拓展，平台高度分别是 20 km 和 25 km。

- 性能指标：均值 $PDOP_{aver}$、离散度 s、$PDOP_{max}$、Num、精度要求。

- 精度要求：均匀分布于服务区域内的 122 个用户的 PDOP 不大于 2。

• 构型参数：平台之间投影边长 r，底层和顶层的约束 conBase、conTop。

（3）多参数自适应优化算法仿真结果及分析

多参数自适应算法下的构型结果见表 2-4。

表 2-4　多参数自适应算法下的构型结果

实验序号	服务区域		构型参数			性能指标				
	E-W/km	N-S/km	r/km	conBase/km	conTop/km	$PDOP_{aver}$	s	$PDOP_{max}$	Num	精度要求
1	**100**	**100**	**68**	**101.1**	**123.3**	**1.65**	**0.20**	**1.98**	**17**	**2**
2	600	1000	74	50.56	82.3	1.33	0.20	1.90	219	2
3	100	100	57	117.9	205.5	2.38	0.32	3.14	8	4
4	600	1000	108	118.0	102.7	2.41	0.64	3.98	91	4

从表 2-4 中数据可以得出，当目标区域的用户定位精度要求为 2 时，所需要的浮空平台多于精度要求为 4 的场景。同时，服务区域越大，所需要的浮空平台数量越多，但是平台数量与区域大小不成比例关系。

以第 1 组实验数据为例，多参数自适应算法优化迭代过程示例如图 2-26 所示。

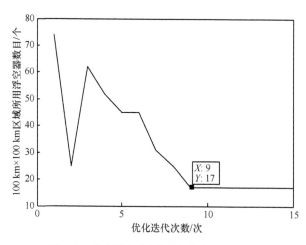

图 2-26　多参数自适应算法优化迭代过程示例

由图 2-26 可知，算法在第 9 次迭代后达到最优状态，即获得最优的性能指标。此时，100 km×100 km 服务区域的构型及 PDOP 情况如图 2-27 所示。图 2-26 中"○"表示位于 25 km 的浮空器，"△"表示位于 20 km 的浮空器，"+"表示 PDOP ≤ 2 的服务用户。

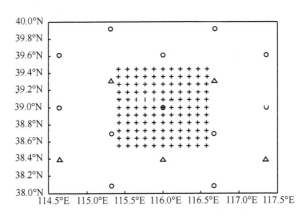

图 2-27　100 km×100 km 服务区域的构型及 PDOP 情况

3. 智能优化算法

（1）智能优化算法

智能算法有很多种，其中贪婪算法适合快速得到局部最优解，而遗传算法能够进行全局搜索，本文选取贪婪算法和遗传算法进行优化设计，先通过贪婪算法对网络参数进行初始范围的确定，然后在综合评价函数当中增加目标决策，加快收敛速度。广域高精度网络智能优化算法流程如图 2-28 所示，具体操作步骤如下。

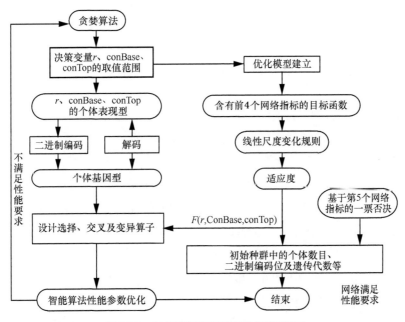

图 2-28　广域高精度网络智能优化算法流程

步骤 1 确定优化变量并选择合适的编码方案，基于二进制编码方式的可操作性，把待优化变量 r 、conBase 及 conTop 进行二进制编码，转化为个体序列。

步骤 2 确定初始参数，包括初始种群中的个体数目、二进制编码位及遗传代数等。

步骤 3 根据网络构型参数及性能指标，确定适应度函数 F。

步骤 4 遗传算法迭代过程前，进行种群（数量为 M）的初始化、编码。

步骤 5 根据网络构型设计遗传算子，并对种群染色体进行选择、交叉和变异操作，选择、交叉、变异算子的取值均在 $[0,1]$。

关于选择方式有两种方法。

方法 1：以轮盘赌的方式选择下一代个体。操作方式是随机转动一下轮盘，当轮盘停止转动时，指针指向哪个则选中哪个。其中，适应度高低与轮盘比例相对应，选中适应度高的个体概率会大很多。同时不排除小概率事件，选中低适应度的个体，这种操作具有随机性。"轮盘赌"方式选择示意图如图 2-29 所示。

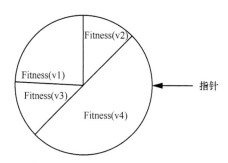

图 2-29 "轮盘赌"方式选择示意图

方法 2：精英机制。将前代最优个体直接选作下一代的个体。为了加快收敛和减少算法复杂度，本文中采用第 2 种方式进行个体选择。

关于交叉操作。交叉算子为 cross_rate。在本书中交叉操作的做法是随机选择两个个体，接着产生随机数 $0 \leqslant r \leqslant 1$，如果 $r \geqslant$ cross_rate，则不进行交叉操作，否则进行交叉操作：通过随机选择个体序列中的二进制位置，进行二者的置换。

关于变异操作。变异算子为 mutate_rate。在本书中变异操作的做法是产生随机数 $0 \leqslant r \leqslant 1$，如果 $r \leqslant$ mutate_rate，则进行变异操作，通过随机选择个体序列中的二进制位置，进行序列中 1 和 0 的取反，即 1 改为 0，0 改为 1。

步骤 6 计算个体的综合评价函数及种群适应度函数，求出影响网络各个指标的权重值 α_j，所有指标加权求和，以求和值作为遗传算法的目标函数

$f(r, \text{conBase}, \text{conTop})$，作为适应度函数 F，即：

$$F = f(r, \text{conBase}, \text{conTop}) \qquad (2\text{-}29)$$

其中，$F = \sum_{j=1}^{4} f_1 \times \alpha_j$，$\sum_{j=1}^{4} \alpha_j = 1$。

步骤 7　循环上述步骤，可以得到种群中个体二进制序列、适应度函数序列，根据精英选择准则及网络性能参数的约束条件不断地对种群进行选择、交叉、变异操作，根据综合评价函数值排序寻优，最后得出最优解。

（2）智能优化算法仿真场景

- 服务区域：以（39°N，116°E）为目标中心，东西长 E-W，南北长 N-S。
- 基本配置：双层 Y 型构型拓展，平台高度分别是 20 km 和 25 km。
- 性能指标：均值 $\text{PDOP}_{\text{aver}}$、离散度 s、PDOP_{max}、Num、精度要求。
- 精度要求：均匀分布于服务区域内的 122 个用户的 PDOP 不大于 2。
- 构型参数：平台之间投影边长 r，底层和顶层的约束 conBase、conTop。
- 仿真配置：初始种群大小为 50 代，染色体长度为 36，迭代次数为 20，交叉概率为 0.8，变异概率为 0.1。构型参数的范围见表 2-5。

表 2-5　构型参数的范围

构型参数	最小值	最大值
r/km	0	168.5
conBase/km	0	168.5
conTop/km	0	205.5

（3）智能优化算法仿真结果及分析

智能算法下的构型结果见表 2-6。

表 2-6　智能算法下的构型结果

实验序号	服务区域		构型参数			性能指标				
	E-W/km	N-S/km	r/km	conBase/km	conTop/km	$\text{PDOP}_{\text{aver}}$	s	PDOP_{max}	Num	精度要求
1	100	100	62.3	144.6	109.0	1.57	0.19	1.92	18	2
2	**600**	**1 000**	**68.9**	**83.3**	**184.0**	**1.22**	**0.16**	**1.95**	**186**	**2**
3	100	100	74.5	85.7	147.8	2.30	0.42	2.99	9	4
4	600	1000	105.0	162.2	79.3	2.49	0.68	3.74	88	4

以第 2 组实验数据为例，智能算法迭代结果如图 2-30 所示，适应度 $F = -\text{Num}$。

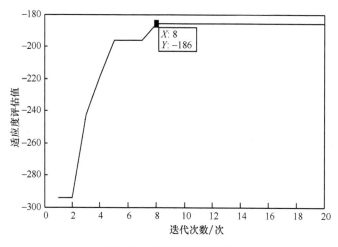

图 2-30 智能算法迭代结果

由图 2-30 可知，智能算法在第 8 代获得最优性能指标，此时 600 km×1 000 km 服务区域的构型及 PDOP 情况如图 2-31 所示。

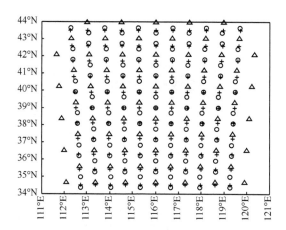

图 2-31 600 km×1 000 km 服务区域的构型及 PDOP 情况

4. 两种优化算法对比分析

通过前面的仿真结果，两种优化算法的对比见表 2-7，在不同服务区域内及精度要求下，在布局所用浮空器数量方面各有不同。

在服务区域面积较小时，比如区域东西、南北距离为 100 km 时使用多参数自适应算法优化的构型，具有更好的性能指标，所需要的浮空平台数量为 17 个和 8 个，相

表 2-7 两种优化算法对比

服务区域及精度要求	100 km×100 km		600 km×1 000 km	
	PDOP 不大于 2	PDOP 不大于 4	PDOP 不大于 2	PDOP 不大于 4
多参数自适应算法	17	8	219	91
智能算法	18	9	186	88

较于智能算法的 18 个和 9 个,成本更低;在服务区域面积较大时,比如 600 km× 1 000 km,智能算法优化的构型具有更好的性能指标,平台数量为 186 个和 88 个,相较于前者的 219 个和 91 个,成本更低。而两种方法都具有可行性,能够实现定位需求和成本的双重优化,能够在最少的平台数量下实现对指定区域的高精度无缝覆盖。

2.4 临近空间组网协同定位方法

临近空间平台自身定位精度的研究是构建临近空间导航网络模型必不可少的步骤之一,平台自身定位精度的高低能够直接影响用户的定位精度。在本文的应用场景中,地面无法接收到来自导航卫星的测距信号,所以依靠固定基准站的逆向定位方法无法实现平台精度的提高。而协同定位方法经由日本学者提出后,在无线通信网络有着出色的表现,且在导航测距方面,能够克服依赖于 GNSS 或 GNSS 的其他地面基础设施,从而增强导航性能。同时通过对临近空间平台定位的国内外现状的调研发现,通过多源导航信息的融合能够有效提高无人机的定位精度[18]。于是,为了使临近空间平台的精度达到其作为导航源的要求,综合两种思想不失为一种良好的解决办法。本章首先描述了应用场景和问题,然后介绍协同定位方法的基本原理,接着论述如何在临近空间平台上应用协同定位方法,和数据融合后如何进行最优估计,以及在本文的应用场景中协同定位方法如何实现。

2.4.1 协同定位应用场景和问题描述

1. 协同定位的应用场景

本文中协同定位的应用场景由以 M 艘浮空器构成的临近空间动态导航网络以及 S 颗导航卫星组成,如图 2-32 所示。其中,导航卫星向临近空间平台播发导航信号,浮空器之间建立双向测距通信链路。

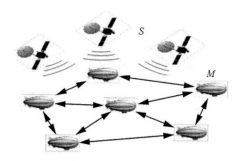

图 2-32　协同定位的应用场景

以图 2-32 中基本的应用场景展开，在仿真验证阶段分不同情景进行实验对比。3 种仿真情景表述如下。

情景 1：在 M 艘浮空器之间有协同关系的同时，M 艘浮空器都能接收到来自导航卫星的测距信号。

情景 2：在其中 1 艘飞艇完全接收不到来自 S 颗导航卫星的测距信号，若干艘飞艇能部分接收到卫星信号时，而 M 艘浮空器之间有协同关系，能够保持良好的通信拓扑关系。

情景 3：在 M 艘浮空器两两之间没有 TDOA 测距信号，即网络不存在协同关系，M 艘浮空器的定位信号仅仅来源于 S 颗导航卫星提供的测距信号确定。

2. 针对应用场景进行的场景描述

本书中临近空间协同定位问题可描述为：在给定伪距观测集合 $\boldsymbol{\rho}_m^t \triangleq \{\rho_{sm}^t\}$ 及其方差阵集合 $R_{sm}^t \triangleq \mathrm{diag}(\{\sigma_{sm}^2\})$、可视卫星位置集合 $X_{sm}^t = \{x_s^t\}$、空中可通信浮空器之间测距集合 $r_m^t = \{r_{nm}^t\}$ 及其方差阵集合 $R_{nm}^t \triangleq \mathrm{diag}(\{\sigma_{nm}^2\})$、其他可通信浮空器所估计的位置集合 $X_{nm}^t \triangleq \{\hat{x}_n\}$ 及其估计方差阵集合 $P_{nm}^t \triangleq \{\hat{P}_n\}$（$m \in M$，$s \in S$）的条件下，估计每个浮空器 t 时刻的位置 $\tilde{x}_m^t$ 及其方差阵 $\tilde{P}_m^t$ 的问题。这一问题通常可采用一阶马尔可夫过程和离散时间系统状态方程进行建模。

2.4.2　协同定位方法基本原理

（1）协同定位方法思想

协同定位的实质是一种数据融合方法，根据研究的问题不同，相应的数据源不同，数据融合的方法也不同。利用这种方法解决导航问题，关键是在分布式解算卫星导航定位方程和平台相互通信测距方程时获得收敛，并且进行最优估计。在本书中，临近空间导航网络的协同定位方法是融合了导航卫星信号测距信息和临近空间导航网络节点两两双向测距信息，然后通过融合信息的最优估计来提高平台自身的导航定位精度。

本书平台之间的协同体现在，浮空器与浮空器之间能够播发自身的定位信息以及精度（方差矩阵），同时浮空器之间采用 TDOA 技术实现双向测距、信息共享。在本书的模型中，浮空器之间交互的是位置坐标及位置误差信息，通过 TDOA 技术进行协同，能够获得每个浮空器与周边的浮空器的距离信息，这个信息同样代入定位解算方程组中。这种方法与只有 GNSS 的本地单一数据相比，不仅提高了网络各平台位置的准确性，而且能够为部分未能接收足够测距信息导致无法定位的浮空器提供有效定位。

（2）协同定位的常用估计方法

关于最优估计，有很多种经典方法，比如最小二乘法、粒子滤波算法、卡尔曼滤波算法。其中，最小二乘法是通过最小化误差的平方和寻找数据的最佳函数匹配的方法进行估计，不考虑时间的更迭；粒子滤波算法是基于最大后验准则，在过程噪声估计方面一般为非高斯过程，在具体试验中不易采样；卡尔曼滤波算法提供了一个最佳的低复杂线性的本地化和追踪解决方案，并且过程和观察误差都可加白色的高斯分布。由于欧氏距离相对于到达时间的位置为基础的测量（如伪距），其系统估计方程是非线性的；经典卡尔曼滤波不能用于求解位置—速度—时间（PVT）问题。在这种情况下的解决方法是扩展卡尔曼滤波（EKF，Extend Kalman Filter）和无迹卡尔曼滤波（UKF，Unscented Kalman Filter）。

两种算法相同的特点是都能够将非线性化问题线性化，不同的是 EKF 通过泰勒级数的方式对非线性函数进行一阶线性化截取，而忽略其余高阶，而 UKF 是利用无迹变换（UT，Unscented Transform）来处理均值和协方差的非线性传递问题，同时没有把泰勒展开过程中的高阶项忽略，从而计算统计量时有较高的精度[19]。UKF 的非线性变换过程如图 2-33 所示。

从原始状态中取一些采样点，这些点的均值和协方差与原始状态的均值和协方差相同。将这些点代入非线性函数中得到新的点，通过新点集的均值和协方差估计下一步状态的均值和协方差。进行这种操作后的参数最少具有泰勒展开的 2 阶精度，对于高斯分布，可达到 3 阶。其采样点的选择是基于先验均值和先验协方差矩阵的平方根的相关列实现的[20]。

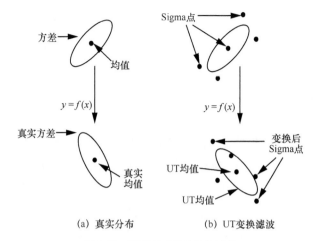

(a) 真实分布　　　　　　　(b) UT变换滤波

图 2-33　UKF 的非线性变换过程

UT 变换得到的 Sigma 点的集合具有下述性质。

（a）Sigma 点的集合包含相同均值和相同权值的对称点的特征，所以 Sigma 点的集合与随机变量均值是一样的。

（b）Sigma 点的集合的样本方差和随机变量整体的方差一样。

（c）如果 Sigma 点集合服从任意形式的正态分布，那么它都是标准正态分布经过变换得到的。

综上，基于 UKF 的非线性化过程更大程度地对运动状态进行最优估计，在本书的应用场景中，选取 UKF 作为协同定位的最优估计方法。

2.4.3　无迹卡尔曼滤波算法

1. 无迹 Kalman 滤波模型

针对第 2.1 节描述的场景和问题建立模型如下。

（1）系统模型

定义系统随时间演化的模型如下：

$$\tilde{x}_m^t = f\left(\tilde{x}_m^{t-1}, \tilde{\omega}_m^t\right)$$
$$\tilde{\omega}_m^t \sim N\left(0, \tilde{\boldsymbol{Q}}_m^t\right)$$

（2-30）

其中，浮空器 m 可以根据前一时刻状态 $\tilde{x}_m^{t-1}$ 和状态转换函数 $f(\cdot)$ 预测当前状态 $\tilde{x}_m^t$。过程噪声向量 $\tilde{\omega}_m^t$ 是均值为 0、方差阵为 $\tilde{\boldsymbol{Q}}_m^t$ 的高斯随机过程，用来描述系统状态的波动特性。浮空器属于空中低动态平台，故采用高斯随机游走过程对浮空器受随机气流影响的动态行为进行建模，有：

$$\tilde{x}_m^t = f\left(\tilde{x}_m^{t-1}, \tilde{\omega}_m^t\right) = F^t \cdot \tilde{x}_m^{t-1} + W^t \cdot \tilde{\omega}_m^t = I \cdot \tilde{x}_m^{t-1} + \Delta t \cdot I \cdot \tilde{\omega}_m^t$$

$$\tilde{Q}_m^t = \mathrm{diag}\left(\left[\sigma_{\dot{x}m}^2, \sigma_{\dot{y}m}^2, \sigma_{\dot{z}m}^2, \sigma_{\dot{b}m}^2\right]\right)$$

(2-31)

其中，$\tilde{x}_m^t \triangleq [x_m^t, y_m^t, z_m^t, b_m^t]$，$(x_m^t, y_m^t, z_m^t)$ 是浮空器 m 的位置坐标，采用地心地固坐标系，b_m^t 是浮空器上 GNSS 接收机的钟差 δt_m 的距离表示，I 是 4×4 的单位矩阵，时间间隔 $\Delta t = 1$ s。

（2）观测模型

系统观测量 $z_m^t = \begin{bmatrix} \rho_m^t & r_m^t \end{bmatrix}^{\mathrm{T}}$ 包含浮空器与导航卫星间的伪距观测集和浮空器与其他可通信浮空器间的测距集合（P2P 测距）。系统观测方程定义如下：

$$z_m^t = h\left(\tilde{x}_m^t, X_{sm}^t, X_{nm}^t, v_m^t\right) = \begin{bmatrix} h_s\left(\tilde{x}_m^t, X_{sm}^t, v_{sm}^t\right) \\ h_n\left(\tilde{x}_m^t, X_{nm}^t, v_{nm}^t\right) \end{bmatrix}$$

$$v_m^t \sim N\left(0, R_m^t\right)$$

(2-32)

其中，$v_m^t = \begin{bmatrix} v_{sm}^t & v_{nm}^t \end{bmatrix}^{\mathrm{T}}$ 为 0 均值、方差阵为 R_m^t 的观测噪声向量，包含伪距观测噪声和浮空器间测距噪声。

$$R_m^t = \begin{bmatrix} R_{sm}^t & 0 \\ 0 & R_{nm}^t \end{bmatrix}$$

(2-33)

卫星伪距观测函数如下：

$$z_s = h_s\left(\tilde{x}_m^t, x_s^t\right) = \left\| x_m^t - x_s^t \right\| + b_m = \sqrt{(x_m^t - x_s^t)^2 + (y_m^t - y_s^t)^2 + (z_m^t - z_s^t)^2} + b_m$$

(2-34)

浮空器间测距观测函数如下：

$$z_n = h_n\left(\tilde{x}_m^t, x_n^t\right) = \left\| x_m^t - x_n^t \right\| = \sqrt{(x_m^t - x_n^t)^2 + (y_m^t - y_n^t)^2 + (z_m^t - z_n^t)^2}$$

(2-35)

有了上述系统模型与观测模型，下面采用 UKF 滤波算法融合空中浮空器与导航卫星间以及空中可通信浮空器之间的测距信息，实现临近空间协同定位。

2. 无迹 Kalman 更新过程

（1）系统状态预测

将过程噪声也包含在状态估计中，构成增广状态向量如下：

$$x_a^{t-1} = \left[(\tilde{x}_m^{t-1})^{\mathrm{T}}, (\tilde{\omega}_m^t)^{\mathrm{T}} \right]^{\mathrm{T}}$$

$$\boldsymbol{P}_a^{t-1} = \begin{bmatrix} \tilde{\boldsymbol{P}}_m^{t-1} & \mathbf{0} \\ \mathbf{0} & \tilde{\boldsymbol{Q}}_m^t \end{bmatrix} \tag{2-36}$$

Sigma 点的集合计算如下：

$$\chi_0^{t-1} = x_a^{t-1}$$

$$\chi_i^{t-1} = x_a^{t-1} + \left(\sqrt{(L+\lambda)\boldsymbol{P}_a^{t-1}} \right)_i, i = 1, \cdots, L \tag{2-37}$$

$$\chi_i^{t-1} = x_a^{t-1} - \left(\sqrt{(L+\lambda)\boldsymbol{P}_a^{t-1}} \right)_{i-L}, i = L+1, \cdots, 2L$$

其中，$(\sqrt{\bullet})_i$ 是矩阵 Cholesky 分解结果的第 i 列，L 为增广状态向量维度。

Sigma 点通过系统的状态转换函数进行传播，有：

$$\chi_i^{t|t-1} = f(\chi_i^{t-1}), i = 0, \cdots, 2L \tag{2-38}$$

进而预测系统状态：

$$\hat{x}^{t|t-1} = \sum_{i=0}^{2L} w_i^\mu \chi_i^{t|t-1}$$

$$\boldsymbol{P}^{t|t-1} = \sum_{i=0}^{2L} w_i^\mu \left[\chi_i^{t|t-1} - \hat{x}^{t|t-1} \right] \left[\chi_i^{t|t-1} - \hat{x}^{t|t-1} \right]^{\mathrm{T}} \tag{2-39}$$

$$w_0^\mu = \frac{\lambda}{L+\lambda}$$

$$w_0^\Sigma = \frac{\lambda}{L+\lambda} + (1 - \alpha^2 + \beta)$$

$$w_j^\mu = w_j^\Sigma = \frac{1}{2(L+\lambda)} \tag{2-40}$$

$$\lambda = \alpha^2 (L + \kappa) - L$$

其中，α、β 和 κ 采用典型值，分别设置为 1×10^{-3}、2 和 0。

（2）系统状态更新

将系统状态 Sigma 点集通过观测函数投射到观测域，形成观测点集如下：

$$\varsigma_i^t = h(\chi_i^{t|t-1}), i = 0, \cdots, 2L \tag{2-41}$$

由上述点集构造统计量，求得观测量的预测值 $\hat{z}^t$ 及其方差阵 $\hat{\boldsymbol{S}}^t$ 和观测与状态的互协方差阵 $\boldsymbol{P}_{x|z}$。

$$\hat{z}^t = \sum_{i=0}^{2L} w_i^\mu \varsigma_i^t$$

$$\hat{S}^t = \sum_{i=0}^{2L} w_i^\Sigma \left[\varsigma_i^t - \hat{z}^t \right] \left[\varsigma_i^t - \hat{z}^t \right]^{\mathrm{T}} + R^t \qquad (2\text{-}42)$$

$$\hat{P}_{x|z}^t = \sum_{i=0}^{2L} w_i^\Sigma \left[\chi_i^{t|t-1} - \hat{x}^{t|t-1} \right] \left[\varsigma_i^t - \hat{z}^t \right]^{\mathrm{T}} + R^t$$

进一步获得 Kalman 增益 K^t，有：

$$P_{\tilde{x}|z}^t = \tilde{P}_m^{t|t-1} \left(H^t \right)^{\mathrm{T}}$$

$$K^t = P_{\tilde{x}|z}^t \left(S^t \right)^{-1} \qquad (2\text{-}43)$$

最后，对系统状态预测值进行修正，有：

$$\hat{x}^t = \hat{x}^{t|t-1} + K^t \Delta z^t$$

$$\hat{P}^t = \hat{P}^{t|t-1} - K^t S^t \left(K^t \right)^{\mathrm{T}} \qquad (2\text{-}44)$$

2.4.4 基于 UKF 的组网协同定位方法

协同定位方法与单一节点定位不同之处在于卫星导航信息的共享与观测误差的多参数自适应变化。共享的导航信息主要包括：其他可通信浮空器的位置及其误差信息。这些信息用来表示其他浮空器对自己位置的估计及其不确定性。

其他可通信浮空器的不确定性在协同导航中至关重要。如果所提供的不确定性比较准确，滤波器会根据此信息多参数自适应调整滤波器增益，起到排除野值干扰、稳健滤波的作用，否则滤波器增益将会错误地放大野值，最终导致发散。

通常，用 R_{nm}^t 描述来自可通信浮空器的测距信息的不确定性，其中除了考虑测距手段的测量误差外，还考虑其他浮空器所发来位置信息中包含的估计误差，常规的观测误差阵多参数自适应调节方法如下：

$$\left(\sigma_{nm}^t \right)_{\text{new}}^2 = \left(\sigma_{nm}^t \right)_{\text{old}}^2 + \mathbf{tr} \left(P_{n \to m}^t \right) \qquad (2\text{-}45)$$

其中，$\left(\sigma_{nm}^t \right)_{\text{old}}^2$ 为调节前的浮空器间测距误差，$\mathbf{tr} \left(P_{n \to m}^t \right)$ 为浮空器 n 发向浮空器 m 的状态方差阵的迹，$\left(\sigma_{nm}^t \right)_{\text{new}}^2$ 为调节后的浮空器间测距误差。

综上，本书提出的协同定位算法流程和伪代码如下：

1. 估计每个用户的初始状态 $\tilde{x}_m^0$ 和协方差矩阵 $\tilde{P}_m^0$；

2. 计算系统状态 Sigma 点集；

3. 预测下一时刻的状态 $\tilde{x}_m^{t|t-1}$ 和协方差 $\tilde{P}_m^{t|t-1}$；

4. 广播状态预测值 $\tilde{x}_m^{t|t-1}$ 和协方差 $\tilde{P}_m^{t|t-1}$，并接受邻点信息 $\tilde{x}_{n-m}^t$ 和 $\tilde{P}_{n-m}^t$；

5. 通过 Sigma 点集投射后的观测点集求得观测量的预测值 $\hat{z}^t$ 及其协方差阵 $\hat{S}^t$，和状态的互协方差阵 $P_{x|z}$；

6. 根据中间矩阵 S^t 和 $P_{x|z}$ 计算卡尔曼增益 K^t；

7. 得到下一时刻的状态估计值 $\tilde{x}_m^t$ 和协方差估计值 $\tilde{P}_m^t$；

如果在该时隙内迭代次数 Niter $< n$（这里 n 取 3）

　　　则将估计值作为预测值返回第 4 步

否则进入第 8 步；

8. 如果估计总时间结束

　　　则输出最终的估计状态值

否则进入下一个时隙，返回第 3 步并将上一个时隙估计状态和协方差作为

　　　初始信息

其中，Niter 为迭代次数上限，$\hat{x}_{n\to m}$、$\hat{P}_{n\to m}$ 为从邻近可通信浮空器接收到的位置及其方差阵。当第一次迭代（$l=1$ 时）时，由于邻近可通信浮空器的位置及其方差阵的估计无法获得，故用其预测值 $\hat{x}_m^{t|t-1}$、$\hat{P}_m^{t|t-1}$ 替代。

2.4.5　仿真结果分析

下面以一个仿真案例验证协同定位方法，场景包含 6 个浮空器和 7 颗导航卫星，位置见表 2-8。

表 2-8　参与协同定位的浮空器和导航卫星坐标信息（卫星坐标系为 ECEF，用户坐标系为 ENU）

卫星序号	x/m	y/m	z/m	用户序号	E/km	N/km	U/km
1	19 263 524	−13 725 770	11 583 188	1	−49.65	−43	20
2	26 124 976	−5 749 420	−846 377	2	−49.65	43	20
3	24 768 710	1 601 307	9 925 575	3	24.83	0	20
4	8 048 029	−13 014 437	21 563 572	4	−24.83	0	25
5	8 543 818	15 561 017	19 676 844	5	49.65	43	25
6	2 082 386	23 437 415	12 048 145	6	49.65	−43	25
7	−7 307 117	−14 002 994	21 528 812				

其中，浮空器群的坐标系原点为北纬 45.065 275°，东经 7.658 954°，高 311.96 m。用户 1～6 的可视卫星数量分别为：7、4、3、2、1、0。

设置初始位置误差为 10 m，系统过程噪声方差阵 $Q_m^t = 4I$，伪距测量标准差 $\sigma_{sm} = 5\,\text{m}$，浮空器之间测距标准差 $\sigma_{nm} = 0.2\,\text{m}$（这与开阔空域的 GNSS 和基于专用通信系统测距手段的误差特性相符）。设置仿真时长为 60 s，Niter = 3，$T_{\text{reset}} = 5\,\text{s}$，进行 100 次蒙特卡洛实验，算法结果如图 2-34、图 2-35 所示。

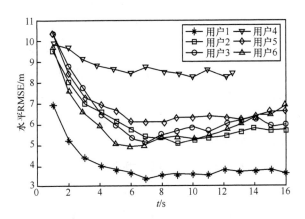

图 2-34　实验场景下平均定位水平精度

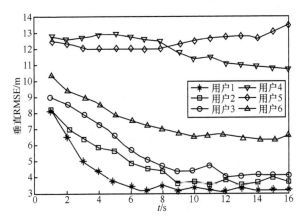

图 2-35　实验场景下平均定位垂直精度

由图 2-34 可以看到，可视卫星数为 0 的用户 6 的定位精度可达到 7 m 以内。由图 2-35 可以看到，可视卫星数为 0 的用户 6 的定位精度可达到 6 m 以内。综上，协同定位方法能够改善临近空间平台定位的可靠性和精度，尤其在用户 6 这种无法接

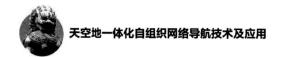
收 GNSS 信号的情况下，仍可获得比较满意的导航定位性能。

| 2.5　小结 |

本章首先根据临近空间平台的定位解算方程，确定位置精度因子可以作为临近空间导航网络构型评价的一个重要指标。然后分析了临近空间平台的对地覆盖范围，即在有接收仰角限制下的地面用户可见性问题，这是用户能否接收到导航信号，从而获得导航定位服务的前提条件。接着分析单元构型的特点，对比 5 种常见 4 星单元构型下对服务区域的定位精度，确定了双层 Y 型构型为最优单元构型，解决了何种单元构型具有最佳定位效果的问题。

针对临近空间平台很难在该空域中定点悬停的问题，分析了飞艇和超压气球的基本运动原理，并抽象成数学运动方程。基于两种平台的运动轨迹，分别提出了基于飞艇和超压气球的临近空间动态导航网络构型，解决了不同平台如何构建动态导航网络的问题。

最后，构建了详细的动态导航网络参数和丰富的网络性能指标，网络参数包含 Y 型单元构型中平台之间长度、平台所处高度、顶层平台拓展约束范围、底层平台拓展约束范围等；性能指标具体有代表网络成本的平台数目、服务区域用户的 PDOP 均值、PDOP 均方差、PDOP 最大值、精度要求。针对模型参数的求解，介绍了两种多指标多参数优化算法，分别是以贪婪、遗传算法为代表的智能算法和多参数自适应算法，并对比分析了不同优化算法的应用场景，解决了临近空间动态导航网络构型优化的问题。

整个动态导航网络构型方法的提出，旨在能够实现面向广域服务目标无缝覆盖的临近空间动态导航网络布局设计，达到成本和精度的同步优化。

临近空间平台自身的定位精度直接影响到用户的定位精度。为了提高平台自身的定位精度，通过导航卫星信号和网络中平台相互通信测距信号融合，提出并实现了临近空间组网协同定位方法。首先，描述了本文的应用场景和问题。然后介绍了协同定位方法的概念和本书中浮空器之间的协同体现在双向测距和位置精度信息共享。接着分析了不同最优估计方法的特点，选择了在估计统计量方面有更高的计算精度的 UKF 方法进行协同定位研究，解决本书中如何进行协同定位方法和最优估计方法的选择问题。

结合对本书中的场景描述，建立了系统和观测模型，继而完善相应场景下 UKF 滤波算法的预测和更新过程，最后实现基于 UKF 的协同定位算法。仿真验证了该方法的有效性，说明通过平台之间的协同及导航卫星信号的测量，二者以合作的关系能够提高临近空间平台自身的定位精度，满足其作为导航源的要求。解决了在本书的应用场景中临近空间协同定位方法如何实现的问题。

┃ 参考文献 ┃

[1] POWERS E, HAHN J. GPS and Galileo UTC time distribution[C]//Proceedings of 2004 18th European Frequency and Time Forum (EFTF 2004). Piscataway: IEEE Press, 2004.

[2] 北斗卫星导航系统[Z]. 2019.

[3] 李变. 用于 JATC 的 GPS CV 时间比对中的数据处理[J]. 时间频率学报, 2004.

[4] 李滚. GPS 载波相位时间传递[D]. 北京: 中国科学院, 2007.

[5] PETIT G, JIANG Z. GPS all in view time transfer for TAI computation[J]. Metrologia, 2008, 45(1): 35-45.

[6] KAPLAN E D, HEGARTY C. Understanding GPS principle and application[M]. Fitchburg: Artech House, 2006.

[7] 阎海峰, 魏文辉, 冯志华, 等. 伪卫星空中基站定位高性能算法研究[J]. 西北工业大学学报, 2015, 33(5): 763-769.

[8] 盛琥, 杨景曙, 曾芳玲. 伪距定位中的 GDOP 最小值[J]. 火力与指挥控制, 2009, 34(5): 22-24.

[9] 陈坡, 韩松辉, 归庆明, 等. 卫星导航中 GDOP 最小值的分析与仿真[J]. 弹箭与制导学报, 2013, 32(2): 27-30.

[10] 孟键. 伪卫星定位技术与组网配置研究[D]. 郑州: 解放军信息工程大学, 2007.

[11] 栗颖思, 周江华, 王生. 平流层飞艇成形发放时仰角变化仿真分析[J]. 计算机仿真, 2014, 31(6): 45-49.

[12] 刘雅娟. 临近空间定位浮空平台覆盖范围分析[J]. 无线电工程, 2008, 38(12): 31-33.

[13] 刘刚, 张玉军. 平流层飞艇定点驻留控制分析与仿真[J]. 兵工自动化, 2008, 27(12): 64-66.

[14] 闫峰, 黄宛宁, 杨燕初, 等. 现代重载飞艇发展现状及趋势[J]. 科技导报, 2017, 35(9): 68-80.

[15] 王超, 姚伟, 吴耀, 等. 利用自然能的轨迹可控临近空间浮空器初步设计[J]. 中国空间科学技术, 2015, 35(1): 43-50.

[16] 史海青. 北斗伪卫星空基增强网络优化与高精度动态时间同步[D]. 南京: 南京航空航天大学, 2014.

[17] 陈超. 多参数自适应遗传算法的改进研究及其应用[D]. 广州: 华南理工大学, 2011.

[18] 田学林. UKF 算法在无人水面舰艇协同定位中的应用[D]. 哈尔滨: 哈尔滨工程大学, 2014.

[19] MENSING C, SAND S, DAMMANN A. GNSS positioning in critical scenarios: hybrid data fusion with communications signals[C]//Proceedings of 2009 IEEE International Workshop on Synergies in Communications and Localization (SyCoLo). Piscataway: IEEE Press, 2009.

[20] 黄小平, 王岩. 卡尔曼滤波原理及应用: MATLAB 仿真[M]. 北京: 电子工业出版社, 2015.

第 3 章

导航自组织网络的感知与自愈

天空地一体化导航增强自组织网络为网络动态感知与节点异常自愈提供了可能。本章将编队协同技术应用于临近空间平台，描述了基本原理，构造了导航自组织网络。并在此基础上，分别采用最小二乘估计协同定位方法、卡尔曼滤波协同定位方法、粒子滤波协同定位方法等方法开展导航自组织网络协同定位方法研究。针对导航自组织网络的故障检测，采用贝叶斯网络分析单节点故障在自组织网络内的传播特性，并提出基于似然比检验的导航自组织网络节点的故障检测方法。针对导航自组织网络的误差估计，开展了导航组网测距精度评估、导航自组织网络的测距误差包络描述以及基于稳定分布的误差包络方法研究。最后，针对导航自组织网络的用户定位进行仿真验证。

导航自组织网络中各节点之间的时空传递关系具有动态变化特性，如何有效感知网络节点状态和监测节点故障，直接影响导航服务质量。本章重点针对空基导航自组织网络的网络节点动态感知及故障监测等内容进行介绍。

| 3.1 引言 |

全球导航卫星系统具备全球、全天候、高精度定位和授时能力，获得了广泛应用。然而，随着 GNSS 的应用领域不断扩展，研究人员逐渐发现其导航信号易受多种故障因素的影响，并可能遭受人为的、恶意的破坏，导致服务性能下降甚至失效，并可能产生极为严重的后果，存在脆弱性难题。

1998 年，美国交通部联合美国国防部开展了基于 GPS 的国家交通设施的脆弱性评估，随后发布了报告 "Vulnerability Assessment of the Transportation Infrastructure Relying on the Global Positioning System" [1]。同期，美国联邦航空管理局（FAA，Federal Aviation Administration）联合美国航空运输协会（ATA，Air Transport Association）和航空器拥有者及驾驶员协会（AOPA，Aircraft Owners and Pilots Association），围绕从陆基空管系统向基于 GPS 的星基空管系统的过渡计划，进行了 GPS 脆弱性评估，并于 1999 年发布了报告 "GPS Risk Assessment Study Final Report" [2]。上述评估均发现：由于到达用户天线端的信号功率极低，GPS 非常容易受到电离层活动、无线电干扰等的影响，导致性能降低甚至服务中断，对交通运输系统中的关键基础设施产生重大影响。

　　除此之外，在城市内高楼密集区域或山谷中水库、矿山等环境，GPS 卫星的导航信号容易受到障碍物的遮蔽，使用户接收机可见卫星的数量减少、几何分布变差，导致定位精度下降甚至无法定位。在室内、地下或隧道中，则无法收到卫星导航信号。在军事应用中，为了对抗使用 GPS 进行定位的高精度制导武器和无人系统武器，对 GPS 的干扰和欺骗更为常见，常导致部分甚至全部卫星导航信号均不可用。

　　因此，必须采取有效的措施，以降低卫星导航信号中断导致的不利影响。

3.1.1　GNSS 伪卫星技术

　　为解决地形遮蔽或干扰条件下 GNSS 可用信号源不足的难题，研究人员提出了地面架设 GNSS 信号发射源的技术，即伪卫星。伪卫星技术的应用可以增加用户的可见卫星数量，改善卫星几何分布，从而提高定位精度，是解决 GNSS 脆弱性问题的一种有效手段。

　　1. 地基伪卫星

　　1978 年，为了对 GPS 的技术原理进行验证，美国的研究人员在尤马军事基地搭建了世界上第一个 GNSS 地面伪卫星，该装置采用 GPS 信号发射机，向地面用户接收机发射 GPS 测试信号[3]。1984 年，Klien D 和 Parkinson B W[4]首次提出了用伪卫星增强 GPS 进行导航和定位，表明伪卫星能够优化 GPS 几何构型并提升 GPS 导航性能。20 世纪 90 年代初，斯坦福电信公司（Stanford Telecom）建成伪卫星测试系统，验证了利用伪卫星技术可以有效解决远近效应问题[5]。随着卫星导航技术的进步，伪卫星不断完善，成功应用于多个领域，成为增强 GNSS 的有效手段。

　　地基伪卫星通过建立在地面固定地点的发射机，向用户发射与 GNSS 类似的无线电导航信号，使得用户可以使用 GNSS 天线和接收机，无须进行硬件改装而直接接收伪卫星信号，实现增强导航[6]，如图 3-1 所示。

　　地基伪卫星的优势包括以下 3 方面。

　　（1）增加可见卫星数量

　　随着 GPS 和 GLONASS 的现代化，以及北斗卫星导航系统和 Galileo 系统的建设，用户将可以无差别地使用来自 4 个导航星座的卫星信号进行定位，平均可见卫

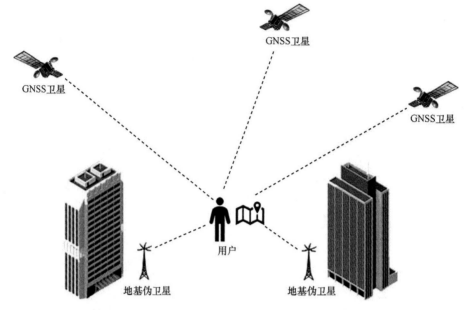

图 3-1   伪卫星与 GNSS 组合定位示意图

星数量可达到 50 颗。然而，卫星导航信号到达地表附近时功率极低，易受多种干扰因素的影响，导致测距误差增大甚至信号不可用。此外，在深山峡谷或城市高楼中，卫星导航信号受到自然或人工的障碍物遮挡，使得用户可见卫星数量急剧下降。通过在卫星导航信号受影响区域合理地布设地基伪卫星，则可有效增加用户可见卫星数量。

（2）改善可见卫星几何分布

对地表附近的用户而言，可见卫星均处于地平线方向以上。此外，由于低仰角卫星的导航信号受大气层的影响较大，在实际中用户接收机通常不处理负仰角和低仰角卫星的信号。因此，卫星导航定位中，用户可见卫星的几何分布在垂直方向上较水平方向差。在非差分增强下，卫星导航难以满足民用航空精密进近的垂向导航精度和完好性需求。地基伪卫星设立在地表，对航空用户而言均处于下方，其导航信号也不受大气层的影响，因而可有效改善垂直方向上的测距源几何分布，提高定位精度。在 20 世纪 90 年代，科研人员深入研究了利用地基伪卫星的卫星导航局域增强技术，用于机场精密进近、着陆引导。随后，RTCA 将地基伪卫星也作为卫星导航地基增强系统的组成部分。

（3）提高定位可靠性

相较于导航卫星，地基伪卫星信号功率强，且不受电离层影响，测距精度高。因此，伪卫星信号的可靠性优于导航卫星。在导航卫星的信号受干扰而中断时，伪卫星信号可作为有效补充，提高服务的连续性和可用性。此外，从原理上来讲，伪卫星可以在没有 GNSS 卫星的条件下独立进行定位。比如，将伪卫星作为室内定位的有效手段，可实现用户在室内外活动中的连续无缝定位。

在实际应用中，地基伪卫星仍需要解决时钟同步、信号远近效应和多径效应等主要问题[6-7]。

（1）时钟同步

GNSS 及伪卫星定位均是通过对信号传播时间的精确测量，计算信号的传播距离，从而进行多边定位。因此，需要消除伪卫星与 GNSS 卫星的时钟不一致导致的测距误差，通常有以下 3 种解决手段。

① 高精度时钟

伪卫星配备有高精度时钟标频，以驱动信号发射电路中的频率合成器，同时配有 GNSS 接收机，以实现伪卫星时间基准与 GNSS 的统一。

② 伪卫星时钟校正

在伪卫星信号覆盖范围内设置一个监测站，实时接收伪卫星的信号并计算钟差，并向每颗伪卫星发送时钟同步命令。伪卫星配备有时钟同步环滤波器，对自身的频控时钟进行精准控制以达到同步。

③ 差分技术

与伪卫星时钟校正方法类似，在伪卫星信号覆盖范围内设置一个监测站，实时接收伪卫星的信号并计算钟差。不同的是，监测站将钟差发送给用户，由用户进行解算和校正。

（2）远近效应

以 GPS 为例，其卫星距离地球表面的距离平均约为 20 200 km。因此不同地点的用户与导航卫星间的距离差比例变化较小，所接收到的导航信号的功率典型值均在-160 dBw 左右。而伪卫星放置于地面，随着用户与伪卫星间距离的变化，其接收到的信号功率变化较大。如果接收机与伪卫星距离较近、接收到的信号功率太强，易阻塞 GNSS 信号的正常接收；反之伪卫星的信号会太弱而无法接收。当有多颗伪卫星存在时，其相互之间也会产生类似的干扰。因此，伪卫星信号应能在最大范围内提供足够强的接收功率，又能避免对 GNSS 信号产生干扰，一般有以下 3 种方法。

① 码分多址方法

伪卫星使用与 GNSS 不同的伪随机码，如增加码长和提高码速率，但会降低伪卫星信号与 GNSS 信号的兼容性，极大增加了接收机的硬件成本。Ndili 提出了一种 GPS 伪卫星信号设计方法，使得伪卫星信号与 GPS 接收机实现最大程度的匹配。

② 频分多址方法

伪卫星使用与 GNSS 不同的频率发射信号。一种方法是使用非 GNSS 频段，此时需要接收机增加相应的射频电路，导致硬件复杂度和成本上升；另一种方法是使伪卫星信号频率位于 GNSS 信号频谱的零点处，但由于用户接收到的 GNSS 信号频率存在多普勒偏移，大多数 GNSS 接收机仍然会被伪卫星信号干扰。

③ 时分多址方法

伪卫星信号导致的干扰与信号发射的占空比相关，即信号发射时间占全部时间的百分比。因此，伪卫星以脉冲的方式发射信号，降低占空比（典型为 10%），即可降低对 GNSS 接收机的干扰。

（3）多径效应

一方面，地基伪卫星发射天线高度较低，因此多径效应比 GNSS 更为严重；另一方面，对用户而言，GNSS 信号一般来自上方，因此使用扼流圈等技术即可抑制来自地面的大部分反射多径信号，而伪卫星信号接收的仰角通常较低，甚至为负仰角，上述方法均不可用。解决伪卫星多径效应问题的技术手段较为复杂，通常需要同时从硬件及软件等方面提升。

GNSS 地基伪卫星技术获得了广泛应用。

（1）研究人员验证了利用机场伪卫星辅助的 GNSS 地基增强系统，可满足精密进近运行需求[8-9]。Lange W R 等[10]在 Braunschweig 机场搭建了由 9 个 Galileo 伪卫星构成的民用航空应用测试平台。

（2）Rockwell Collins 公司研制了基于伪卫星的战场导航系统（BNS，Battlefield Navigation System）[11]。

（3）美国航空航天局（NASA，National Aeronautics and Space Administration）提出了用于火星车导航的自校准伪卫星阵列（SCPA，Self-Calibrating Pseudolite Array）[12]。每颗伪卫星能够同时接收和发射 GPS L1/L2 测距信号，用户采用双向差

分定位算法实现高精度定位。

（4）新南威尔士大学卫星导航定位研究组[13]提出了 Locata，利用由多个地基伪卫星组成的网络实现区域定位，可以适应多种室内及室外应用环境。美国空军在白沙导弹试验场部署的 Locata 系统可在 600 平方英里（约 1 554 平方千米）范围内为用户提供厘米级定位精度的地面导航服务。

此外，利用伪卫星组网是室内定位的一种主要手段[14]。

2. 空基伪卫星

地基伪卫星播发的导航信号容易被地面的障碍物遮挡，在多数应用场景中，均需要较多数量的伪卫星才能满足覆盖要求。将 GNSS 伪卫星搭载在空基移动平台上，可有效解决室外应用场景中地基伪卫星的信号遮挡问题，实现较大范围内的信号增强。

将伪卫星搭载在无人航空器（UAV）上构成空基伪卫星系统[15]，包括 UAV 伪卫星、主控站和用户，如图 3-2 所示。

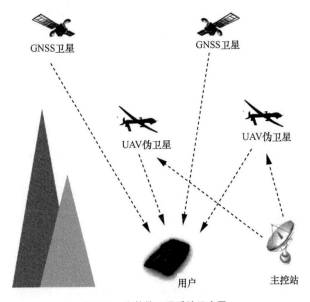

图 3-2　空基伪卫星系统示意图

UAV 使用机载 GNSS 接收机连续地确定自身的精确位置和时间，并可使用差分定位和组合导航等技术手段提升定位精度、搭载原子钟提高时间同步精度。UAV 上搭载的伪卫星载荷向地面用户发射与卫星导航类似的伪随机测距码。在机载航迹控制模块的控制下，UAV 均沿预设的轨道飞行，以保证航迹预测的准确性，从而提高导航服务性能。主控站实时监测 UAV 的飞行航迹和设备状态，并通过上行通信链路发送控制指令。UAV 伪卫星可与 GNSS 卫星组合定位，如果数量足够也可独立定位。

搭载了伪卫星的 UAV 飞行高度较高，信号不易被地面障碍物遮挡，因此覆盖范围通常远大于地基伪卫星，并可以依据应用需求动态调整航迹，从而实现对指定区域的动态覆盖，进一步改善了用户的可见测距源几何分布。此外，由于 UAV 与用户的距离通常远大于地基伪卫星与用户的距离，且用户对 UAV 伪卫星观测仰角通常较高，有效降低了远近效应和多径效应对用户的影响。

2001 年，美国国防部高级研究计划局（DARPA，Defense Advanced Research Projects Agency）提出了 GPX 计划，利用地面设备或空中无人机进行 GPS 信号的功率放大转发，在目标区域上空构建一个伪卫星 GPS 星座。4 架"全球鹰"无人机即可覆盖 300 km^2 的目标区域。DARPA 还开展了 3 000 m 高度无人机伪卫星增强 GPS 的试验，可将用户定位精度提升至 5 m 以内。Kim D H 等[16]提出了使用无人机伪卫星的目标区域环境定位方法。在伊拉克战争期间，针对伊军对 GPS 信号的干扰，美军采用 4 架装有伪卫星的无人机在目标区域上空构建了一个伪卫星星座，对 GPS 信号进行放大转发，供地面部队和导弹部队使用，增强了信号的抗干扰性。

为解决空基伪卫星系统中 UAV 位置估计不准导致用户定位精度降低的难题，研究人员[17]又提出了空基转发区域定位系统（ARPS，Airborne Relay-Based Regional Positioning System）。ARPS 中，UAV 转发地面参考站生成的导航信号，用户同时估计 UAV 的实时位置及自身位置，因此定位精度不受 UAV 运动的影响。ARPS 包括主控站、地面参考站、UAV 中继和用户，如图 3-3 所示。

ARPS 的主控站负责提供系统时间基准，装备有原子钟。地面部署有多个参考站，通过与主控站的信息交换实现参考站与参考站间及参考站与主控站间的时间同步。每个参考站均基于精确已知的自身位置和从主控站获得的时间基准生成与 GNSS 类似的导航信号。参考站也可以设计为移动式，在这种条件下，必须能够获得参考站的精确位置和航迹。参考站的收发信机将所生成的导航信号发送给机载中继设备。机载中继设备使用与参考站上行通信不同的频率转发参考站发来的导航信号。用户接收到机载中继设备转发的导航信号后，同时解算机载中继设备及自身的实时精确位置，因此定位精度不会受到 UAV 运动的影响，使得 ARPS 的应用具有更大的灵活性。

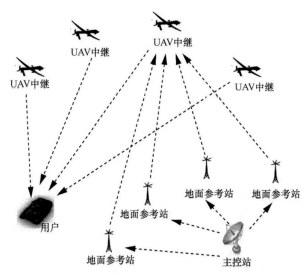

图 3-3　空基转发伪卫星系统示意图

　　UAV 伪卫星部署速度快，但滞空时间短，且在敌对环境中易受攻击。相对地，平流层飞艇生存能力强、滞空时间长、覆盖范围广且费效比高，利用平流层飞艇搭载伪卫星，可以构建覆盖特定区域的导航增强系统。

　　欧盟在 2000 年开展了称为"HeliNet"的平流层平台网项目[18]，由意大利理工学院牵头协调 10 余个欧盟工业和学术机构共同实施。HeliNet 的目标是设计一个太阳能驱动的平流层平台网络，平台飞行高度约为 17 km，有效载荷 150 kg。HeliNet 的一项重要内容是在平流层平台上搭载伪卫星载荷，通过组网构成平流层伪卫星系统，称为 Stratolite，实现区域范围内对 GPS 和 Galileo 的增强。Stratolite 系统组成如图 3-4 所示。

　　Stratolite 通过遥测遥控上行链路接收地面参考站提供的精确时钟信号，并载有卫星导航接收机用于平台自身的定位。Stratolite 的伪卫星载荷基于精确的时钟和定位信息计算和生成导航电文信息，并将其调制到类 GPS/Galileo 导航信号上，发送给用户。Stratolite 可以有效扩大 GNSS 覆盖范围、提高用户接收到的信号质量和可见卫星/伪卫星几何分布。此外，地面参考站还可以计算和生成差分校正信息，通过 Stratolite 向用户广播，实现高精度定位。试验验证 Stratolite 定位精度可达米级。

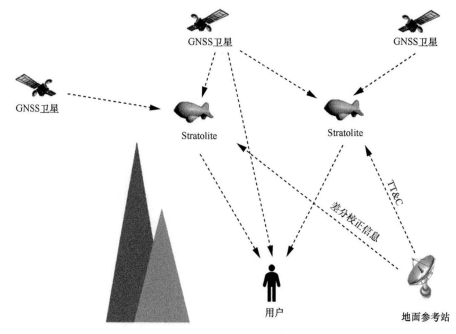

图 3-4　Stratolite 系统组成

　　平流层飞艇的飞行高度远高于 UAV，因此覆盖范围更广、用户受远近效应和多径效应的影响更小。此外，平流层飞艇不易受地面的卫星导航干扰源影响，抗干扰能力和服务可靠性更高。但与 UAV 伪卫星类似，平流层飞艇伪卫星的航迹较难准确预测，自身必须具备准确、实时的定位能力。

　　日本航天局（JAXA，Japan Aerospace Exploration Agency）提出使用高空平台系统（HAPS，High Altitude Platform System）实现伪卫星导航[19-21]。该计划基于日本研究的一种驻留高度约 20 km 的平流层飞艇平台。JAXA 计划在飞艇上加装伪卫星载荷，发射与 GPS 类似的导航信号。系统组成如图 3-5 所示。

　　飞艇装有卫星导航接收机用于自身的定位，同时伪卫星载荷向地面用户发射导航信号。用户同时接收并处理卫星和飞艇发射的导航信号进行定位。飞艇伪卫星可视为导航定位服务的信号源，为 GPS 提供稳定的信号增强服务，提高 GPS 的准确性、可用性和完好性。项目最初计划在全日本部署 200 个飞艇平台，实现全境覆盖，随后将平台数量减少至约 50 个，分布在用户较为集中的大都市区。JAXA 开展了项目的初步飞行测试，但没有使用飞艇，而是在直升机上搭载了 Spirent 的 GSS4100 伪卫星载荷，供地面移动用户和飞机进行定位。

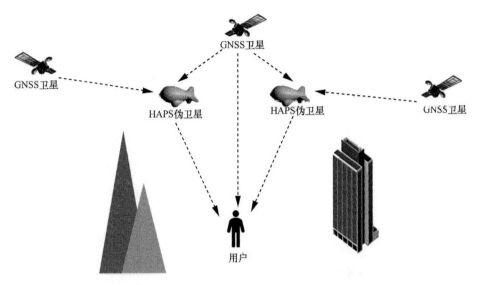

图 3-5　日本 HAPS 伪卫星系统

Chandu B 等[22]对基于平流层飞艇平台（SPF，Stratospheric Airship Platform）伪卫星的区域定位系统进行了建模与仿真。系统包括安装在平流层飞艇上的 4 个 HAPS伪卫星，以及位于地面的 6 个地面参考站和 1 个主控站，系统组成如图 3-6 所示。

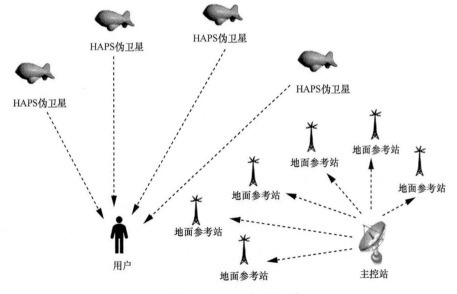

图 3-6　平流层伪卫星系统组成

地面参考站和主控站采用 Invert-GPS 的方式对飞艇进行精确、实时定位，SPF 上搭载的伪卫星载荷向地面用户发送导航信号，系统可以在不依赖 GPS 信号的情况下为特定覆盖区域内的飞机等用户进行定位。

García-Crespillo O 等[23]提出使用 HAPS 伪卫星增强地基备份定位、导航和授时（APNT，Alternative Positioning Navigation and Timing）系统，解决传统地基 APNT 系统覆盖受限、几何分布差的难题。系统包括多个搭载有伪卫星载荷的 HAPS，播发与 GNSS 类似的测距信号和导航电文，其中包含有关 HAPS 确切位置的信息。HAPS 位于高度为 17~22 km 的平流层，其部署和维护的成本远低于卫星，在较大覆盖区域内仍有较好的可见性，并且抗射频干扰能力更强，信号不受电离层的影响，多路径效应也不明显。

3.1.2 导航自组织网络

将编队协同技术应用于平流层飞艇伪卫星系统，构成导航自组织网络，可以实现飞艇的自主、高精度、实时定位，摆脱对地面参考站的依赖，并有效提高用户定位精度、连续性和可靠性。

1. 基本原理

基于平流层飞艇平台的伪卫星具有很大的应用优势。首先，平流层飞艇驻留高度高，距离地面或低空的 GNSS 干扰源较远，并可屏蔽来自下方的干扰信号而只接收来自上方的 GNSS 导航信号。在存在 GNSS 射频干扰时，平流层飞艇仍可以使用 GNSS 进行定位和授时。其次，平流层飞艇的导航信号发射功率可达数百瓦（GPS 约为 30 W），飞艇的驻留高度（20 km）远小于导航卫星距地面的高度（GPS 为 20 200 km），其信号到达用户接收天线的强度比卫星导航信号高数个数量级。平流层飞艇伪卫星还可使用与 GNSS 不同的频点广播导航信号以避免被干扰。因此，平流层飞艇伪卫星是 GNSS 被干扰条件下实现不间断定位的有效手段。

平流层飞艇伪卫星相对于导航卫星造价低、易于部署和维护，应用于地形复杂地区可以增加用户的可见测距源数量，改善测距源的几何分布，从而提升定位精度和可靠性。平流层飞艇驻留在电离层下方，其搭载的伪卫星发射的导航信号无须穿越电离层即可到达用户接收天线，用户观测伪距不受电离层传播时延的影响，测距精度高。此外，平流层飞艇伪卫星多部署于用户上方，不易产生难以消除的多径误差。因此，在 GNSS 可用条件下，平流层飞艇仍是提升服务性能的有效手段。

平流层飞艇伪卫星在广播的导航电文中包含类似 GNSS 星历的信息，使用户可以推算飞艇的实时位置。由于飞艇运动的复杂性，用户依据导航电文中的参数推算的飞艇位置与真实飞艇位置存在误差，此误差在飞艇与用户连线方向上的投影形成用户测距误差，类似于 GNSS 的星历误差。现有 GNSS 卫星主要运行在中地球轨道，其运动主要受地球和其他天体引力影响，存在小幅摄动，位置容易预测，长时间外推的星历误差仍较小。平流层飞艇体积大，其运动受到不规则的平流层大气活动影响较大。为保证长驻留时间，平流层飞艇的动力主要来源于太阳能电池，功率受限，难以对不规则的运动进行调整。因此，平流层飞艇的运动轨迹较难准确预测，长时间外推精度较低。

为解决上述问题，如第 3.1.1.2 节中所述的几个平流层飞艇伪卫星系统均采用了由地面基准站提供准确空间基准的方案，或者是地面基准站生成导航信号，由平流层飞艇转发，或者是多个地面基准站对平流层飞艇定位，并将位置实时发送给飞艇。然而，地面基准站的使用存在较大限制：首先，地面基准站的正常运行需要一定的运维条件，因此其布设存在约束；其次，地面基准站必须在所有飞艇的可见范围之内，使其服务范围局限于地面基准站附近的区域内，难以在复杂地形条件下形成大范围覆盖；最后，地面基准站的故障将导致平流层飞艇伪卫星系统整体失效，成为系统可靠性的瓶颈。

近年来，通过多无人机间信息交互实现协同控制的无人机集群技术获得广泛关注。集群无人机具备协同定位、协作感知和自主控制能力，在一架或多架无人机受损后，其余无人机仍可自主构成新的集群并有序稳定地执行任务。无人机集群可在无地面远程控制下自主运行，必要时又可随时人工干预，具备较强的可靠性和抗毁性。美军计划加快实现无人机全自主集群能力，实现无人机战术应用，遂行多样化军事任务[24]：DARPA 提出"进攻性蜂群使能战术（OFFSET，Offensive Swarm-Enabled Tactics）"项目，通过无人机蜂群提升小规模部队在城市环境中的防御、侦察和精确打击能力；美国海军研究局开展低成本无人机集群技术（LOCUST，Low-Cost UAV Swarming Technology）项目，研究无人机快速发射、数据共享和自主协同等关键技术。

将无人机集群的协同编队技术应用于平流层飞艇空基伪卫星，可实现无地面基准站下飞艇的自主协同编队飞行，构成导航自组织网络，提升服务能力：节点间相互协同定位，可有效提升节点自身的定位和授时精度；通过节点间的一致性检验，可有效检测单个节点的故障；利用节点间的相互测量信息，可准确评估每个节点的定位误差统计特性；从而有效提高用户定位精度和可靠性。导航自组织网络摆脱了地面基准站的约束，有效扩展了应用场景，可应用于山谷、城市等地形复杂地区，以及荒漠、海洋等无法建站地区，并具备快速部署能力，通过快速调整节点数量和编队构型可以满足服务需求的动态变化。

2. 系统组成

导航自组织网络包括多个按一定的几何构型分布的平流层飞艇伪卫星，系统组成如图 3-7 所示。

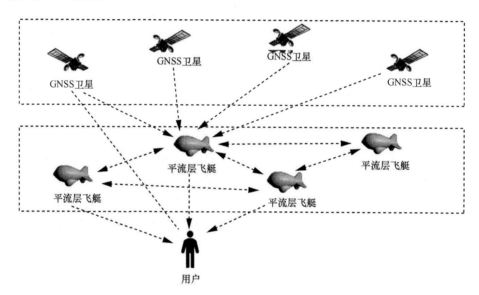

图 3-7 导航自组织网络系统组成

平流层飞艇上载有 GNSS 接收机，用于飞艇自身的定位与时间同步。飞艇驻留高度高，因此与地面的 GNSS 干扰源距离较远，并且对飞艇而言，GNSS 卫星主要在上方，而干扰源均在下方，因此通过简单的屏蔽手段即可获得较好的抗干扰效果。飞艇间通过协同定位构成导航自组织网络，每个飞艇节点均利用与邻近节点的相互观测信息修正自身的时间和位置估计值，提高定时和定位精度。导航自组织网络的飞艇具有一定的构型，实现对目标服务区域的较好覆盖，并易于通过增加新的节点来扩大覆盖范围。飞艇载有伪卫星载荷，向下方空域广播与 GNSS 兼容的导航信号。

地面、水面和低空用户通过接收平流层飞艇伪卫星所发射的导航信号，使用与GNSS 类似的方法进行定位。对用户而言，当 GNSS 可用时，导航自组织网络可以增加用于定位的测距源数量，改善测距源的几何分布，从而提高定位精度。当 GNSS受射频干扰和地形遮蔽影响，可见卫星数量下降至不足以定位时，使用导航自组织网络可以有效补充测距源数量，支持用户的不间断导航。当 GNSS 完全失效时，用户仅使用导航自组织网络的伪卫星测距源仍可实现定位导航。

在导航自组织网络中，可通过节点优化布局策略改善飞艇相对于用户的几何分布，提升定位精度。第 2 章提出了一种适用于平流层飞艇平台的双层正六边形的几何构型，实现了定位精度需求和节点数量约束间的平衡，如图 3-8 所示。

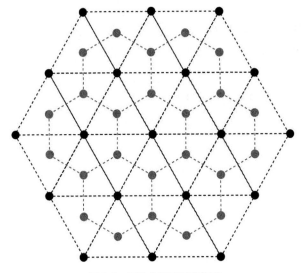

图 3-8 导航自组织网络构型

本章基于图 3-8 所示的导航自组织网络构型开展讨论。图 3-8 中圆点代表平流层飞艇，其中深色节点高度为 20 km，浅色节点高度为 25 km。每个深色节点距离邻近节点的距离均为 130 km，每 3 个相邻的深色节点构成一个等边三角形，以任意一个指定深色节点为顶点的所有 6 个等边三角形构成一个正六边形。每个浅色节点均位于深色节点构成的等边三角形的质心正上方。

第 2 章讨论了平流层飞艇的运动特征。为实现运动轨迹可预测，平流层飞艇环绕一个点进行圆周运动而非定点悬停较符合其飞控系统和动力系统实际能力。为便于讨论，本章假设每个平流层飞艇均围绕其指定位置（即图 3-8 中的深色和浅色圆点位置），以 1 km 为半径，进行顺时针匀速圆周运动。每个飞艇的平均线速度为 5 m/s，约 1 257 s 绕其圆心运动一周。并假设在起始时刻，每个飞艇与其运动圆心的连线与正北方向的夹角在 0°～360° 内且服从均匀分布。在运动中，飞艇的飞控系统控制飞艇沿上述预定航迹飞行。同时，飞艇实时对其航迹进行预测，并将预测的航迹参数发送给用户，用于定位解算。

3. 协作机制

为保障服务连续性和可靠性，导航自组织网络中的飞艇节点通过相互协作，实现协同定位、故障检测等功能。

在无人机编队中，节点间的相互协作关系可分为主从式和分布式两类。主从式协同定位编队中，主机配有高精度的导航传感器，而从机的导航传感器精度相对较低。从机通过测量与主机的相对距离、方位等信息，对自己的位置进行修正，从而获得编队整体较高的定位精度。根据编队中的主机数量，主从式协同定位方法又可分为单主机和多主机两种。分布式协同定位编队中，每个无人机均携带相同的导航传感器，都具备独立导航能力。由于导航传感器的测量误差通常表现为随机变化，因此多个无人机的导航传感器的测量误差通过平均可以在一定程度上相互抵消。此时，通过相互进行距离、方位等的测定，每个无人机均可以根据测得的信息对自身位置进行修正。

使用主从式协同定位方法仅需要在一个或少数几个无人机上加装高精度导航传感器，而其他无人机可使用相对廉价、精度较低的传感器，因此整体成本较低。然而，当主机的导航传感器出现故障导致较大的定位偏差时，其偏差容易传播到其他无人机并难以被有效地检测。当主机的导航传感器失效时，将影响多个无人机甚至整个编队的定位能力。分布式协同定位方法可以解决上述问题，代价是成本大大增加，适用于对系统可靠性有较高要求的应用领域。

可以根据动态的用户需求进行灵活的部署和构型调整是导航增强自组织网络的一个重要特点和优势。主从式的协同定位方法的编队灵活性受主机动态性的约束，难以满足导航增强自组织网络的要求。此外，平流层飞艇的载荷能力一般高于无人机，如美国洛克希德·马丁空间系统公司的高空长航时飞艇验证艇（HALE-D，High-Altitude Long-Endurance Demonstrator）可携带 22 kg 载荷，日本 JAXA 研制的平流层飞艇载荷 100 kg，我国"圆梦号"飞艇最大载荷 300 kg。因此，导航自组织网络节点可以搭载足够的传感器和计算设备，适用于采用分布式协同定位方法。

分布式协同定位需要一定数量的节点相互协同。然而，如果参与协同的节点数量过多，一方面测量值的维度增加导致计算量增大；另一方面每个节点需要维持的通信量增大，从而给系统带来较大的负担。因此，导航自组织网络需要采用特定的协同机制。

　　在导航自组织网络中，每个节点通过与其相邻的本层和上/下层节点进行相互测距形成协同定位。每个节点与其协同的邻居节点数量越多，几何分布越好，则其定位精度越高。然而，节点受自身载荷资源的限制，可同时进行协同的邻居节点数量有限。

　　（1）测距范围

　　一方面，每个节点应同时能与本层和上/下层节点协同，可以增加垂直方向的测距信息，提供较好的几何构型，从而改善垂直方向的定位性能。另一方面，节点的测距范围过大又导致所需要的载荷资源增加。因此，每个节点仅与其直接相邻的节点进行相互测距，其最大距离为下层网络中的节点与其最近的邻居节点的距离，即图 3-8 中深色三角形的边长。

　　因此，每个下层网络的节点可与其相邻的 6 个下层网络节点和 6 个上层网络节点协同，如图 3-9（a）所示。每个上层网络节点可与其相邻的 3 个下层网络节点和 9 个上层网络节点协同，如图 3-9（b）所示。

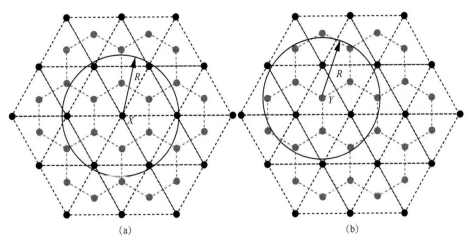

（a）　　　　　　　　　　　　　　　　（b）

图 3-9　测距范围与协同节点

　　（2）节点的载荷资源

　　由于基于单向测距的协同定位中还需要解算不同飞艇间的钟差，增加了待估状态的维度，因此，导航增强自组织网络采用双向测距的协同定位方法。双向测距难以使用单向测距的全向发射/接收方法，必须建立点对点连接，但所需要的发射功率大大降低。本章假设每个节点均与其相邻的全部 12 个节点进行相互测距，存在一定的冗余度。

| 3.2　导航自组织网络的协同定位 |

导航自组织网络的平流层飞艇伪卫星向用户广播与 GNSS 类似的测距信号，为用户提供导航服务。用户同时接收可用的 GNSS 卫星导航信号和平流层飞艇伪卫星信号，根据导航电文推算卫星和飞艇的实时位置，通过测量到的卫星和飞艇的距离估算自身的位置。因此，导航自组织网络中的每个飞艇节点必须能够准确获得自身的位置，从而向用户播发正确的导航电文。飞艇节点对自身位置的估计误差，将使用户产生相关的定位误差，类似于 GNSS 的星历误差。

导航自组织网络的平流层飞艇上载有 GNSS 接收机，用于实时定位。飞艇具有较强的抗干扰能力，当地面或低空的用户受射频干扰而无法使用 GNSS 时，飞艇仍可基本不受影响地使用 GNSS 信号，具备准确、连续的定位能力。然而，GNSS 的导航信号受到多种因素的影响，存在一定的定位误差。如对地球表面高度 3 000 km以下的用户，在95%的时间内，使用GPS定位的精度平均约为水平 9 m、垂直15 m[25]。导航自组织网络的飞艇节点如果仅使用 GNSS 定位，在 GNSS 定位误差基础上还要引入附加的系统定位误差，用户定位精度不会优于 GNSS。为此，导航自组织网络需采取一定的措施以提升定位精度。

在航空航天领域，提升动态载体使用 GNSS 的实时定位精度可以采用两类有效手段。一种常用的方法是 GNSS 差分技术，由事先设置在特定地点的地面基准站实时计算本地的 GNSS 测距误差，再将该误差发送给用户，用户对自身获得的伪距观测量进行差分修正，可将 GNSS 定位误差降低至亚米级以下。另一种方法是将 GNSS与载体上搭载的惯性导航系统、天文导航系统、高度仪等传感器进行组合导航，通过信息融合提高定位精度以及服务连续性和可靠性，也可以实现亚米级以下的高精度定位。

上述两种提高 GNSS 定位精度的方法中，差分定位技术需要建设地面基准站，违背了导航自组织网络摆脱地面站束缚、实现可动态调整服务能力的初衷，因此不适用于导航自组织网络；组合导航技术需要在平流层飞艇上搭载附加的传感器，及相关的供电等附属设备，特别是高精度的惯性导航系统和天文导航系统，一般体积和重量较大，严重降低了飞艇的可用载荷。为此，必须采用一种便捷、有效的方法，提升导航自组织网络中平流层飞艇节点的定位精度。

3.2.1　基本原理

多运动载体间通过信息交互实现协同定位可以有效提高定位精度。为此，导航自组织网络的飞艇节点间通过相互测距和交换位置信息，并与实时 GNSS 观测信息进行融合，可以获得高精度的定位解，从而提高用户的定位精度。

1. 协同定位技术

早在 20 世纪 80 年代，美国就已在投入使用的联合战术信息分发系统（JTIDS，Joint Tactical Information Distribution System）中实现了相对导航[26]。JTIDS 首先实现网络中节点的时间同步，再由网络内位置已知且可信度较高节点将其自身位置通过数据链向邻近节点播发，邻近节点同时利用数据链测量到位置已知节点的相对距离，从而确定自身的绝对和相对位置，并将已经定位的节点信息向下一级邻近节点进行传递，为下一级节点提供定位所需信息。JTIDS 是最早具备协同定位能力的数据链系统，且抗干扰能力强，适用于复杂对抗环境。在海湾战争中，JTIDS 为美军获得信息优势发挥了重要作用，但也显示出一定的局限性，如定位更新率低、垂向定位误差大等。特别是，为实现绝对定位，JTIDS 中至少应有一个成员能够准确地获得自身在大地坐标系中的绝对位置，通常为地面站点或水面舰艇等，因此其工作区限于近地的战术区域。在 GPS 应用后，美军提出将 JTIDS 与 GPS 进行组合实现连续可靠的导航，较好地解决了上述问题，在对伊战争中体现出良好的定位性能。

20 世纪 90 年代至 21 世纪初，国外重点针对编队飞行航空器开展了相对定位技术研究。2004 年，波音公司利用两架 X-45 无人机首次试验了无人机双机编队飞行能力。随后，美军又利用一架 T-33 技术验证机（改装为无人战机）与 F-15E 进行了有人机/无人机协同飞行能力的验证飞行。2007 年，英国皇家空军首次实现了一架经过改装的"狂风"战斗轰炸机与 3 架无人机的空中编队，并对地面移动目标实施了模拟攻击。2012 年 10 月 23 日，DARPA 利用两架改装全球鹰无人机完成了编队飞行，在万米高空顺利完成了空中自主加油试验。

近年来，在无人机集群中广泛采用了相对导航手段，通过获取相对方位、距离等信息，并采用分布式信息融合的方式，可有效提高定位精度和可靠性。无人机集群中采用的相对导航手段主要包括 GNSS 相对导航、相对测距信息等，通常还与惯性导航系统等传感器组合以提高精度和可靠性[27]。GNSS 相对导航方法指无人机间通过相互交换原始卫星观测数据，利用这些数据并跟踪邻近节点的相对运动计算出自身位置的方法，与独立使用 GNSS 相比，定位精度提高了一个数量级。通过无人机间相对测距信息进行导航是一种有效手段，可与无人机的 GNSS 观测信息融合以提高定位精度，也可与航迹推算系统信息融合以提高无 GNSS 条件下的导航精度。将相对导航与惯性导航相结合可有效提高定位精度，并实现姿态测量。视觉导航是近年来的研究热点[28]。利用无人机执行侦查、监测等任务所搭载视觉传感器，通过捕捉和跟踪邻近无人机的特征信息，可以获得相对姿态信息，再通过与自身导航传感器的信息进行融合，可实现高精度和高可靠定位。

近年来，协同定位和相对导航技术还广泛应用于机器人、自主水下航行器（AUV）和车联网等领域。

协同定位利用节点之间的观测信息帮助自身提高导航定位精度，核心是数据融合技术，通过分布式解算卫星导航和平台相互测距方程，获得收敛的位置解，本质为状态估计问题。协同定位常用的状态估计方法有最小二乘估计、卡尔曼滤波（KF，Kalman Filter）、粒子滤波（PF，Particle Filter）等。

通过将协同导航的系统状态空间模型进行线性化，使用 KF 可以获得准确的定位解。扩展卡尔曼滤波（EKF，Extended Kalman Filter）可对非线性的节点状态和协方差进行快速更新，解决 KF 发散的问题，并提高导航精度[29]。EKF 在求解近似解析解时，由于一阶线性化忽略了高阶项，无法避免地引入了近似误差，当系统非线性化程度高或线性化假设无法成立时，EKF 可能导致滤波器性能较差或造成滤波结果发散。无迹卡尔曼滤波（UKF，Unscented Kalman Filter）通过对节点的状态和噪声协方差进行估计和补偿，能获得比 EKF 更好的稳健性和准确性[30]。但是 UKF 与 EKF 都对后验概率密度做了高斯假设，对于一般的非高斯分布模型仍然不适用。使用粒子滤波精确表达基于观测量和控制量的后验分布，对目标进行位置和速度的估计，可以准确地获得位置速度信息[31]。粒子滤波利用观测信息来调节粒子状态和权重，用调整过的粒子携带的信息来修正条件分布，估计状态量的后验分布，从而对状态量进行最优估计。粒子滤波算法不受系统非线性和噪声分布非高斯等限制，因而获得了广泛应用。

2. 导航自组织网络协同定位

导航自组织网络通过 GNSS 定位与协同定位组合的方式,实现飞艇节点的实时、高精度、高可靠定位。

导航自组织网络通过链路设计将通信和测距功能集成在同一链路中,实现通信与测距的融合,提高链路使用效率,并实现设备的小型化和低功耗。飞艇节点采用基于到达时间的双向测距方法测量与相邻节点的距离,并从通信链路中接收相邻节点的实时航迹信息。

每个飞艇节点载有 GNSS 接收机、数据链设备及信息融合处理模块,如图 3-10 所示。

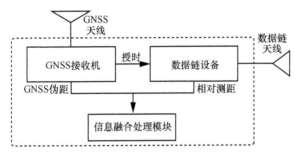

图 3-10　飞艇协同定位设备

其中：GNSS 天线与接收机实时接收并处理 GNSS 卫星的导航信号,获得伪距观测量;数据链设备从 GNSS 接收机获得授时信息,用于数据链的时间同步,与相邻节点进行双向测距,并接收相邻节点发来的航迹信息;GNSS 接收机获得的卫星伪距和导航电文,以及数据链设备获得的相邻节点测距和位置信息同时发送给信息融合处理设备,进行定位解算。

导航自组织网络协同定位流程如下：

（1）GNSS 接收机获得卫星伪距观测量更新;

（2）GNSS 接收机向数据链设备发送授时信息和观测量更新提示;

（3）数据链设备向相邻节点发送测距信号;

（4）相邻节点对测距信号进行应答,并在应答信号中发送自身航迹信息;

（5）信息融合处理设备综合上述信息实现定位解算：

（5-1）基于 GNSS 导航电文计算卫星的实时位置;

（5-2）基于相邻节点航迹信息计算其实时位置；

（5-3）基于 GNSS 伪距观测值和相邻节点测距值建立观测方程；

（5-4）采用信息融合方法进行定位解算。

导航自组织网络协同定位的优势在于：节点间相互测距定位采用与 GNSS 相似的方式，因此测距方程与 GNSS 具有同构性，在进行定位解算时，可以不区分距离观测值是来源于 GNSS 卫星还是来自相邻节点，进行统一的线性化和近似求解等处理，同时，通过线性加权即可表征 GNSS 卫星和飞艇节点测距的异质性，提高协同定位精度。

3.2.2　最小二乘估计协同定位方法

最小二乘估计是 GNSS 定位的常用方法。当观测方程满足线性条件时，最小二乘估计在保证定位精度的条件下计算简便。

1. 基本原理

一般认为最小二乘估计是由德国数学家 Gauss C F 提出的。最小二乘估计是一种经典的超定线性近似问题求解方法，是一种最小残差平方和准则下的最优估计，且当观测噪声均值为 0 时为无偏估计。最小二乘估计不需要对误差的概率分布做出任何假设，即适用于高斯误差和非高斯误差的情况，但其估计性能仍受实际误差概率分布的影响。实际中，当误差的概率分布未知或其分布特性复杂使得最优估计难以实现时，可使用最小二乘估计。

对形如 $Z = HX + V$ 的观测方程，X 的线性最小二乘估计为：

$$\hat{X} = (H^{\mathrm{T}}H)^{-1}H^{\mathrm{T}}Z \tag{3-1}$$

其中，Z 为观测量，X 为待估向量，H 为观测矩阵，V 为随机观测噪声。

线性最小二乘估计的一种直接扩展是加权最小二乘估计。若观测量对待估向量的影响不一致，可以使用加权最小二乘估计：

$$\hat{X} = (H^{\mathrm{T}}WH)^{-1}H^{\mathrm{T}}WZ \tag{3-2}$$

其中，W 为权值。

如果观测方程为非线性方程，通常难以直接写出其导数形式，不能直接求得其解析解。一种有效的方法是对方程进行泰勒展开，采用一阶项构成线性方程，将问题转化为线性最小二乘问题求解。通常的解法是对估计误差进行迭代计算，寻找到函数的局部最小值。

2. 观测模型

（1）GNSS 测量模型

GNSS 接收机同时测量来自多颗导航卫星的测距信号，计算出接收机天线到每颗导航卫星的发射天线的距离，以及每颗卫星的实时位置，基于空间距离交会原理解算出自身位置[32-34]。

接收机对 GNSS 卫星的观测方程为：

$$\rho = \sqrt{(x^s - x_u)^2 + (y^s - y_u)^2 + (z^s - z_u)^2} + cb_u \tag{3-3}$$

其中，ρ 为测得的用户到卫星的距离，(x^s, y^s, z^s) 为导航卫星位置，根据导航电文中的星历参数计算得到，(x_u, y_u, z_u) 为接收机位置，c 为真空中的光速，b_u 为接收机钟差。

当用户同时可见卫星数为 n 时，可以得到线性化的测量方程为：

$$y = Gx \tag{3-4}$$

其中，x 为用户状态矢量，G 为几何矩阵，有：

$$x = \begin{bmatrix} x_u \\ y_u \\ z_u \\ b_u \end{bmatrix} \tag{3-5}$$

$$G = \begin{bmatrix} G_1 \\ G_2 \\ \cdots \\ G_n \end{bmatrix} = \begin{bmatrix} g_{1,x} & g_{1,y} & g_{1,z} & -1 \\ g_{2,x} & g_{2,y} & g_{2,z} & -1 \\ \cdots & \cdots & \cdots & \cdots \\ g_{n,x} & g_{n,,y} & g_{n,z} & -1 \end{bmatrix} \tag{3-6}$$

$$\begin{cases} g_{i,x} = \dfrac{x_i^s - x_u}{\sqrt{\left(x_i^s - x_u\right)^2 + \left(y_i^s - y_u\right)^2 + \left(z_i^s - z_u\right)^2}} \\[4mm] g_{i,y} = \dfrac{y_i^s - y_u}{\sqrt{\left(x_i^s - x_u\right)^2 + \left(y_i^s - y_u\right)^2 + \left(z_i^s - z_u\right)^2}} \\[4mm] g_{i,z} = \dfrac{z_i^s - z_u}{\sqrt{\left(x_i^s - x_u\right)^2 + \left(y_i^s - y_u\right)^2 + \left(z_i^s - z_u\right)^2}} \end{cases} \tag{3-7}$$

又有，$y = AS - \rho$，其中 A 为卫星状态矩阵，S 为卫星状态矢量，ρ 为伪距测量矢量：

$$A = \begin{bmatrix} G_1 & 0 & \cdots & 0 \\ 0 & G_2 & \cdots & 0 \\ \vdots & \vdots & \ddots & \vdots \\ 0 & 0 & \cdots & G_n \end{bmatrix} \tag{3-8}$$

$$S = \begin{bmatrix} s_1 \\ s_2 \\ \cdots \\ s_n \end{bmatrix} \tag{3-9}$$

$$s_i = \begin{bmatrix} x_i^s \\ y_i^s \\ z_i^s \\ B_i^s \end{bmatrix} \tag{3-10}$$

$$\rho = \begin{bmatrix} \rho_1 \\ \rho_2 \\ \vdots \\ \rho_n \end{bmatrix} \tag{3-11}$$

含有误差的 GNSS 观测方程为：

$$\rho = \sqrt{\left(x^s - x_u\right)^2 + \left(y^s - y_u\right)^2 + \left(z^s - z_u\right)^2} + cB_s + cb_u + n \tag{3-12}$$

其中，B_s 为卫星钟差，为观测误差。

则式（3-12）改为：

$$y = Gx + n \tag{3-13}$$

其中，n 为误差矢量，包括电离层和对流层传播时延误差、多径误差和接收机测量噪声等：

$$n = \begin{bmatrix} n_1 \\ n_2 \\ \vdots \\ n_n \end{bmatrix} \tag{3-14}$$

（2）相对导航测量模型

导航增强自组织网络节点间相互测距的原理与 GNSS 测距原理相同。因此，节

点 i 对相邻节点 j 的观测方程为：

$$\rho_{i,j} = \sqrt{\left(x_j - x_i\right)^2 + \left(y_j - y_i\right)^2 + \left(z_j - z_i\right)^2} \qquad (3\text{-}15)$$

其中，$\rho_{i,j}$ 为测得的距离，(x_j, y_j, z_j) 为节点 j 的位置，(x_i, y_i, z_i) 为接收机位置。

与 GNSS 类似，相对导航的观测方程也可以进行线性化。

（3）GNSS 与相对导航的统一测量方程

基于导航增强自组织网络节点对 GNSS 卫星和相邻节点的观测方程可以看出，理论上，当节点同时观测到的卫星和相邻节点数大于 4 时，就可以实现自身定位。因此，导航增强自组织网络具有一定的自主运行能力，即可在 GNSS 失效条件下自主维持时空基准。然而，相对导航观测模型中将相邻节点的位置作为已知条件，且认为没有钟差，实际上使得解算出的三维位置和钟差中包含了相邻节点的定位误差和钟差。在失去了 GNSS 作为一个相对恒定的时空基准后，导航增强自组织网络节点的时空基准误差逐步放大，并可能出现整体的漂移。

导航增强自组织网络节点对 GNSS 卫星和相邻节点的量测方程可统一表示为：

$$\rho_{i,j} = \sqrt{\left(x_j - x_i\right)^2 + \left(y_j - y_i\right)^2 + \left(z_j - z_i\right)^2} + cb_i \qquad (3\text{-}16)$$

其中，$\rho_{i,j}$ 为测得的距离，(x_j, y_j, z_j) 为 GNSS 卫星或邻近节点 j 的位置，(x_i, y_i, z_i) 为接收机位置，c 为真空中的光速，b_i 为接收机钟差。

统一量测方程可使用与 GNSS 类似的方法进行线性化。

3. 定位解算

基于 x 的最小二乘估计 $\hat{x}$ 可表示为：

$$\hat{x} = (G^{\mathrm{T}}G)^{-1}G^{\mathrm{T}}y \qquad (3\text{-}17)$$

最小二乘估计的解算速度快。对导航自组织网络节点的统一量测方程式，同样使用基于最小二乘估计的解算方法。由于最小二乘估计仅使用当前时刻的观测量，其估计值是观测量的线性函数，因此其估计误差受到观测质量的直接影响。

3.2.3　卡尔曼滤波协同定位方法

对于导航自组织网络的协同定位，采用基于目标运动和测量模型的动态滤波方法实现信息融合，可实现对其状态的最优估计，为此首先建立状态空间模型，然后使用适当的滤波算法。

1. 贝叶斯滤波

贝叶斯滤波基本思想是：基于贝叶斯定理，利用所有历史观测量准确地估计系统状态及其误差的统计特征[35]。

假设动态系统的状态方程和测量方程如下：

$$\boldsymbol{x}_k = f_k(\boldsymbol{x}_{k-1}, \boldsymbol{v}_k) \tag{3-18}$$

$$\boldsymbol{y}_k = h_k(\boldsymbol{x}_k, \boldsymbol{n}_k) \tag{3-19}$$

其中，x 为系统状态，$f(\ )$ 为状态转移方程，y 为系统状态的测量值，$h(\ )$ 是测量方程，v 和 n 分别称为过程噪声和测量噪声，二者相互独立。

贝叶斯估计基于系统的先验信息和观测数据对系统状态的后验概率密度函数进行准确估计，即估计 $p(\boldsymbol{x}_{1:k} | \boldsymbol{y}_{1:k})$。

根据贝叶斯定理，有：

$$p(\boldsymbol{x}_{1:k} | \boldsymbol{y}_{1:k}) = \frac{p(\boldsymbol{y}_{1:k} | \boldsymbol{x}_{1:k}) p(\boldsymbol{x}_{1:k})}{p(\boldsymbol{y}_{1:k} | \boldsymbol{x}_{1:k})} \tag{3-20}$$

其中，$p(\boldsymbol{x}_{1:k})$ 称为先验概率密度，$p(\boldsymbol{y}_{1:k} | \boldsymbol{x}_{1:k})$ 称为观测量为 $\boldsymbol{y}_{1:k}$ 时的似然概率密度，$p(\boldsymbol{x}_{1:k} | \boldsymbol{y}_{1:k})$ 称为后验概率密度。

贝叶斯滤波是用贝叶斯估计的方法估计系统的当前状态 $p(\boldsymbol{x}_k | \boldsymbol{y}_{1:k})$，有：

$$p(\boldsymbol{x}_k | \boldsymbol{y}_{1:k}) = \frac{p(\boldsymbol{y}_{1:k} | \boldsymbol{x}_{1:k}) p(\boldsymbol{x}_k)}{p(\boldsymbol{y}_{1:k} | \boldsymbol{x}_k)} = \frac{p(\boldsymbol{y}_{1:k} | \boldsymbol{x}_{1:k}) p(\boldsymbol{x}_k)}{\int p(\boldsymbol{y}_{1:k} | \boldsymbol{x}_{1:k}) p(\boldsymbol{x}_k) \mathrm{d}\boldsymbol{x}_k} \tag{3-21}$$

$p(\boldsymbol{x}_k | \boldsymbol{y}_{1:k})$ 是 $p(\boldsymbol{x}_{1:k} | \boldsymbol{y}_{1:k})$ 的边沿密度，即：

$$p(\boldsymbol{x}_k | \boldsymbol{y}_{1:k}) = \int \cdots \int p(\boldsymbol{x}_{1:k} | \boldsymbol{y}_{1:k}) \mathrm{d}\boldsymbol{x}_1 \mathrm{d}\boldsymbol{x}_{k-1} \tag{3-22}$$

贝叶斯滤波公式的计算量较大，为此需要采取递推的方式计算。

假设系统符合隐马尔可夫模型（HMM），如图 3-11 所示。

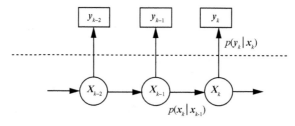

图 3-11　HMM 原理示意图

有：

（1）系统状态 x_k 服从一阶马尔可夫过程，即 x_k 只与上一个时刻的系统状态 x_{k-1} 有关，$x_k \sim p(x_k|x_{k-1})$；

（2）系统观测 y_k 独立，且只与当前时刻的系统状态 x_k 有关，$y_k \sim p(y_k|x_k)$。

贝叶斯滤波包括预测和更新两个步骤。

（1）预测：基于 $k-1$ 时刻得到的后验概率密度 $p(x_{k-1}|y_{1:k-1})$，利用系统状态方程公式，预测 k 时刻 x_k 的先验概率密度 $p(x_k|y_{1:k-1})$。

已知 $p(x_{k-1}|y_{1:k-1})$，利用系统状态方程预测 $p(x_k|y_{1:k-1})$，有：

$$\begin{aligned} p(x_k|y_{1:k-1}) &= \int p(x_k|x_{k-1},y_{1:k-1})p(x_{k-1}|y_{1:k-1})\mathrm{d}x_{k-1} \\ &= \int p(x_k|x_{k-1})p(x_{k-1}|y_{1:k-1})\mathrm{d}x_{k-1} \end{aligned} \tag{3-23}$$

其中，$p(x_k|x_{k-1})$ 可由系统状态方程计算得到。

（2）更新：基于系统量测方程，利用 k 时刻的观测值 y_k 修正先验概率密度 $p(x_k|y_{1:k-1})$，得到 k 时刻 x_k 的后验概率密度 $p(x_k|y_{1:k})$。

由 $p(x_k|y_{1:k-1})$ 和 y_k 计算 $p(x_k|y_{1:k})$，根据贝叶斯公式有：

$$p(x_k|y_{1:k}) = \frac{p(y_k|x_k,y_{1:k-1})p(x_k|y_{1:k-1})}{p(y_k,y_{1:k-1})} = \frac{p(y_k|x_k)p(x_k|y_{1:k-1})}{p(y_k|y_{1:k-1})} \tag{3-24}$$

其中，$p(y_k|y_{1:k-1}) = \int p(y_k|x_k)p(x_k|y_{1:k-1})\mathrm{d}x_k$。

实际中只有很少类型的系统，如线性高斯系统、有限状态的离散系统等，其后验滤波概率密度可以直接利用上述方法解析求得。对于大多数动态系统，由于各种原因（例如，在很多实际问题中上述计算过程中的积分是很难求解的），直接利用上述方法很难求得后验概率密度的解析解。因此，在实际中需要引入更多的假设，使得问题得以简化，由此得到了不同的滤波器。

2．状态空间模型

为通过滤波的方式估计导航增强自组织网络的节点位置，需要首先建立系统的状态空间模型。第 3.2.2 节构建了系统的观测模型，还需要构建系统的运动模型，特别是飞艇运动模型。

第 2.3.3 节讨论了飞艇运动特征。导航自组织网络中，每个飞艇均绕其中心做逆时针圆周运动，圆周半径 1 km，飞行线速度 5 m/s。GNSS 使用地心地固（ECEF）坐标系，导航自组织网络的节点使用 GNSS 进行定位时，其运动状态通常也在 ECEF

坐标系下描述，可表示为：

$$\boldsymbol{x}_k = \left[x_k, y_k, z_k, \dot{x}_k, \dot{y}_k, \dot{z}_k, \ddot{x}_k, \ddot{y}_k, \ddot{z}_k, b_k, \dot{b}_k \right]^{\mathrm{T}} \qquad (3\text{-}25)$$

其中，(x_k, y_k, z_k) 为飞艇的 GNSS 接收机天线在 ECEF 坐标系中的三维位置，$(\dot{x}_k, \dot{y}_k, \dot{z}_k)$ 为三维速度，$(\ddot{x}_k, \ddot{y}_k, \ddot{z}_k)$ 为三维加速度，b_k 为接收机钟差，$\dot{b}_k$ 为钟漂。

导航自组织网络节点运动的状态方程为：

$$\boldsymbol{x}_k = \boldsymbol{F}\boldsymbol{x}_{k-1} + \boldsymbol{v} \qquad (3\text{-}26)$$

其中，$\boldsymbol{F}$ 为状态转移矩阵，$\boldsymbol{v}$ 为系统噪声，有：

$$\boldsymbol{F} = \begin{bmatrix} \boldsymbol{I}_{3\times3} & \tau \boldsymbol{I}_{3\times3} & \dfrac{1}{2}\tau^2 \boldsymbol{I}_{3\times3} & 0 \\ 0 & \boldsymbol{I}_{3\times3} & \tau \boldsymbol{I}_{3\times3} & 0 \\ 0 & 0 & \boldsymbol{I}_{3\times3} & 0 \\ 0 & 0 & 0 & \boldsymbol{B} \end{bmatrix} \qquad (3\text{-}27)$$

$$\boldsymbol{v} = \left[0,0,0,0,0,0, n_x, n_y, n_z, 0, n_b \right]^{\mathrm{T}} \qquad (3\text{-}28)$$

其中，$\boldsymbol{I}_{4\times4}$ 为 4 阶单位阵，$\boldsymbol{B}$ 为接收机时钟状态转移矩阵，有：

$$\boldsymbol{B} = \begin{bmatrix} 1 & \tau \\ 0 & 1 \end{bmatrix} \qquad (3\text{-}29)$$

对每个飞艇节点预先进行航迹规划，生成目标运动轨迹 P_{target}^k。设 k 时刻的状态为 X_{est}^k，其中 $P_{\mathrm{est}}^k = \left[x^k, y^k, z^k \right]^{\mathrm{T}}$，$V_{\mathrm{est}}^k = \left[\dot{x}^k, \dot{y}^k, \dot{z}^k \right]^{\mathrm{T}}$，$A_{\mathrm{est}}^k = \left[\ddot{x}^k, \ddot{y}^k, \ddot{z}^k \right]^{\mathrm{T}}$。此时飞艇的飞行控制系统的目标为保证节点顺利到达 $k+1$ 时刻的目标位置 $X_{\mathrm{target}}^k = X^{k+1}$。根据 $k+1$ 时刻目标位置 $P_{\mathrm{target}}^k = P^{k+1}$ 和 k 时刻的状态估计值 X_{est}^k，对 k 时刻的加速度进行校正，得到 k 时刻的加速度控制为 $A_{\mathrm{est}}'^k = \dfrac{\left(P_{\mathrm{target}}^k - P_{\mathrm{est}}^k - V_{\mathrm{est}}^k T \right)}{K}$，其中 $K = \dfrac{1}{\alpha^2}\left(-1 + \alpha T + \mathrm{e}^{-\alpha T} \right)$，由 Singer 模型状态转移矩阵得到。

3. 卡尔曼滤波

卡尔曼滤波是一种常用的贝叶斯滤波方法，适用于基于线性化的系统状态方程和量测方程对系统状态进行估计。卡尔曼滤波假设动态系统符合线性高斯模型，在此基础上基于贝叶斯滤波原理进行系统状态的极大似然估计，得到了系统状态及其统计特征的递推公式[36]。在线性高斯模型条件下，卡尔曼滤波的解为最小均方误差准则下的最优解。

线性高斯（LG，Linear Gaussian）系统的状态方程和量测方程分别为：

$$x_k = F_k x_{k-1} + v_k \tag{3-30}$$

$$y_k = H_k x_k + n_k \tag{3-31}$$

其中，v_k 和 n_k 服从高斯分布：

$$v_k \sim N(0, Q_k) \tag{3-32}$$

$$n_k \sim N(0, R_k) \tag{3-33}$$

假设已知 $k-1$ 时刻系统状态的估计服从多维高斯分布：

$$p(x_{k-1}|y_{1:k-1}) = N(\hat{x}_{k-1}, \Sigma_{k-1}) \tag{3-34}$$

根据状态方程有：

$$p(x_k|x_{k-1}) = N(F_k x_{k-1}, Q_k) \tag{3-35}$$

根据量测方程有：

$$p(y_k|x_k) = N(H_k x_k, R_k) \tag{3-36}$$

卡尔曼滤波的过程包括预测和更新两个步骤。

（1）预测

$$p(x_k|y_{1:k-1}) = \int p(x_k|x_{k-1}) p(x_{k-1}|y_{1:k-1}) \mathrm{d}x_{k-1} \tag{3-37}$$

其中：

$$p(x_k, x_{k-1}|y_{1:k-1}) = p(x_k|x_{k-1}) p(x_{k-1}|y_{1:k-1}) = N(F_k x_{k-1}, Q_k) N(\hat{x}_{k-1}, \Sigma_{k-1}) \tag{3-38}$$

即：

$$p\left(\begin{bmatrix} x_k \\ x_{k-1} \end{bmatrix} \middle| y_{1:k-1} \right) = N\left(\begin{bmatrix} F_k \hat{x}_{k-1} \\ \hat{x}_{k-1} \end{bmatrix}, \begin{bmatrix} F_k \Sigma_{k-1} F_k^{\mathrm{T}} + Q_k & F_k \Sigma_{k-1} \\ \Sigma_{k-1} F_k^{\mathrm{T}} & \Sigma_{k-1} \end{bmatrix} \right) \tag{3-39}$$

因此：

$$p(x_k|y_{1:k-1}) = \int p(x_k, x_{k-1}|y_{1:k-1}) \mathrm{d}x_{k-1} = N(F_k \hat{x}_{k-1}, F_k \Sigma_{k-1} F_k^{\mathrm{T}} + Q_k) \tag{3-40}$$

为 $p(x_k, x_{k-1}|y_{1:k-1})$ 的边缘分布。

其中：

$$\hat{x}_k' = F_k \hat{x}_{k-1} \tag{3-41}$$

$$\Sigma_k' = F_k \Sigma_{k-1} F_k^{\mathrm{T}} + Q_k \tag{3-42}$$

（2）更新

$$p\left(\boldsymbol{x}_k, \boldsymbol{y}_k \middle| \boldsymbol{y}_{1:k-1}\right) = p\left(\boldsymbol{y}_k \middle| \boldsymbol{x}_k\right) p\left(\boldsymbol{x}_k \middle| \boldsymbol{y}_{1:k-1}\right)$$
$$= N\left(\boldsymbol{H}_k \boldsymbol{x}_k, \boldsymbol{R}_k\right) N\left(\hat{\boldsymbol{x}}_k', \boldsymbol{\Sigma}_k'\right) \quad (3\text{-}43)$$
$$= N\left(\begin{bmatrix} \hat{\boldsymbol{x}}_k' \\ \boldsymbol{H}_k \hat{\boldsymbol{x}}_k' \end{bmatrix}, \begin{bmatrix} \boldsymbol{\Sigma}_k' & \boldsymbol{\Sigma}_k' \boldsymbol{H}_k^{\mathrm{T}} \\ \boldsymbol{H}_k \boldsymbol{\Sigma}_k' & \boldsymbol{H}_k \boldsymbol{\Sigma}_k' \boldsymbol{H}_k^{\mathrm{T}} + \boldsymbol{R}_k \end{bmatrix}\right)$$

可得：

$$p\left(\boldsymbol{x}_k \middle| \boldsymbol{y}_{1:k}\right) = p\left(\boldsymbol{x}_k \middle| \boldsymbol{y}_k, \boldsymbol{y}_{1:k-1}\right)$$
$$= N\left(\hat{\boldsymbol{x}}_k, \boldsymbol{\Sigma}_k\right) \quad (3\text{-}44)$$

为 $p\left(\boldsymbol{x}_k, \boldsymbol{y}_k \middle| \boldsymbol{y}_{1:k-1}\right)$ 的条件分布，其中：

$$\hat{\boldsymbol{x}}_k = \hat{\boldsymbol{x}}_k' + \boldsymbol{\Sigma}_k' \boldsymbol{H}_k^{\mathrm{T}} \left(\boldsymbol{H}_k \boldsymbol{\Sigma}_k' \boldsymbol{H}_k^{\mathrm{T}} + \boldsymbol{R}_k\right)^{-1} \left(\boldsymbol{y}_k - \boldsymbol{H}_k \hat{\boldsymbol{x}}_k'\right) \quad (3\text{-}45)$$

$$\boldsymbol{\Sigma}_k = \boldsymbol{\Sigma}_k' - \boldsymbol{\Sigma}_k' \boldsymbol{H}_k^{\mathrm{T}} \left(\boldsymbol{H}_k \boldsymbol{\Sigma}_k' \boldsymbol{H}_k^{\mathrm{T}} + \boldsymbol{R}_k\right)^{-1} \boldsymbol{H}_k \boldsymbol{\Sigma}_k' \quad (3\text{-}46)$$

综上，可得卡尔曼滤波方程：

$$\hat{\boldsymbol{x}}_k' = \boldsymbol{F}_k \hat{\boldsymbol{x}}_{k-1} \quad (3\text{-}47)$$

$$\boldsymbol{\Sigma}_k' = \boldsymbol{F}_k \boldsymbol{\Sigma}_{k-1} \boldsymbol{F}_k^{\mathrm{T}} + \boldsymbol{Q}_k \quad (3\text{-}48)$$

$$\boldsymbol{K}_k = \boldsymbol{\Sigma}_k' \boldsymbol{H}_k^{\mathrm{T}} \left(\boldsymbol{H}_k \boldsymbol{\Sigma}_k' \boldsymbol{H}_k^{\mathrm{T}} + \boldsymbol{R}_k\right)^{-1} \quad (3\text{-}49)$$

$$\hat{\boldsymbol{x}}_k = \hat{\boldsymbol{x}}_k' + \boldsymbol{K}_k \left(\boldsymbol{y}_k - \boldsymbol{H}_k \hat{\boldsymbol{x}}_k'\right) \quad (3\text{-}50)$$

$$\boldsymbol{\Sigma}_k = \left(\boldsymbol{I} - \boldsymbol{K}_k \boldsymbol{H}_k\right) \boldsymbol{\Sigma}_k' \quad (3\text{-}51)$$

其中，式（3-45）和式（3-46）称为时间更新方程，式（3-47）、式（3-48）和式（3-49）称为状态更新方程。

卡尔曼滤波要求系统模型必须为线性。因此，在使用卡尔曼滤波进行定位解算时，必须将 GNSS 测量方程（式（3-6））进行线性化（式（3-7））。更重要的是，系统运动模型无法线性化，在卡尔曼滤波中存在线性化损失，导致滤波航迹与真实航迹的偏离随时间增大。为解决非线性系统状态估计问题，基于卡尔曼滤波又提出了 EKF 和 UKF[36]。

EKF 的基本思想是对非线性系统模型在一个状态点附近使用其泰勒级数展开进行近似，然后对近似线性化的系统模型使用卡尔曼滤波计算状态估计值和协方差。EKF 的不足主要有两点：一是忽略了系统模型的高阶项产生线性化误差；二是滤波过程中需要计算雅可比矩阵导致实时性受限。为在估计精度和计算量间取得平衡，在实际应用中，EKF 通常使用系统模型展开的一阶（和二阶项）进行近似。在系统模型非线性化程度较低时，EKF 仍能保持较好的滤波效果，因此获得了较为广泛的应用。

UKF 基于无迹变换，使用一组加权的确定性采样点对系统状态的后验概率分布进行近似，从而获得状态均值和协方差的估计值，并使用卡尔曼滤波进行状态的更新。一方面，UKF 的精度相当于基于系统模型的泰勒级数展开二阶项的 EKF 的精度，因此对大多数应用中的非线性系统模型有较好的滤波效果；另一方面，与 EKF 计算雅可比矩阵所需要的计算量相比，UKF 的 UT 计算较为简便，因此 UKF 的研究与应用获得较多关注。

虽然 EKF 和 UKF 部分解决了系统模型非线性的问题，但仍然要求状态方程和量测方程的噪声为高斯噪声。在部分应用中，使用高斯分布可以对真实噪声进行较好的近似。然而，在噪声具有较强的非高斯性时，EKF 和 UKF 仍存在滤波发散的问题。

3.2.4　粒子滤波协同定位方法

针对导航自组织网络非高斯、非线性系统模型，粒子滤波是一种有效的解决手段。

1. 粒子滤波方法

粒子滤波是一系列基于序贯重要性采样（SIS，Sequential Importance Sampling）的方法的统称，属于非参数的递推贝叶斯滤波方法[37]。粒子滤波基于蒙特卡洛（Monte Carlo）方法，使用一组加权的随机采样粒子对系统待估状态的各阶矩进行近似，精度可以逼近最优估计。粒子滤波适用于任何能用状态空间模型描述的系统，是一种对非线性、非高斯动态系统状态估计的有效方法。

假设可以从后验概率密度 $p(\boldsymbol{x}_k|\boldsymbol{y}_{1:k})$ 中采样，得到 N 个独立同分布的随机样本 $\boldsymbol{x}_k^{(i)}$，$i=1,\cdots,N$，则有：

$$p(\boldsymbol{x}_k|\boldsymbol{y}_{1:k}) \approx \frac{1}{N}\sum_{i=1}^{N}\delta(\boldsymbol{x}_k - \boldsymbol{x}_k^{(i)}) \qquad (3\text{-}52)$$

其中，$\delta(x)$ 为单位冲激函数（狄拉克函数），即：$\delta(x)=0$，$x\neq 0$，且 $\int\delta(x)\mathrm{d}x=1$。

基于采样粒子就可以计算状态 $\boldsymbol{x}_k$ 的各种数字特征：

$$E\left[\boldsymbol{x}_k \mid \boldsymbol{y}_{1:k}\right] \approx \frac{1}{N}\sum_{i=1}^{N}\boldsymbol{x}_k^{(i)} \tag{3-53}$$

任意函数 $f(\boldsymbol{x}_k)$ 的期望可以用求和方式逼近，即：

$$E\left[f\left(\boldsymbol{x}_k\right) \mid \boldsymbol{y}_{1:k}\right] \approx \frac{1}{N}\sum_{i=1}^{N}f\left(\boldsymbol{x}_k^{(i)}\right) \tag{3-54}$$

由于后验概率密度 $p\left(\boldsymbol{x}_k \mid \boldsymbol{y}_{1:k}\right)$ 未知，无法从中采样。因此，粒子滤波使用重要性采样方法，即从一个已知分布的重要性概率密度函数 $q\left(\boldsymbol{x}_k \mid \boldsymbol{y}_{1:k}\right)$ 中进行采样，并利用随机样本的加权和来逼近后验概率密度。

任意函数 $f(\boldsymbol{x}_k)$ 的期望可表示为：

$$\begin{aligned}
E\left[f\left(\boldsymbol{x}_k\right)\right] &= \int f\left(\boldsymbol{x}_k\right)\frac{p\left(\boldsymbol{x}_k \mid \boldsymbol{y}_{1:k}\right)}{q\left(\boldsymbol{x}_k \mid \boldsymbol{y}_{1:k}\right)}q\left(\boldsymbol{x}_k \mid \boldsymbol{y}_{1:k}\right)\mathrm{d}\boldsymbol{x}_k \\
&= \int f\left(\boldsymbol{x}_k\right)\frac{p\left(\boldsymbol{y}_{1:k} \mid \boldsymbol{x}_k\right)p\left(\boldsymbol{x}_k\right)}{p\left(\boldsymbol{y}_{1:k}\right)q\left(\boldsymbol{x}_k \mid \boldsymbol{y}_{1:k}\right)}q\left(\boldsymbol{x}_k \mid \boldsymbol{y}_{1:k}\right)\mathrm{d}\boldsymbol{x}_k \\
&= \int f\left(\boldsymbol{x}_k\right)\frac{w_k^*\left(\boldsymbol{x}_k\right)}{p\left(\boldsymbol{y}_{1:k}\right)}q\left(\boldsymbol{x}_k \mid \boldsymbol{y}_{1:k}\right)\mathrm{d}\boldsymbol{x}_k
\end{aligned} \tag{3-55}$$

其中：

$$w_k^*\left(\boldsymbol{x}_k\right) = \frac{p\left(\boldsymbol{y}_{1:k} \mid \boldsymbol{x}_k\right)p\left(\boldsymbol{x}_k\right)}{q\left(\boldsymbol{x}_k \mid \boldsymbol{y}_{1:k}\right)} \propto \frac{p\left(\boldsymbol{x}_k \mid \boldsymbol{y}_{1:k}\right)}{q\left(\boldsymbol{x}_k \mid \boldsymbol{y}_{1:k}\right)} \tag{3-56}$$

归一化系数 $p\left(\boldsymbol{y}_{1:k}\right) = \int p\left(\boldsymbol{y}_{1:k} \mid \boldsymbol{x}_k\right)p\left(\boldsymbol{x}_k\right)\mathrm{d}\boldsymbol{x}_k$ 与 $\boldsymbol{x}_k$ 无关，且有：

$$\begin{aligned}
p\left(\boldsymbol{y}_{1:k}\right) &= \int \frac{p\left(\boldsymbol{y}_{1:k} \mid \boldsymbol{x}_k\right)p\left(\boldsymbol{x}_k\right)q\left(\boldsymbol{x}_k \mid \boldsymbol{y}_{1:k}\right)}{q\left(\boldsymbol{x}_k \mid \boldsymbol{y}_{1:k}\right)}\mathrm{d}\boldsymbol{x}_k \\
&= \int w_k^*\left(\boldsymbol{x}_k\right)q\left(\boldsymbol{x}_k \mid \boldsymbol{y}_{1:k}\right)\mathrm{d}\boldsymbol{x}_k
\end{aligned} \tag{3-57}$$

因此：

$$\begin{aligned}
E\left[f\left(\boldsymbol{x}_k\right)\right] &= \frac{\int w_k^*\left(\boldsymbol{x}_k\right)f\left(\boldsymbol{x}_k\right)q\left(\boldsymbol{x}_k \mid \boldsymbol{y}_{1:k}\right)\mathrm{d}\boldsymbol{x}_k}{\int w_k^*\left(\boldsymbol{x}_k\right)q\left(\boldsymbol{x}_k \mid \boldsymbol{y}_{1:k}\right)\mathrm{d}\boldsymbol{x}_k} \\
&= \frac{E_{q\left(\boldsymbol{x}_k \mid \boldsymbol{y}_{1:k}\right)}\left[w_k^*\left(\boldsymbol{x}_k\right)f\left(\boldsymbol{x}_k\right)\right]}{E_{q\left(\boldsymbol{x}_k \mid \boldsymbol{y}_{1:k}\right)}\left[w_k^*\left(\boldsymbol{x}_k\right)\right]}
\end{aligned} \tag{3-58}$$

假设 $\boldsymbol{x}_k^{(i)}$，$i = 1,\cdots,N$ 为从 $q\left(\boldsymbol{x}_k \mid \boldsymbol{y}_{1:k}\right)$ 中采样得到的 N 个独立同分布的随机样本，

则式（3-58）可以近似为：

$$E\left[f\left(\boldsymbol{x}_k\right)\right] \approx \frac{\dfrac{1}{N}\sum_{i=1}^{N}\left[w_k^*\left(\boldsymbol{x}_k^{(i)}\right)f\left(\boldsymbol{x}_k^{(i)}\right)\right]}{\dfrac{1}{N}\sum_{i=1}^{N}\left[w_k^*\left(\boldsymbol{x}_k^{(i)}\right)\right]} = \sum_{i=1}^{N}\left[w_k\left(\boldsymbol{x}_k^{(i)}\right)f\left(\boldsymbol{x}_k^{(i)}\right)\right] \qquad (3\text{-}59)$$

其中：

$$w_k\left(\boldsymbol{x}_k^{(i)}\right) = \frac{w_k^*\left(\boldsymbol{x}_k^{(i)}\right)}{\sum_{i=1}^{N}\left[w_k^*\left(\boldsymbol{x}_k^{(i)}\right)\right]} \qquad (3\text{-}60)$$

称为归一化权重。

为便于计算，SIS 使用递推的方式进行粒子和权值的更新。首先从重要性概率密度函数中采样，获得新的粒子：

$$\boldsymbol{x}_k^{(i)} \sim q\left(\boldsymbol{x}_k \middle| \boldsymbol{x}_{k-1}^{(i)}, \boldsymbol{y}_{1:k}\right)\left(i=1,2,\cdots,N\right) \qquad (3\text{-}61)$$

然后更新权值：

$$w_k^*\left(\boldsymbol{x}_k^{(i)}\right) = \frac{p\left(\boldsymbol{y}_k \middle| \boldsymbol{x}_k^{(i)}\right)p\left(\boldsymbol{x}_k^{(i)} \mid \boldsymbol{x}_{k-1}^{(i)}\right)}{q\left(\boldsymbol{x}_k^{(i)} \middle| \boldsymbol{x}_{k-1}^{(i)}, \boldsymbol{y}_{1:k}\right)} w_k^*\left(\boldsymbol{x}_{k-1}^{(i)}\right) \qquad (3\text{-}62)$$

将上述权值归一化如下：

$$w_k\left(\boldsymbol{x}_k^{(i)}\right) = \frac{w_k^*\left(\boldsymbol{x}_k^{(i)}\right)}{\sum_{i=1}^{N}w_k^*\left(\boldsymbol{x}_k^{(i)}\right)} \qquad (3\text{-}63)$$

从而得到一组加权样本 $\left\{\left(\boldsymbol{x}_k^{(i)}, w_k\left(\boldsymbol{x}_k^{(i)}\right)\right), i=1,2,\cdots,N\right\}$。

$\boldsymbol{x}_k$ 的后验概率密度可近似表示为：

$$p\left(\boldsymbol{x}_k \middle| \boldsymbol{y}_{1:k}\right) \approx \sum_{i=1}^{N}w_k\left(\boldsymbol{x}_k^{(i)}\right)\delta\left(\boldsymbol{x}_k - \boldsymbol{x}_k^{(i)}\right) \qquad (3\text{-}64)$$

$\boldsymbol{x}_k$ 的最小均方误差估计为：

$$\hat{\boldsymbol{x}}_k = \sum_{i=1}^{N}w_k\left(\boldsymbol{x}_k^{(i)}\right)\boldsymbol{x}_k^{(i)} \qquad (3\text{-}65)$$

在实际应用中，SIS 算法在经过几次迭代后，常会出现只有少数粒子的权值较大，而大多数粒子的权值很小，对后验概率密度的计算几乎不起作用，并且粒子权值的方差随时间增长而增大。大量无效粒子的更新消耗了计算资源，降低了估计性能。解决上述问题的一种有效方法是采样重要性重采样（SIR，Sampling Importance Resampling）。重采样是在粒子滤波每次迭代的重要性采样之后，将权值低的粒子舍弃，同时复制权值较高的粒子，构成一个新的粒子集合，即在满足 $p(\tilde{x}_k^{(i)} = x_k^{(i)}) = \tilde{w}_k^{(i)}$ 条件下，将粒子集合 $\{\tilde{x}_k^{(i)}, \tilde{w}_k^{(i)}\}_1^N$ 更新为 $\{x_k^{(i)}, 1/N\}_1^N$。典型的重采样方法有多项式重采样、残差重采样等。

SIR 引入有效样本数 N_{eff} 来衡量粒子权值的退化程度：

$$N_{\text{eff}} = \frac{N}{1 + \text{var}(W_k^i)} \tag{3-66}$$

实际计算时，可以近似为：

$$\hat{N}_{\text{eff}} \approx \frac{1}{\sum_{i=1}^N (w_k^{(i)})^2} \tag{3-67}$$

在 SIS 滤波的基础上增加 SIR 重采样，就得到了标准粒子滤波算法。

基于上述系统模型和观测模型，采用粒子滤波进行信息融合和状态估计，实现导航增强自组织网络飞艇节点的协同定位，算法流程如下。

（1）根据飞行状态方程和上一时刻真实状态 X_{real}^{k-1}，基于 Singer 模型得到当前时刻的真实状态 X_{real}^k（其中 X_{real}^{k-1} 的加速度分量为更新过的 $A_{\text{est}}'^{k-1}$）。

$$X_{\text{real}}^k = F \cdot X_{\text{real}}^{k-1} + Q \tag{3-68}$$

（2）观测：根据飞艇这一时刻的真实状态 X_{real}^k、可见星观测集合 X_{sm}^k、V_{sm}^k 生成伪距观测信息 $h(X_m^k, X_{sm}^k, V_{sm}^k)$；接收周围节点的状态信息 X_{nm}^k 和协方差矩阵，产生测距观测信息 $h(X_m^k, X_{nm}^k, V_{nm}^k)$。

（3）粒子滤波：根据伪距观测量、观测噪声方差、节点之间测距观测量、测距噪声方差、节点上一时刻状态量 X_{est}^{k-1}，基于协同定位算法进行信息融合，估计 k 时刻状态，并更新状态信息 X_{est}^k。

（3-1）粒子状态预测和量测更新：将 $k-1$ 时刻粒子状态和方差代入状态方程进行传播，预测粒子状态 $\hat{x}_k^i$，代入系统观测方程，求出粒子观测值 y_k^i。

（3-2）粒子权值更新和归一化：用新的预测值 $\hat{x}_k^i$ 和观测信息更新粒子权值。

$$W_k^i = W_{k-1}^i p\left(y_k^i \mid \hat{x}_k^i\right) = W_{k-1}^i p_{e_k}\left(Z_m^k - h(\hat{x}_k^i, v_k^i)\right) \tag{3-69}$$

$$W_k^i = \frac{W_k^j}{\sum\limits_{j=1}^{N} W_k^j} \qquad (3\text{-}70)$$

其中，$Z_m^k = \begin{bmatrix} h(X_m^k, X_{sm}^k, V_{sm}^k) \\ h(X_m^k, X_{nm}^k, V_{nm}^k) \end{bmatrix}$。

（3-3）重采样。

（3-4）状态估计：更新 X_{est}^k 和方差估计值 P_k。

（4）用当前的状态信息 X_{est}^k 和下一时刻的目标位置信息 $P_{\mathrm{target}}^{k+1}$ 对运动载体的加速度进行修正，并更新状态信息 X_{est}^k 的加速度分量 $A_{\mathrm{est}}'^k \to A_{\mathrm{est}}^k$。

（5）输出 k 时刻节点估计状态 X_{est}^k、真实状态 X_{real}^k。

2. 无迹粒子滤波的协同定位

粒子滤波需要构造合适的重要性密度函数的方法。重要性密度函数的衡量标准之一是粒子权值的方差最小。无迹粒子滤波（UPF，Unscented Particle Filter）通过 UKF 估计粒子的均值和方差来近似重要性采样函数，使得 UPF 更适合应用于非高斯系统[38]。

无迹变换用于计算经过非线性变换的随机变量，对于非线性系统 $y = f(x)$ 和随机变量 x（维度为 n），假设 x 均值为 $\hat{x}$、方差为 P_X。为了统计 y，将统计量在状态空间映射成一组采样点 χ_i，这些采样点表现出状态量的真实均值和方差。

$$\chi_i = \begin{cases} \hat{x}, & i = 0 \\ \hat{x} + \left(\sqrt{(n+\lambda)P_X}\right)_i, & i = 1, \cdots, n \\ \hat{x} - \left(\sqrt{(n+\lambda)P_X}\right)_i, & i = L+1, \cdots, 2n \end{cases} \qquad (3\text{-}71)$$

$$\begin{aligned} W_0^m &= \frac{\lambda}{n+\lambda}, \quad i = 0 \\ W_0^c &= \frac{\lambda}{n+\lambda} + (1 - \alpha^2 + \beta), \quad i = 0 \\ W_i^c &= W_i^m = \frac{1}{2(n+\lambda)}, \quad i = 1, \cdots, 2n \end{aligned} \qquad (3\text{-}72)$$

其中，$\lambda = \alpha^2(n+\kappa) - n$，$\alpha$ 用于调节周围 Sigma 点的紧密程度，降低高阶距的影响，减小预测误差；β 用于调节方差的精度、状态估计的峰值误差；$\kappa \geqslant 0$ 时可确保协方差矩阵为半正定；W 为 Sigma 点对应的权值因子，且有 $\sum\limits_{i=0}^{2n} W_i = 1$；$\left(\sqrt{(n+\lambda)P_k}\right)_i$ 表示矩阵 $(n+\lambda)P_k$ 均方根的第 i 列向量，n 为增广状态向量的维度。

利用这些 Sigma 点在非线性系统中传递信息：

$$\varsigma_i = f(\chi_i) \tag{3-73}$$

则 y 的均值和方差能够使用加权 Sigma 样本点的均值和协方差表示：

$$\hat{y} = \sum_{i=0}^{2n} W_i^m \varsigma_i \tag{3-74}$$

$$\boldsymbol{P}_y = \sum_{i=0}^{2n} W_i^c (\varsigma_i - \hat{y})(\varsigma_i - \hat{y})^{\mathrm{T}} \tag{3-75}$$

与 EKF 相比，UKF 的滤波估计效果和性能更好，具备更好的估计精度，使用 UT 能够近似非线性函数的三阶泰勒展开，对于非高斯输入，近似值至少精确到二阶，且估计精度为三阶。UPF 利用 UKF 得到粒子的状态，并作为建议分布采样来估计系统状态值。

下面给出无迹粒子滤波的算法流程。

（1）初始化：$k=0$ 时，利用先验概率产生初始粒子：$x_0 \sim p(x_0)$，则初始粒子状态均值为 $\hat{x}_0 = E[x_0]$，转移协方差矩阵为 $\hat{\boldsymbol{P}}_0 = E\left[(x_0 - \hat{x}_0)(x_0 - \hat{x}_0)^{\mathrm{T}}\right]$（$\hat{\boldsymbol{P}}_0$ 需为正定矩阵）。

构造增广粒子状态向量，使状态变量被离散化为 $L=2n+1$ 个 Sigma 粒子点，离散后的点集和对应方差阵形式为：

$$\chi_k^{\ a} = \left[\chi_k^{\ x}, \chi_k^{\ w}, \chi_k^{\ v}\right] \tag{3-76}$$

$$\boldsymbol{P}_k^{\ a} = \begin{bmatrix} P_k & 0 & 0 \\ 0 & Q_k & 0 \\ 0 & 0 & R_k \end{bmatrix} \tag{3-77}$$

其中，Q 为状态方程噪声协方差矩阵，R 为测量方程的噪声协方差矩阵。扩充后的状态量以及对应的误差方差阵的初值为：

$$\hat{x}_0^{\ a} = E\left[\hat{x}_0^{\ a}, 0, 0\right]^{\mathrm{T}} \tag{3-78}$$

$$\hat{\boldsymbol{P}}_0^{\ a} = E\left[(x_0^{\ a} - \hat{x}_0^{\ a})(x_0^{\ a} - \hat{x}_0^{\ a})^{\mathrm{T}}\right] = \begin{bmatrix} P_0 & 0 & 0 \\ 0 & Q_0 & 0 \\ 0 & 0 & R_0 \end{bmatrix} \tag{3-79}$$

（2）k−1 时刻，利用 UKF 更新粒子，生成预测无迹粒子点集，并对 Sigma 点集状态进行更新，进而求粒子集的均值和方差。

（2-1）计算 Sigma 点集：对 n 维随机变量 x_{k-1} 进行 UT，得到 Sigma 点集 $\chi_{i,k-1} = [\chi_{i,k-1}^x, \chi_{i,k-1}^w, \chi_{i,k-1}^v]$ 和相应的权值 W。

（2-2）时间更新：对 $2n+1$ 个 Sigma 点集 $\chi_{i,k-1}$ 进行一步预测，得到 $\chi_{i,k|k-1}$，计算系统状态量的一步预测 $\hat{x}_k$ 和协方差矩阵 P_x。

$$\chi_{k|k-1} = f(\chi_{k-1}) \tag{3-80}$$

$$\hat{x}_{k|k-1} = \sum_{i=0}^{2n} W_i^\mu \chi_{i,k|k-1} \tag{3-81}$$

$$P_{x.k} = \sum_{i=0}^{2n} W_i^\mu (\chi_{i,k|k-1} - \hat{x}_{k|k-1})(\chi_{i,k|k-1} - \hat{x}_{k|k-1})^{\mathrm{T}} \tag{3-82}$$

（2-3）测量更新：根据一步预测值，由 $\chi_{i,k|k-1}$ 得到观测点集 ς，计算观测量的估计值 $\hat{Z}_{k|k-1}$：

$$\varsigma_{i,k|k-1} = h(\chi_{i,k|k-1}), \quad i = 0, \cdots, 2n \tag{3-83}$$

$$\hat{Z}_{k|k-1} = \sum_{i=0}^{2n} W_i^\mu \varsigma_{i,k|k-1} \tag{3-84}$$

利用如下滤波过程对 k 时刻的状态信息进行估计，并更新系统状态和协方差矩阵 P。

$$P_{z,k} = \sum_{i=0}^{2n} W_i^\mu (\varsigma_{i,k|k-1} - \hat{Z}_{k|k-1})(\varsigma_{i,k|k-1} - \hat{Z}_{k|k-1})^{\mathrm{T}} \tag{3-85}$$

$$P_{xz.k} = \sum_{i=0}^{2n} W_i^\mu (\chi_{i,k|k-1} - \hat{x}_{k|k-1})(\varsigma_{i,k|k-1} - \hat{Z}_{k|k-1})^{\mathrm{T}} \tag{3-86}$$

$$K = P_{xz.k} \times (P_{z,k})^{-1} \tag{3-87}$$

$$\hat{x}_k = \hat{x}_{k|k-1} + K \times (Z_k - \hat{Z}_{k|k-1}) \tag{3-88}$$

$$P_k = P_{x,k} - K \times P_{z,k} \times K^{\mathrm{T}} \tag{3-89}$$

（3）采样：利用 UKF 估计的重要性密度函数产生粒子集 $X = \left\{ x_{k-1}^i, W_{k-1}^i \right\}_{i=1}^N$，其中 W^i 表示粒子 x^i 的权值：

$$x_{k-1}^i \sim q(x_k \mid x_{0:k-1}, y_{1:k}) = N(\hat{x}_k, P_k) \tag{3-90}$$

（4）时间更新和测量值更新：将粒子 x_{k-1}^i 代入状态方程，求粒子的预测值 $\hat{x}_k^i$ 和

预测观测值 $h(\hat{x}_k^i, v_k^i)$ 。

（5）权值更新：权值计算由似然函数、转移先验和建议密度函数确定：

$$W_k^i \propto \frac{p(y_k^i \mid x_k^i) p(x_k^i \mid x_{k-1}^i)}{q(x_k \mid x_{0:k-1}, y_{1:k})} W_{k-1}^i \tag{3-91}$$

（6）重采样。

（7）状态估计：通过前面步骤求出状态的粒子和权值，更新状态估计值和方差。

（8）若判断结束，则退出算法；否则，令 $k = k + 1$ ，返回步骤（2）。

采用无迹粒子滤波实现导航自组织网络飞艇节点的协同定位，算法流程如下。

（1）根据飞行状态方程和上一时刻真实状态 X_{real}^{k-1} ，基于 Singer 模型得到当前时刻的真实状态 X_{real}^k （其中 X_{real}^{k-1} 的加速度分量为更新过的 $A_{\mathrm{est}}'^{k-1}$ ）。

（2）观测：根据飞艇这一时刻的真实状态 X_{real}^k 、可见星观测集合 X_{sm}^k 、V_{sm}^k 生成伪距观测信息 $h(X_m^k, X_{sm}^k, V_{sm}^k)$ ；接收周围节点的状态信息 X_{nm}^k 和协方差矩阵，产生测距观测信息 $h(X_m^k, X_{nm}^k, V_{nm}^k)$ 。

（3）根据节点状态量和伪距、测距观测量，基于 UPF 对 k 时刻状态进行滤波估计，并更新状态信息 X_{est}^k 。

（3-1）利于 UKF 计算粒子集均值 $\hat{x}_k$ 和方差 P ，进行粒子采样。

（3-2）粒子状态预测和量测更新：利用状态方程和观测方程预测粒子状态值 $\hat{x}_k^i$ 、观测值 $h(\hat{x}_k^i, v_k^i)$ 。

（3-3）更新权值并归一化。

（3-4）重采样。

（3-5）状态更新 X_{est}^k 。

（4）用当前的状态信息 X_{est}^k 和下一时刻的目标位置信息 $P_{\mathrm{target}}^{k+1}$ 对运动载体的加速度进行修正，并更新状态信息 X_{est}^k 的加速度分量 $A_{\mathrm{est}}'^k \to A_{\mathrm{est}}^k$ 。

（5）输出 k 时刻节点估计状态 X_{est}^k 、真实状态 X_{real}^k 。

3.2.5　仿真分析

本节对导航自组织网络协同定位方法进行了仿真分析。仿真场景为第 3.1.2 节中所描述的导航自组织网络架构。仿真中每节点的协同定位间隔为 1 s，仿真时长 10 000 s，期间每个节点绕中心进行圆周飞行约 7.8 圈。

1. 几种定位融合方法的比较

当全部 GNSS 卫星对导航增强自组织网络可用时，使用不同信息融合方法时中心节点的定位误差分别如图 3-12～图 3-16 所示。

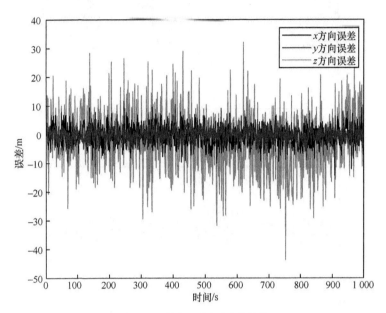

图 3-12　最小二乘方法定位结果

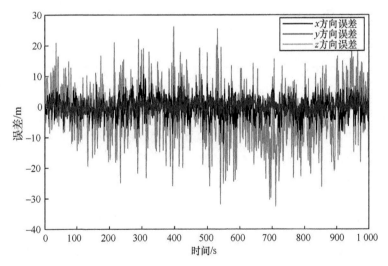

图 3-13　卡尔曼滤波方法定位结果

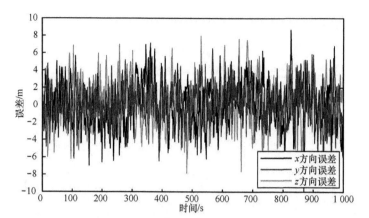

图 3-14　扩展卡尔曼滤波方法定位结果

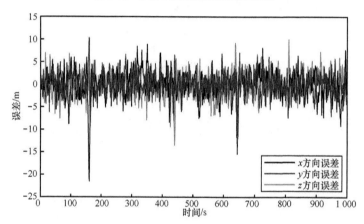

图 3-15　粒子滤波方法定位结果

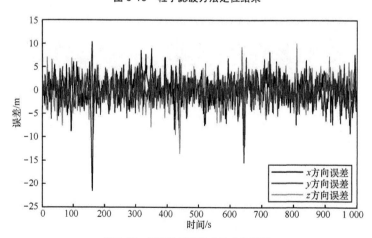

图 3-16　无迹粒子滤波方法定位结果

上述几种定位方法的定位误差见表 3-1。

表 3-1　几种定位方法的误差

		LS	KF	EKF	GPF	UPF
均值	x	−0.499 2	−0.379 1	−0.034 0	−0.043 6	
	y	0.074 0	0.129 7	0.208 1	0.042 6	
	z	−2.402 8	−2.054 1	0.114 7	−0.122 9	
标准差	x	3.617 9	3.216 9	2.667 1	3.135 0	
	y	2.571 7	2.225 0	2.108 2	2.482 4	
	z	10.331 0	8.940 2	2.611 7	2.705 2	

上述定位方法中，最小二乘定位方法与卡尔曼滤波的定位精度相当。由于最小二乘定位计算简便，因此目前在 GNSS 航空应用领域获得广泛应用。EKF 的定位精度优于最小二乘和卡尔曼滤波，而粒子滤波的定位精度优于 EKF。

2. GNSS 卫星数量不足条件下的定位

单独使用 GNSS 定位需要至少 4 颗可见卫星。在导航增强自组织网络中，由于存在协同定位节点，因此，在 GNSS 数量不足条件下，导航增强自组织网络仍可自主定位。在仅有 1 颗 GNSS 卫星可见的条件下，几种协同定位方法的误差如图 3-17～图 3-20 所示。

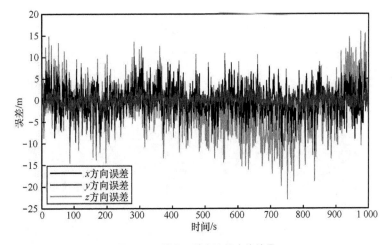

图 3-17　最小二乘方法的定位结果

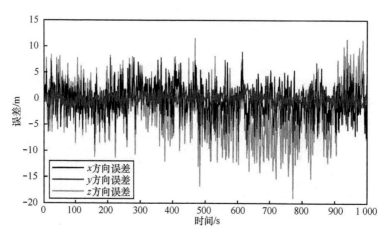

图 3-18　卡尔曼滤波定位结果

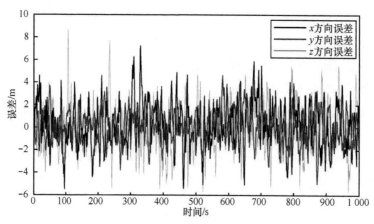

图 3-19　扩展卡尔曼滤波定位结果

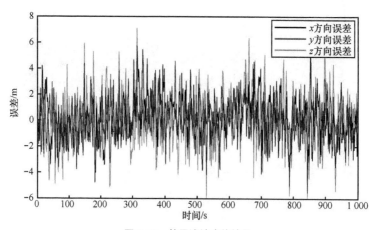

图 3-20　粒子滤波定位结果

上述几种定位方法的定位误差见表 3-2。

表 3-2 几种定位方法的误差

		LS	KF	EKF	GPF（1 000）
均值	x	−0.102 5	−0.369 0	0.230 1	0.166 6
	y	0.050 8	0.036 9	0.014 2	0.033 0
	z	−1.672 5	−2.018 2	0.014 0	0.024 0
标准差	x	3.125 4	3.125 4	1.984 9	1.770 7
	y	1.033 3	1.033 3	1.410 7	1.118 2
	z	5.090 8	5.090 8	2.062 0	1.987 2

在 GNSS 卫星数量不足条件下，上述定位方法的精度仍然是粒子滤波优于 EKF，EKF 优于最小二乘和卡尔曼滤波。

3．GNSS 失效条件下的定位

在 GNSS 完全失效的条件下，导航增强自组织网络仍可通过节点的协同定位实现一定时间内的自主定位。在 GNSS 完全失效的条件下，几种协同定位方法的误差如图 3-21～图 3-24 所示。

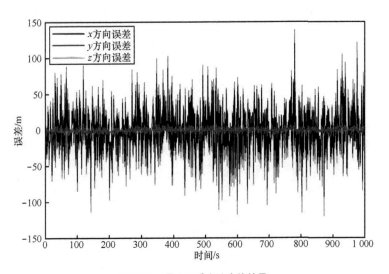

图 3-21 最小二乘方法定位结果

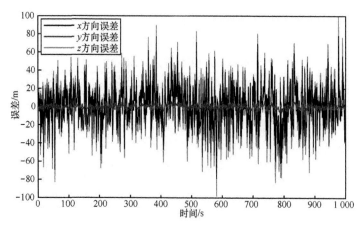

图 3-22　卡尔曼滤波定位结果

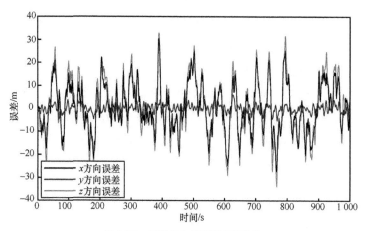

图 3-23　扩展卡尔曼滤波定位结果

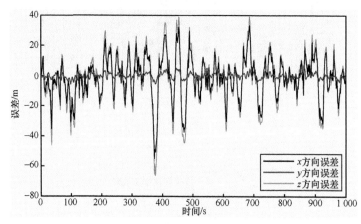

图 3-24　粒子滤波定位结果

上述几种定位方法的定位误差见表 3-3。

表 3-3　几种定位方法的误差

		LS	KF	EKF	GPF（1 000）
均值	x	−1.477 8	0.817 1	0.483 6	−1.390 4
	y	−0.077 4	0.121 9	0.090 5	−0.073 5
	z	−3.430 4	−0.454 8	0.495 2	−1.907 9
标准差	x	31.496 7	23.039 5	10.293 8	13.697 1
	y	3.102 1	2.332 8	1.747 7	1.774 1
	z	38.574 2	28.458 8	12.320 1	16.618 4

在 GNSS 失效条件下，上述定位方法的精度仍然是粒子滤波优于 EKF，EKF 优于最小二乘和卡尔曼滤波。

3.3　导航自组织网络的故障检测

导航自组织网络通过协同定位，融合卫星导航和相互测距信息，提高定位精度和可靠性。卫星导航测距源会受到多种潜在的异常因素的影响，导航自组织网络节点的相互测距信号也会在少数情况下产生较大的定位偏差，从而导致定位结果偏离真实位置。因此，导航自组织网络在协同定位中应能检测并排除受影响的卫星和节点。

对 GNSS 测距源故障的检测与识别可使用接收机自主完好性监测（RAIM，Receiver Autonomous Integrity Monitoring）方法。RAIM 的基本原理是检验多颗可见卫星测距信号的一致性，可实现自主检测和识别用于定位的可见卫星集合中是否存在故障卫星，即卫星测距信号中存在异常的偏差。目前使用的 RAIM 方法均为快照法，仅依据当前时刻的观测信息，在最小二乘定位的基础上进行故障检测。依据所使用的检验统计量的不同，RAIM 的快照法又主要包括解分离、最小二乘残差和奇偶空间矢量 3 个相互等价的算法。

当导航自组织网络的节点发生故障导致定位异常时，一方面，节点间的协同定位机制可以有效抑制异常，使其快速衰减；另一方面，节点间的协同定位机制也会导致故障节点周边的节点产生定位误差。因此，需要对导航自组织网络的节点异常传播特性进行分析。贝叶斯网通过将图论与概率论相结合，是一种有效的不确定性推理方法[39]。贝叶斯网广泛应用于移动通信网络故障诊断[40]、路网交通事故分析与预警[41]、航班延误与波及预测等领域[42]。

导航自组织网络节点缺乏外部的参考基准信息，因此必须对故障进行自主检测。导航自组织网络协同定位采用滤波方法进行信息融合，使得对 GNSS 故障进行检测的 RAIM 方法不能直接应用于节点的故障检测。在对未知分布参数的假设检验中，似然比检验是一种有效的显著性检验方法，并且适用于任何非线性、非高斯系统。因此，近年来，有学者提出使用粒子滤波和似然比检验的故障检测算法，尤其适合解决测量误差非高斯导致的检测性能下降难题[43-44]。进一步地，有学者证明了广义似然比检验方法和最优奇偶向量检验方法的等价性[45]。

为此，本章首先介绍 GNSS 卫星故障检测与识别的 RAIM 算法，然后使用贝叶斯网络分析单节点故障在自组织网络内的传播特性，并提出基于似然比检验的导航自组织网络节点的故障检测方法，最后进行了仿真分析。

3.3.1　GNSS RAIM 算法

为了实现在 GNSS 卫星故障时的及时告警，满足完好性需求、保障飞行安全，根据民用航空领域相关标准，机载 GNSS 接收机中必须内嵌有 RAIM 算法进行完好性监视。当 GNSS 接收机用作主用导航手段和辅助导航手段时，RAIM 必须能够检测 GNSS 卫星故障。当 GNSS 接收机用作唯一导航手段时，RAIM 还必须能够识别出故障卫星[7]。

1. 基本原理

RAIM 的基本原理是利用接收机收到的多颗卫星信息来实现故障的检测和识别。RAIM 的优点是对卫星故障的检测和隔离完全自主，不需要借助外界的其他信息，并且反应迅速、全球覆盖。由于需要冗余观测信息，RAIM 对卫星几何分布的要求较高。一般需要几何分布较好的 5 颗卫星来检测是否有故障，至少需要几何分布较好的 6 颗卫星来识别出故障卫星。

RAIM 的核心功能包括：

- 故障检测（FD，Fault Detection）：检测可见卫星中是否有故障卫星，即当测量误差导致用户的定位偏差超过告警限时进行告警；
- 故障识别（FI，Fault Identification）：在检测到故障后识别出故障源，并将其从定位解算中排除；

- 可用性评估：对卫星几何分布进行评估，以确定是否满足 RAIM 故障检测和识别功能可以正常实施的前提条件。

RAIM 功能的执行过程为：

（1）根据导航电文解算卫星观测信息，评估卫星几何分布是否满足 RAIM 可用性需求，若不满足则终止处理，此时 RAIM 不可用；

（2）执行 RAIM 故障检测功能，若未检测出故障则进行定位解算；

（3）若检测到故障则执行故障识别功能，将故障源排除后进行定位解算。

RAIM 技术自提出以来，国内外学者们提出了许多相关算法，其共同本质是对多个导航量测数据及导航解进行一致性校验的方法，其理论基础为假设检验。RAIM 算法首先提出两种假设，将无故障假设作为原假设 H_0，将有故障假设作为备择假设 H_1；然后构造与故障相关的检测统计量；再将检测统计量与检测门限比较，若检测统计量小于门限，则 H_0 假设成立，即未检测到故障；当检测统计量大于门限时，则 H_1 假设成立，即检测到故障。

由假设检验的原理，RAIM 故障检测算法存在漏检（MD，Missed Detection）和误检（FD，False Detection），故障识别算法存在误识别（WI，Wrong Identification）：

- 漏检：可见卫星中存在故障而故障检测算法没有检测到；
- 误检：可见卫星中没有故障而故障检测算法检测到故障；
- 误识别：故障识别算法误将无故障卫星当作故障卫星。

因此，在 RAIM 执行过程中，其状态转移如图 3-25 所示。

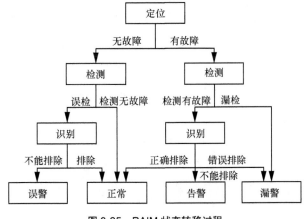

图 3-25　RAIM 状态转移过程

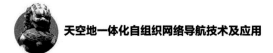
遵照是否使用历史数据可将 RAIM 算法分为两类：滤波算法和快照（Snapshot）算法。滤波算法利用历史数据实现故障卫星的监测，但必须给出故障的先验特性。快照算法不需要关心系统如何变化到当前状态，只关心当前这个时刻系统的状态，只使用当前数据进行决策，应用范围更加广泛。后面以快照法为例介绍 RAIM 的故障检测和识别算法。

2. 故障检测

快照算法包括最小二乘残差法、奇偶矢量法和伪距比较法。这 3 种方法采用不同的识别依据，但都是通过解析残差来寻找故障星，其具有相同的数学本质。

（1）最小二乘残差平方和（SSE，Sum of Squared Errors）算法

最小二乘残差平方和算法简称为 SSE 算法，或最小二乘法，其原理如下。

由 $z=Gx$ 得 X 的最小二乘估值为：

$$\hat{x}=(G^{\mathrm{T}}G)^{-1}G^{\mathrm{T}}z \tag{3-92}$$

由 $\hat{X}$ 定位估值反过来估计测量伪距 Z ：

$$\hat{z} = G\hat{x}=G(G^{\mathrm{T}}G)^{-1}G^{\mathrm{T}}z \tag{3-93}$$

从而得到估计伪距残差矢量为：

$$\begin{aligned}
w &= z - \hat{z} \\
&= z - G(G^{\mathrm{T}}G)^{-1}G^{\mathrm{T}}z \\
&= (GX + e + b) - G(G^{\mathrm{T}}G)^{-1}G^{\mathrm{T}}(GX + e + b) \\
&= [I_m - G(G^{\mathrm{T}}G)^{-1}G^{\mathrm{T}}](e + b)
\end{aligned} \tag{3-94}$$

定义矩阵 S 为：

$$S = I_m - G(G^{\mathrm{T}}G)^{-1}G^{\mathrm{T}} \tag{3-95}$$

从而：

$$w = S \bullet z = S \bullet (e + b) \tag{3-96}$$

这就实现了从观测伪距矢量到估计残差矢量的线性变换。

若没有故障，则：

$$w = S \bullet e \tag{3-97}$$

其各分量平方和 $w^{\mathrm{T}}w$ 具有自由度为 $m-4$ 的中心 χ^2 分布。若存在故障则 $w^{\mathrm{T}}w$ 具有自由度为 $m-4$ 的非中心 χ^2 分布，从而可以利用 χ^2 故障检测法实现完好性监测。

定义统计检测量为：

$$D_{\text{SSE}} \triangleq \boldsymbol{w}^{\text{T}} \boldsymbol{w} = \boldsymbol{z}^{\text{T}} S^{\text{T}} S \boldsymbol{z} \tag{3-98}$$

因为 S 为对称幂等矩阵，即 $S^{\text{T}} = S$，$S^2 = S$，所以：

$$S^{\text{T}} S = S^2 = S \Rightarrow D_{\text{SSE}} = \boldsymbol{z}^{\text{T}} S \boldsymbol{z} \tag{3-99}$$

故障检测判断准则为：

$$D_{\text{SSE}} \overset{H_1}{\geq} T_{\text{SSE}}, \quad H_1 \text{ 有故障} \tag{3-100}$$

$$D_{\text{SSE}} \overset{H_0}{<} T_{\text{SSE}}, \quad H_0 \text{ 无故障} \tag{3-101}$$

T_{SSE} 为满足完好性监测指标的 SSE 算法故障检测门限，其计算方法将在后面说明。

（2）奇偶（Parity）校验空间算法

因为残差矢量 $\boldsymbol{w}$ 具有下面的性质：

$$\begin{aligned}
G^{\text{T}} \boldsymbol{w} &= G^{\text{T}} [I_m - G(G^{\text{T}} G)^{-1} G^{\text{T}}](\boldsymbol{e} + \boldsymbol{b}) \\
&= [G^{\text{T}} - G^{\text{T}}](\boldsymbol{e} + \boldsymbol{b}) \\
&= 0
\end{aligned} \tag{3-102}$$

亦即 $\boldsymbol{w}$ 正交于 G 的各列。这说明 $\boldsymbol{w}$ 的 m 个分量并不全部相互独立，只需要考虑 $m-4$ 维的 G^{T} 的零空间（也称为 G 的左零空间），即此处所说的奇偶空间。在奇偶空间中，残差矢量以一种更为简洁、紧凑的方式来表达。下面简述从残差矢量到奇偶空间的转换。

几何观测矩阵 G 可以 QR 分解为：

$$G = Q \begin{bmatrix} R \\ 0 \end{bmatrix} = [Q_1 \quad Q_2] \begin{bmatrix} R \\ 0 \end{bmatrix} = Q_1 R \tag{3-103}$$

其中，Q_1 为 $m \times 4$ 矩阵，Q_2 为 $m \times (m-4)$ 矩阵，R 为 4×4 矩阵，0 为 $(m-4) \times 4$ 矩阵。

因为：

$$G^{\text{T}} G = R^{\text{T}} Q_1^{\text{T}} Q_1 R = R^{\text{T}} R \tag{3-104}$$

所以：

$$\begin{aligned}
(G^{\text{T}} G)^{-1} G^{\text{T}} &= (R^{\text{T}} R)^{-1} R^{\text{T}} Q_1^{\text{T}} \\
&= R^{-1} (R^{\text{T}})^{-1} R^{\text{T}} Q_1^{\text{T}} \\
&= R^{-1} Q_1^{\text{T}}
\end{aligned} \tag{3-105}$$

那么有：

$$G(G^TG)^{-1}G^T = Q_1RR^{-1}Q_1^T = Q_1Q_1^T \tag{3-106}$$

从而：

$$QQ^T = [Q_1 \ Q_2]\begin{bmatrix} Q_1^T \\ Q_2^T \end{bmatrix} = Q_1Q_1^T + Q_2Q_2^T = I_m \tag{3-107}$$

最后有如下关系：

$$\begin{aligned} S &= I_m - G(G^TG)^{-1}G^T \\ &= I_m - (I_m - Q_2Q_2^T) \\ &= Q_2Q_2^T \end{aligned} \tag{3-108}$$

把式（3-108）代入式（3-96）得到：

$$w = Q_2Q_2^T(e+b) \tag{3-109}$$

定义 $m-4$ 维的奇偶矢量为：

$$p \triangleq Q_2^T(e+b) = Q_2^TQ_2Q_2^T(e+b) = Q_2^Tw = Q_2^TQ_2Q_2^Tz = Q_2^Tz \tag{3-110}$$

这样就把伪距残差矢量转换到了奇偶空间中，并且因为 $Q_2^TQ_2 = I_{m-4}$，所以：

$$\|p\| = \|w\| \tag{3-111}$$

并且当 $b = 0$ 时：

$$\begin{aligned} E(p) &= E(Q_2^Te) = 0 \\ E(pp^T) &= \text{cov}(p) = \sigma^2I_{m-4} \end{aligned} \tag{3-112}$$

因为：

$$p^Tp = \|p\|^2 = \|w\|^2 = w^Tw \tag{3-113}$$

所以与 SSE 中类似，当没有故障存在时，p^Tp 满足自由度为 $m-4$ 的中心 χ^2 分布。若存在故障，则 p^Tp 具有自由度为 $m-4$ 的非中心 χ^2 分布。定义统计检测量为：

$$D_{\text{Parity}} = p^Tp \tag{3-114}$$

故障检测判断准则为：

$$D_{\text{Parity}} \overset{H_1}{\geq} T_{\text{Parity}}, \quad H_1 \text{ 有故障} \tag{3-115}$$

$$D_{\text{Parity}} \overset{H_0}{<} T_{\text{Parity}}, \quad H_0 \text{ 无故障} \tag{3-116}$$

T_{Parity} 为 Parity 算法的故障检测门限，其计算方法将在后面说明。

（3）距离比较法

以 6 颗可见卫星为例，从其中任意 4 颗卫星的观测方程可以解得用户的三维位置和接收机钟差。用得到的解矢量可以预测余下的 2 个观测值，称为预测伪距。把预测伪距和实际的观测伪距进行比较，将差值组成矢量称为距离残差矢量。如果该残差矢量的各分量较小，那么说明 6 个观测值的一致性很好，没有故障星存在；相反则判断有故障星存在。距离比较（Range-Comparison）法的原理比较简单，但是其检测门限的计算比较烦琐，并且对噪声比较敏感，因此监测性能较差。

（4）3 种监测算法的等价性

理论上，上述 3 种 RAIM 故障检测方法是等效的。

由式（3-114）可知：

$$D_{\mathrm{Parity}} = \| \boldsymbol{p} \|^2 = \| \boldsymbol{w} \|^2 = D_{\mathrm{SSE}} \tag{3-117}$$

即 Parity 和 SSE 算法是等价的。

做如下的分割：

$$\begin{bmatrix} \boldsymbol{z}_1 \\ \boldsymbol{z}_2 \end{bmatrix} = \begin{bmatrix} G_1 \\ G_2 \end{bmatrix} \boldsymbol{x} + \begin{bmatrix} \boldsymbol{e}_1 \\ \boldsymbol{e}_2 \end{bmatrix} + \begin{bmatrix} \boldsymbol{b}_1 \\ \boldsymbol{b}_2 \end{bmatrix} \tag{3-118}$$

其中，$\boldsymbol{z}_1$ 为 4 维矢量，$\boldsymbol{z}_2$ 为 $m-4$ 维，相应地 G、$\boldsymbol{e}$ 和 $\boldsymbol{b}$ 也做相同的分解。在不考虑噪声和偏差情况下解得：

$$\hat{\boldsymbol{x}} = G_1^{-1} \boldsymbol{z}_1 \tag{3-119}$$

用式（3-119）预测 $\boldsymbol{z}_2$ 为：

$$\tilde{\boldsymbol{z}}_2 = G_2 G_1^{-1} \boldsymbol{z}_1 \tag{3-120}$$

得估计伪距残差矢量为：

$$\Delta \tilde{\boldsymbol{z}} = \boldsymbol{z}_2 - \tilde{\boldsymbol{z}}_2 = \boldsymbol{z}_2 - G_2 G_1^{-1} \boldsymbol{z}_1 = (\boldsymbol{e}_2 + \boldsymbol{b}_2) - G_2 G_1^{-1}(\boldsymbol{e}_1 + \boldsymbol{b}_1) \tag{3-121}$$

把奇偶矢量做下面的分解：

$$\boldsymbol{p} = Q_2^{\mathrm{T}}(\boldsymbol{e} + \boldsymbol{b}) = \begin{bmatrix} Q_{2,1}^{\mathrm{T}} & Q_{2,2}^{\mathrm{T}} \end{bmatrix} \begin{bmatrix} \boldsymbol{e}_1 + \boldsymbol{b}_1 \\ \boldsymbol{e}_2 + \boldsymbol{b}_2 \end{bmatrix} = Q_{2,1}^{\mathrm{T}}(\boldsymbol{e}_1 + \boldsymbol{b}_1) + Q_{2,2}^{\mathrm{T}}(\boldsymbol{e}_2 + \boldsymbol{b}_2) \tag{3-122}$$

又有如下的关系存在：

$$Q_2^{\mathrm{T}} G = 0 \Rightarrow Q_{2,1}^{\mathrm{T}} G_1 + Q_{2,2}^{\mathrm{T}} G_2 = 0 \tag{3-123}$$

那么：

$$\begin{aligned}
Q_{2,2}^{\mathrm{T}}\Delta\tilde{z} &= Q_{2,2}^{\mathrm{T}}(e_2+b_2)-Q_{2,2}^{\mathrm{T}}G_2G_1^{-1}(e_1+b_1) \\
&= Q_{2,2}^{\mathrm{T}}(e_2+b_2)+Q_{2,1}^{\mathrm{T}}G_1G_1^{-1}(e_1+b_1) \\
&= Q_{2,2}^{\mathrm{T}}(e_2+b_2)+Q_{2,1}^{\mathrm{T}}(e_1+b_1) \\
&= p
\end{aligned}$$
（3-124）

这样总存在一个从距离残差矢量到奇偶矢量的线性变换，也就是距离比较法中的残差矢量总有对应的奇偶空间中的一个矢量，两种方法是等价的。

3. 故障识别

RAIM 故障识别方法有以下 3 种。

（1）极大似然估计法

基于极大似然估计（MLE，Maximum Likelihood Estimation）准则对未知的故障偏差进行估计，通过比较估计偏差对应似然概率的最大值进行故障的识别。

（2）特征偏差线法

通过比较奇偶空间中的故障矢量与各颗卫星特征偏差线的夹角进行故障识别。

（3）观测子集法

将可见卫星逐一剔除，所得卫星观测子集中最小二乘残差最小的为无故障观测子集。

在相同的观测条件下，可以证明这 3 种方法具有相同的识别结果。因此，以极大似然法为例说明 RAIM 的单故障识别方法。

故障可视为卫星观测伪距上附加一个偏差：

$$z=Hx+e+f \tag{3-125}$$

其中，z 为原始伪距减去卫星位置在用户到卫星方向上的投影，$z\in R_n$。H 为本地观测矩阵，$H\in R_{n\times4}$。x 为待估计的矢量，包括三维位置和时间信息，$x\in R_4$。e 为服从均值为零、方差为 σ^2 的高斯分布的随机观测噪声，$e\in R_n$。f 为卫星故障偏差向量。

单故障下 f 中只有一个非零元素，可以表示为偏差 b 和故障模式 μ_i 的乘积。

$$f=b\cdot\mu_i \tag{3-126}$$

其中，故障模式 μ_i 为 $n\times1$ 的矩阵，对应故障偏差向量 f 中非零元素的位置为 1，其他元素为 0。

将本地观测矩阵 H 进行 QR 分解可得：

$$H=UT=[U_1,U_2]\begin{bmatrix}T_1 \\ T_2\end{bmatrix} \tag{3-127}$$

其中，$U_1\in R_{n\times4}$ 和 $U_2\in R_{n\times(n-4)}$ 组成了分解酉矩阵 $U\in R_{n\times n}$，$T_1\in R_{4\times4}$ 为分解矩阵 T 的前

4 行，$T \in R_{n \times 4}$。

得奇偶矢量 $p \in R_{(n-4)}$ 如下：

$$p = U_2^{\mathrm{T}} z \qquad (3\text{-}128)$$

p 的各分量服从均值为 $bU_2^{\mathrm{T}} \boldsymbol{\mu}_i$、协方差为 $\sigma^2 I_{n-4}$ 的联合高斯分布：

$$p(p \mid b, \boldsymbol{\mu}_i) = (2\pi\sigma^2)^{-(n-4)/2} \exp[-J(b, \boldsymbol{\mu}_i)/2] \qquad (3\text{-}129)$$

其中，$J(b, \boldsymbol{\mu}_i) = (p - bU_2^{\mathrm{T}} \boldsymbol{\mu}_i)^{\mathrm{T}} (p - bU_2^{\mathrm{T}} \boldsymbol{\mu}_i)$。

根据极大似然准则对未知的故障偏差进行估计：

$$\text{MLE：} \quad \hat{b}_i = \max_b p(p \mid b, \boldsymbol{\mu}_i) \qquad (3\text{-}130)$$

使 $p(p \mid \hat{b}_i, \boldsymbol{\mu}_i)$ 最大的故障模式 $\boldsymbol{\mu}_i$ 即识别为故障模式。

将识别的故障卫星从定位解算中剔除，之后重新进行定位解算。

3.3.2　自组织网络节点故障模式分析

导航自组织网络的协同定位提高了节点的定位精度，但也使得节点间定位误差存在相互影响。在提出导航自组织网络的节点故障检测方法之前，必须首先分析节点故障的传播特性，建立故障模式。贝叶斯网络（BN，Bayesian Network）[46]将图论和概率论结合实现不确定知识表示和推理，可有效描述多变量间的复杂统计关系，因此是解决误差传播问题的有效建模工具。

1. 贝叶斯网络的原理

对有向图 $G = <V, E>$，其中节点 V 是有限的非空集合，有向边 E 是由 V 中的不同元素的有序对构成的集合。若无法从 G 的某个节点出发、经过若干条边以后回到该节点，则称这个有向图为有向无环图（DAG，Directed Acyclic Graph）。

贝叶斯网络为定义在随机变量集 $U = \{X_1, X_2, \cdots, X_n\}$ 上的二元组 $N = (G, \Theta)$，其中，$G = <V, E>$ 是表示集合 U 中随机变量 X_i 之间因果依赖关系的有向无环图，$\Theta = \{\theta_1, \theta_2, \cdots, \theta_n\}$ 表示节点 X_i 相对于其父节点集 $\mathrm{Pa}(X_i)$ 的条件概率表（CPT，Conditional Probability Table）。

贝叶斯网络用节点表示随机变量；用有向边表示变量间的因果关系；用网络结构表示节点之间的条件独立和相关关系；用条件概率分布表描述节点间的相关程度，是节点不确定性的定量度量。

贝叶斯网络的学习主要包括结构学习和参数学习两个方面。

• 结构学习是学习变量间的依赖关系，并通过图形化的方式表示出来，即建立一个与样本集匹配最好的 DAG 图；

- 参数学习是在给定网络拓扑结构和样本集的基础上，结合一定的先验知识，通过学习得到节点的条件概率分布。

贝叶斯网络的结构学习方法可以分成以下三大类。

（1）基于评分搜索的方法

此类方法将结构学习视为组合优化问题，首先选择网络结构的评分函数，然后通过搜索算法寻找评分最优的网络结构。评分函数度量网络结构与样本集的拟合程度，常用基于贝叶斯统计的评分函数和基于信息理论的评分函数。

① 基于贝叶斯统计的评分函数：基于网络拓扑结构的先验知识和样本数据，选择具有最大后验概率（MAP，Maximum A Posterior）的网络结构。

② 基于信息理论的评分函数：利用最小描述长度（MDL，Minimum Description Length）原理，选择描述网络结构的编码长度与利用该网络描述样本数据集的编码长度之和最小的网络作为最佳网络。

（2）基于独立性分析的方法

此类方法通过分析变量之间条件独立性来确定网络结构，通过样本数据集验证节点间的条件独立性是否成立。若成立，则网络节点间被有向分隔，不存在边；若不成立，则节点间具有依赖关系，存在相应的边。独立性检验的常用方法有 χ^2 检验和基于互信息的检验方法等。

此类方法效率较高且能获得全局最优解，但存在以下问题。

① 判断两个节点是否独立或条件独立是困难的，最坏情况下，需要进行的条件独立性检验的次数是节点数的指数级。

② 高阶的条件独立性检验的结果不够准确。

因此，条件独立性检验的次数和阶数是衡量此类算法性能的关键指标。

（3）混合方法

混合方法一般先采用基于依赖分析的方法获得节点序或缩减搜索空间，然后采用基于评分搜索的方法进行贝叶斯网络的结构学习。

贝叶斯网络的参数学习常用极大似然估计（MLE，Maximum Likelihood Estimation）和贝叶斯估计（BE，Bayesian Estimation）等方法。这两种方法均需要数据样本集满足独立同分布（i.i.d.，Independent Identify Distribution）假设。

① 极大似然估计法依据参数与样本集的似然程度，选择使似然函数值最大的参

数作为学习的结果。

② 贝叶斯法的参数估计综合了先验信息和样本信息，首先选择参数的先验分布，然后根据贝叶斯公式计算参数的后验分布，做出对未知参数的推断。

使用贝叶斯网络对实际应用进行分析的方法为：

① 根据实际应用场景，确定模型中节点的个数、类型及其状态数等；

② 利用专家知识或历史训练数据，采用结构学习方法构建 DAG 图；

③ 采用参数学习方法求解条件概率分布表，即节点之间的相关性。

2. 节点故障的传播

导航自组织网络中节点的协同定位导致飞艇的定位误差在自组织网络中传播，即如果某个飞艇存在较大定位误差，该误差将通过协同定位影响自组织网络中的其他节点。

分析图 3-8 所示的导航自组织网络结构中的一个简化结构[47]，故障传播过程如图 3-26 所示。

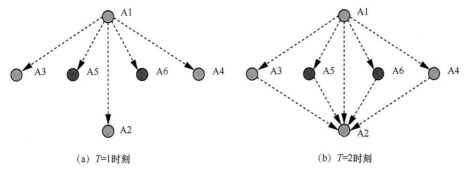

(a) T=1时刻 (b) T=2时刻

图 3-26 故障传播过程

假设 T=0 时刻，节点 A1 发生故障，导致较大的定位误差。在 T=1 时刻，与节点 A1 直接相连的节点 A2～A6 均受到该故障的影响，产生相关的定位误差。在 T=2 时刻，节点 A2 还受到节点 A3～A6 的定位误差的影响。因此，节点 A2 的定位误差受到节点 A1 的定位误差的直接影响和间接影响。理论上，节点 A1 的定位误差还可以通过类似 A1→A3→A5→A2 这样的 3 级传播路径传播到 A2，但仿真分析发现，3 级传播导致的误差远小于 1 级和 2 级传播。为简化模型，在本文的分析中不考虑 3 级传播。

对图 3-26 所示模型进行仿真分析。假设节点 A1 在第 8 秒发生故障，网络中各用户的定位误差变化如图 3-27 所示。

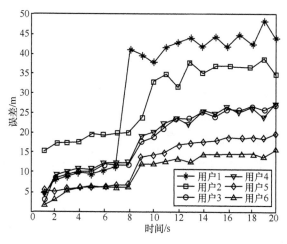

图 3-27　故障传播过程

为了准确刻画定位误差从故障节点向相邻节点的传播，定量分析故障节点与相邻节点的定位误差间的相关性，本节建立导航自组织网络故障传播的贝叶斯网络模型，流程如下：

① 构建导航自组织网络中飞艇的运动场景，并在有一艘飞艇定位异常的情况下，收集数据；

② 根据获取的样本数据确定贝叶斯网络中节点变量的内容，并对样本数据做好预处理，得到训练数据集；

③ 使用贝叶斯网络的结构学习和参数学习的方法对样本数据集训练，得到贝叶斯网络结构和节点的概率分布；

④ 对导航自组织网络中的故障传播进行分析。

考虑如图 3-28 所示的导航自组织网络基本结构。

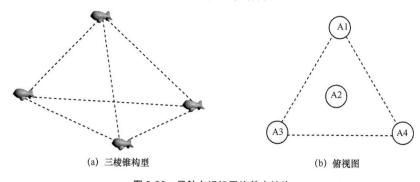

(a) 三棱锥构型　　　　　　　　　　　(b) 俯视图

图 3-28　导航自组织网络基本结构

首先假设节点 A2 发生故障。图 3-29 为节点 A1、A3 和 A4 定位误差随节点 A2 定位误差的变化曲线。

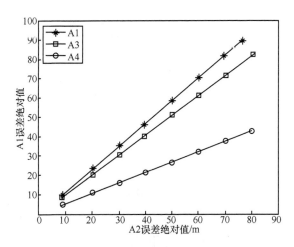

图 3-29　节点定位误差的相关变化

所得贝叶斯网络结构如图 3-30 所示，表明节点 A2 的故障对节点 A1、A3 和 A4 均有影响。

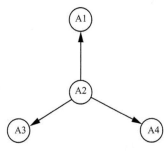

图 3-30　贝叶斯网络结构

假设发生故障的节点为 A1。图 3-31 为节点 A2、A3 和 A4 定位误差随节点 A1 定位误差的变化曲线。

所得贝叶斯网络结构如图 3-32 所示。

将导航自组织网络节点故障传播的分析范围扩大到一个节点的协作定位的最大范围，如图 3-9（a）所示，则共包含 13 个节点，其分布如图 3-33 所示。

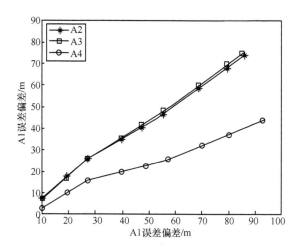

图 3-31 节点定位误差的相关变化

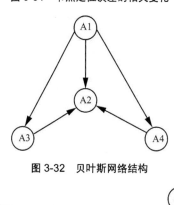

图 3-32 贝叶斯网络结构

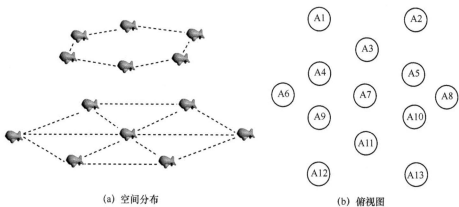

(a) 空间分布　　　　　　　　　　(b) 俯视图

图 3-33 协作定位节点的分布

对图 3-33 所示的场景进行了协同定位的仿真。假设中心节点 A7 发生故障，其他节点的定位误差随节点 A7 的定位误差增长而变化的曲线如图 3-34 所示。

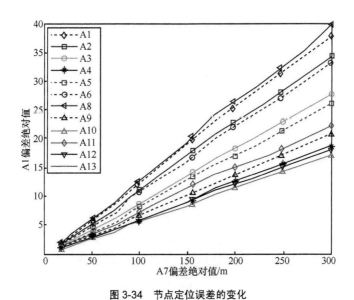

图 3-34　节点定位误差的变化

学习得到的贝叶斯网络结构如图 3-35 所示。

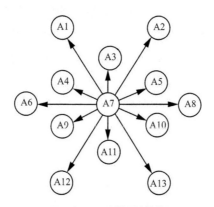

图 3-35　贝叶斯网络结构

与图 3-32 所示结构相比，处于外圈的节点 A1、A2、A6、A8、A12 和 A13 对处于内圈的节点 A3、A4、A5、A9、A10 和 A11 并未形成误差传播。这是由于每个节点都从相邻的 12 个节点获得测距信息进行定位，有效减弱了单节点故障的影响。因此，在图 3-8 所示的导航自组织网络中，单节点故障仅能进行 1 次传播。

分析表明，在图 3-8 所示的导航自组织网络中，单节点故障会对相邻节点产生影响，所致定位误差约为故障节点定位误差的 1/10～1/6，且随故障节点定位误差的增大而近似线性增长。因此，当单节点故障导致定位误差小于 100 m 时，受影响的邻近节点的定位误差仍未达到可准确进行故障检测的要求。

3.3.3　自组织网络节点故障检测方法

本节提出针对导航增强自组织网络的似然比检验故障检测方法。

1.　问题分析

针对故障 i，导航增强自组织网络需要对其进行检测，并满足以下不等式：

$$P_{req}(Risk \mid fault_i) \geqslant P_{md \mid fault, i} P_{E > PL \mid fault, i} P_{fault, I} \tag{3-131}$$

其中，$P_{fault, i}$ 是故障 i 出现的先验概率；$P_{E > PL \mid fault, i}$ 是基于发生故障 i 使得误差超过 PL 的概率，虽然只有当误差超过 PL 且 PL 超过 AL 时才产生风险，但此处进行保守假设，认为误差超过 PL 即风险；$P_{md \mid fault, i}$ 则是在规定的告警时间内故障 i 未被检测出或没有告警的漏检概率。

故障会导致用户的测距误差的概率分布出现偏差，并在经过保护级公式投影到定位域后，转化为定位误差的偏差。对大小为 E_k 的测距误差，其导致的垂直定位误差偏差为 $|S_{v,k} E_k|$，而垂直定位误差概率分布函数的形状不变。因此，故障导致定位误差超过保护级的概率可根据定位误差的这个有偏的分布模型计算。

在发生故障 i 导致测距源误差为 E_k 的情况下，对应的检测器没有检测出故障的概率为检测器测试统计量小于阈值的概率。假设故障造成的测试统计量产生了大小为 $\eta_i(E_k)$ 的偏离，漏检概率可以表示如下：

$$P_{md \mid fault, i}(E_k) = \int_{-\infty}^{\eta_{th, i}} p_{test, i}(x - \eta_i(E_k)) dx \tag{3-132}$$

其中，$p_{test, i}$ 是测试统计量的无失效概率密度函数，$\eta_{th, i}$ 是检测器的阈值。

故障检测的原理基于假设检验，设随机变量 x 的概率密度服从分布 $p(x; \theta)$，其中 θ 为待估的未知参数，$x_1, x_1, \cdots, x_n$ 是来自变量 X 的 n 个独立样本。设参数点估计值为 θ_0，对于 θ_0 有以下假设：

原假设：H_0：$\theta = \theta_0$；

备择假设：H_1：$\theta \neq \theta_0$。

设当 $\theta = \theta_0$ 的检测量为 λ，通常 λ 为样本的函数，不包含未知参数；参数的真实值越接近估计值 θ_0，λ 的值越大，反之越小。若在显著性水平 α 下 $\lambda = \lambda_0$，则当 $\lambda \leqslant \lambda_0$ 时接受 H_1，在 $\lambda > \lambda_0$ 时接受 H_0。

2. 基于残差平滑的故障检测方法

残差可以表现滤波过程中真实值和估计值之间的差距，可以作为故障检测的检验量[48]。该方法类似于基于距离比较的 RAIM 方法，只是估计值由粒子滤波估计获得。当系统正常时，利用粒子滤波获得的状态估计值应该接近系统真实状态值，在系统发生故障时，状态估计值与系统状态实际值存在偏差。故可以采用基于残差平滑的故障检测方法，利用状态估计得到的理想观测值与实际观测值之差的绝对值构造故障检测的残差，如式（3-133）：

$$\Delta_k = | y_k - \hat{y}_{k|k-1} | \tag{3-133}$$

其中，$\hat{y}_{k|k-1}$ 为滤波过程中量测的一步预测值，认为理想观测值不包含噪声，即：

$$\hat{y}^i_{k|k-1} = h(\hat{x}^i_{k|k-1}) \tag{3-134}$$

$$\hat{y}_{k|k-1} = \frac{\sum_{i=1}^{N} \hat{y}^i_{k|k-1}}{N} \tag{3-135}$$

对故障检测而言，要注意的不只是可能发生的卫星故障、飞艇节点故障，其他噪声和偏差也会造成观测数据的异常，影响检测量突变，可能引起故障的误判。为了消除噪声干扰造成的残差变化，使用滑动窗来处理以上残差，等效于均值滤波，起到序列平滑的作用，使计算的检测量更接近实际值。计算 k 时刻附近 M 个时刻的残差的滑动平均值，如式（3-136）。其中，M 为滑动窗宽度。当平均值大于设定的阈值时，判定系统有故障发生，否则判定未发生。

$$d_k = \frac{1}{M} \sum_{j=k-M+1}^{k} \Delta_j \tag{3-136}$$

基于残差平滑和粒子滤波的故障检测算法流程如下。

（1）初始化：$k=0$，$x^i_0 \sim p(x_0)$。

（2）重要性采样：$k \geq 1$，$x^i_{k-1} \sim q(x_k \mid x_{0:k-1}, y_{1:k})$。

（3）状态预测：利用状态方程更新粒子状态 $x^i_{k|k-1}$。

（4）故障检测：

（4-1）利用状态估计值 $\hat{x}_{k|k-1}$ 代入计算理想预测值 $\hat{y}_{k|k-1}$；

（4-2）计算残差，计算最近 M 个时刻 Δ_k 的均值；

（4-3）设定故障阈值 d_0，若 $d_k > d_0$，则系统故障，反之则无故障。

（5）权值更新并归一化。

（6）粒子重采样。

（7）输出状态估计值 $\hat{x}_k$ 和方差。

基于粒子滤波的残差平滑故障检测算法流程如图 3-36 所示。

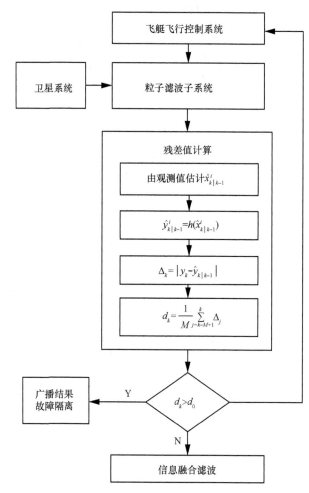

图 3-36　基于粒子滤波的似然函数故障检测算法流程

3. 基于粒子滤波似然比的故障检测

似然概率密度为已经获知实际观测数据的条件下未知量出现的概率，表现了实际观测数据和估计量的关系。系统正常工作时，实际量测值接近于预测值量测值，由似然函数的性质可知，此时似然函数平均值较高；而系统出现故障时，实际量测值会严重偏离预测量测值，将导致似然函数的峰值点水平移动，并且似然函数平均值较低。

假设 k 时刻每个粒子的似然函数值为：

$$l_k^i = p(y_k \mid x_k^i) \qquad (3\text{-}137)$$

那么 k 时刻 N 个粒子的似然函数均值为：

$$L_k = \frac{1}{N} \sum_{i=1}^{N} l_k^i \qquad (3\text{-}138)$$

在粒子滤波算法中，似然函数值通常较小，故采用负对数对似然函数值做处理。同理，为了减少随机噪声对故障判断的干扰，依旧采用滑动窗口法对似然函数值做平滑处理，计算 M 时刻的滑动平均值作为检测量。

$$S_k = \sum_{j=k-M+1}^{k} [-\ln(L_j)] \qquad (3\text{-}139)$$

得到基于似然函数的故障检测算法的思路：在滤波估计的过程中，计算粒子似然函数均值的负对数，构造 M 时刻的滑动平均值作为检测量。当检测量大于设定阈值时，判断故障发生；小于设定阈值时，判断故障未发生。

基于似然函数和粒子滤波的故障检测算法流程如下。

（1）初始化：$k=0$，$x_0^i \sim p(x_0)$。

（2）重要性采样：$k \geqslant 1$，$x_{k-1}^i \sim q(x_k \mid x_{0:k-1}, y_{1:k})$。

（3）利用状态方程更新粒子状态。

（4）故障检测：

（4-1）利用实际观测值计算粒子的似然函数值；

（4-2）全部 N 个粒子的似然函数平均值；

（4-3）计算最近 M 个时刻 L_k 的负对数和；

（4-4）若 $d_k > d_0$，则系统故障，反之则无故障。

（5）权值更新并归一化。

（6）重采样。

（7）输出滤波估计的状态均值和方差。

根据上文的分析，该方法应当适用于系统噪声方差接近或大于量测噪声方差的情况，此时似然函数形状呈现尖峰状，由故障引发的似然函数均值变化更加明显，此时利用似然函数值进行故障检测效果较好。

基于粒子滤波的似然函数故障检测算法流程如图 3-37 所示。

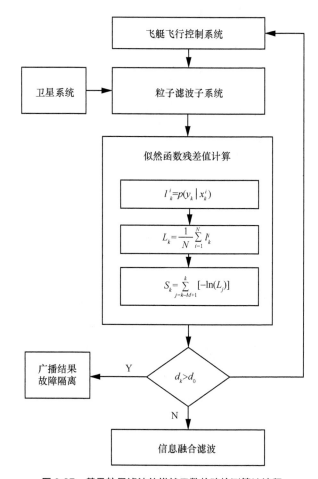

图 3-37　基于粒子滤波的似然函数故障检测算法流程

4. 故障检测评价指标

（1）误报率与漏报率

导航自组织网络的上述两种故障检测方法本质上都是利用系统估计中间量提供的信息构造检测量。利用故障误检率和漏检率作为评价指标可以定性地评估故障检测方法的效果。其中故障误检率指故障实际未发生，但系统错误地判断故障发生，发出虚警的概率，用 P_f 表示。故障漏检率指故障实际已经发生，但系统判断故障未发生，而未发出报警信号的概率，也称漏警概率，用 P_m 表示。

误报率与漏报率的计算式分别为：

$$P_{\mathrm{f}} = \frac{\mathrm{fault}D}{\mathrm{Sim}T \times (T - \mathrm{fault}T)} \tag{3-140}$$

$$P_{\mathrm{m}} = \frac{\mathrm{miss}D}{\mathrm{Sim}T \times \mathrm{fault}T} \tag{3-141}$$

其中，$\mathrm{Sim}T$ 为仿真运行总时间数，$\mathrm{fault}D$ 为 $\mathrm{Sim}T$ 次仿真中系统无故障但残差值大于阈值的总时间数，$\mathrm{miss}D$ 为 $\mathrm{Sim}T$ 次仿真中系统有故障但残差值小于阈值的总时间数，T 为一次仿真中系统运行总时间数，$\mathrm{fault}T$ 为一次仿真中系统产生故障总共的时间数。

P_{f} 和 P_{m} 都是检测阈值的函数，当阈值增大时，P_{f} 增大，P_{m} 减小；当阈值减小时，P_{f} 减小，P_{m} 增大。理想的故障检测方法应当同时使 P_{f} 和 P_{m} 都尽可能小，在取阈值的时候，需要对 P_{f} 和 P_{m} 折中考虑。

（2）代价函数

为了评价故障检测性能，引入代价函数[49]评估系统由于误检、漏检带来的损失，构造代价函数：

$$C(\eta) = C_{\mathrm{f}} \times P_{\mathrm{f}}(\eta) + C_{\mathrm{m}} \times P_{\mathrm{m}}(\eta) \tag{3-142}$$

其中，C_{f} 和 C_{m} 分别表示误判系数和漏判系数，P_{f} 和 P_{m} 表示在阈值 η 下的故障误检率和漏检率。在不同的场景下，漏检和误检所对应的代价不同，故代价系数应该根据实际情况考虑。对于导航增强自组织网络，多个飞艇节点协同工作，组网中存在足够的冗余信息，对于故障信息，漏检率的影响更大，故漏判系数取较大权重。

同时，可以根据 P_{f} 和 P_{m} 来确定最佳检测阈值，求不同阈值 η 下 $C(\eta)$ 的最小值，此时认为 η 为理想的门限阈值，该阈值下代价函数最小，即系统由于误检、漏检带来的损失最小。

（3）归一化残差

为了对比两种算法，对残差进行归一化处理[50]，定义归一化残差（Normalized Residual）为：

$$\mathrm{Norm\_Re} = \frac{\mathrm{Re\text{-}MinRe}}{\mathrm{MaxRe\text{-}MinRe}} \tag{3-143}$$
$$0 \leqslant \mathrm{Norm\_Re} \leqslant 1$$

其中，Re 为残差，MaxRe 为 N 次蒙特卡洛仿真中残差最大值，MinRe 为残差最小值。

3.3.4　仿真分析

1. 基于残差平滑的故障检测

（1）残差值跳变图

仿真时间 T=1 000，M=20，在 200～300 s 对其中一艘浮空器中加入 30 m 的观测误差。图 3-38 所示为残差平滑法的残差值。可以看到残差值曲线有明显的跳变，之后又恢复正常。

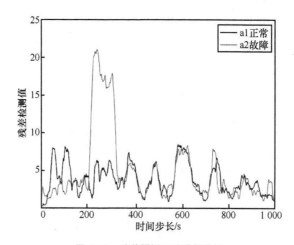

图 3-38　残差平滑法残差值曲线

（2）误报率、漏报率及平均代价

连续进行 50 次蒙特卡洛仿真，每次时长 1 000 s。计算不同阈值下的误检率及漏检率，绘制误检、漏检率曲线，如图 3-39 所示。同时取 C_m=0.7，C_f=0.3，计算平均代价值。根据残差跳变值确定阈值范围，经过反复实验和不断调试，确定能较好地反映误检率、漏检率曲线规律的阈值范围为[4:0.5:10]，在此范围内，理想的门限阈值应使代价函数最小。当阈值 η=4 时，代价函数最小值为 0.306 0。

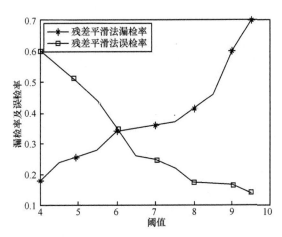

图 3-39 残差平滑法误检/漏检率曲线

2. 基于似然函数的故障检测

（1）似然函数跳变图

T=1 000 s，故障时间 200～300 s，M=20，观测误差 30 m，发生故障时似然函数曲线如图 3-40 所示。

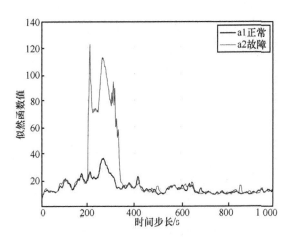

图 3-40 似然函数法残差值曲线

（2）误报率、漏报率曲线及平均代价

进行 50 次蒙特卡洛仿真，误检率曲线、漏检率曲线如图 3-41 所示。根据似然函数跳变值及实验的调整，确定阈值范围为[30:5:90]，在此范围内，理想的门限阈值应使代价函数最小，当阈值 η=35 时，代价函数最小值为 0.583。

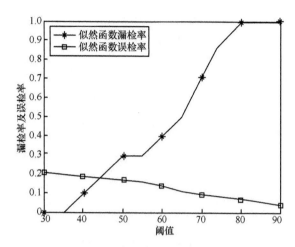

图 3-41　似然函数法误检/漏检率曲线

3．算法对比

在发生同样故障时使用两种方法进行检测，相应残差值差别较大，似然函数残差值远大于残差平滑残差值，如图 3-42 所示。

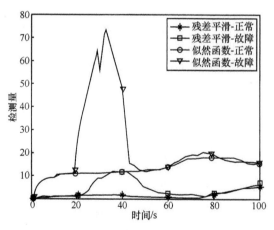

图 3-42　残差值对比

由于残差存在差别，对应的阈值范围差别也存在差异，故对残差进行归一化，利用归一化阈值进行漏检率、误检率的对比，此时归一化阈值范围为[0:0.1:1]，结果如图 3-43 所示。

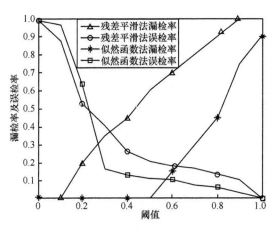

图 3-43　漏检/误检率对比

　　此时将故障扩大到 100 m，残差值跳变差距进一步拉大，如图 3-44 所示，似然函数值跳变更为明显，同时似然函数法的漏检、误检率能保持较低水平，但残差平滑法的漏检、误检率已经非常大，如图 3-45 所示。

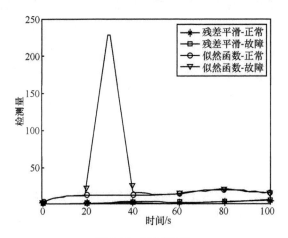

图 3-44　残差值对比

4．结果分析

　　上述两种方法的核心思想都在于，当系统突然发生故障导致系统状态改变量较大时，利用估计中的异常，对故障节点进行检测、定位，但在仿真验证中的表现存在差异。多数情况下，在发生故障时，两种方法的残差值都能发生跳变，准确地捕捉并定位到故障信息。当故障较大时，两种方法都能及时地检测故障，但当故障较小时，残差平滑算法并不敏感，而似然检验方法仍然可有效检测故障的存在。

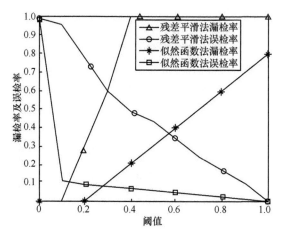

图 3-45   漏检/误检率对比

上述两种方法都一定程度上依赖于噪声分布。设系统噪声方差为 σ_Q^2，测量噪声方差为 σ_R^2，当 $\sigma_Q^2 \ll \sigma_R^2$ 时，粒子的分布相对集中，而似然函数的形状相对平坦，这时，由故障导致的似然函数均值的改变不会很明显，与之相比，状态估计值和系统状态实际值之间的差别更明显，此时残差平滑法表现较好；而当 σ_Q^2 接近于 σ_R^2 或者 $\sigma_Q^2 > \sigma_R^2$ 时，似然函数的形状较尖锐，这时由故障引起的似然函数均值改变更明显，此时利用似然函数值进行故障检测效果较好。

由于似然函数法对大小故障都反映了较高的敏感度，最佳阈值下漏检率和误检率与残差平滑法相比更低，同时平均代价函数也更小，故在本系统中，基于粒子滤波的似然函数故障检测方法具有更佳的故障检测性能。

| 3.4   导航自组织网络的误差估计 |

航空等对导航安全性有较高需求的应用领域，都要求导航系统具有一定的完好性保障手段，即在导航误差增大、无法满足应用安全需求时及时发出告警。为保障空间信号的完好性，卫星导航系统，如 GPS、北斗，都在导航电文内播发与完好性相关的参数，表征导航信号测距误差的容限。因此，导航自组织网络也应具备相应技术手段，以保障用户在复杂条件下的飞行安全性。

导航电文中完好性参数的计算其实质是对卫星导航信号测距误差上限的准确估计。导航自组织网络节点采用协同定位机制，其误差具有较强的非高斯性，因此，须采用有效的手段对真实误差进行建模，以准确表征误差的统计特征。

3.4.1　导航组网测距精度评估

根据 ICAO 的 GNSS SARPs[51]，GPS 的用户测距误差（URE，User Range Error）超过导航电文中广播的用户测距精度（URA，User Range Accuracy）的 4.42 倍上限，且在 10s 内用户未收到告警的概率应小于 $1×10^{-5}$/h。在 GPS 标准定位服务（SPS，Standard Positioning Service）性能标准[52]中对 GPS 空间信号完好性及 URA 进行了详细的说明。GPS 空间信号完好性是定位和授时信息正确性的可信度，体现了在定位和授时（由于精度下降）不应被使用时系统及时告警的能力。广播的 URA 参数表征了对 URE 的期望。在不考虑故障和控制段介入的条件下，URE 服从零均值正态分布。故障的发生会导致 URE 超过基于 URA 定义的容限。

GPS URA 是基于历史数据得到的星钟和星历误差的统计度量。GPS 的地面运行控制系统或用户的地面监测设备都可以通过准实时或事后处理，获得较为准确的卫星星钟和星历误差的观测样本。基于对 GPS 星钟和星历误差概率分布的先验假设，通过样本对分布参数进行参数估计。

FAA 的 William J. Hughes 技术中心利用 28 个广域增强系统（WAAS，Wide Area Augmentation System）的参考站，实时监测 GPS 的空间信号，与国际 GNSS 服务（IGS，International GNSS Service）组织的精确轨道信息相比得到轨道误差信息，并按季度定期发布 GPS SPS 性能分析报告[53]。

导航自组织网络的用户可以联合使用导航卫星和自组织网络飞艇的信号进行导航。因此，导航自组织网络应具备与卫星导航系统的 URA 兼容的信号测距精度指数。然而，导航自组织网络的运行不依赖地面运行控制系统，且其典型应用场景中常难以建设一定数量的地面监测站，因此需要采用不依赖于地面监测系统的评估方法。

导航自组织网络节点间的距离为百余千米。在此距离上，节点间使用类似 UWB 的无线电测距或激光测距均可达到优于分米级的测距精度。与节点 10 m 级的定位误差相比，相对测距的观测量可认为是两个节点间的真实距离，其与两个节点定位解之间的几何距离之差，即两个节点的定位误差矢量之和在测距方向上的投影。因此，可以基于上述的差值对导航自组织网络的节点测距精度进行评估。

考虑图 3-9 所示的导航自组织网络协作机制，在任意一个时刻，节点将与其相邻的 12 个节点进行相互测距，可以测得 12 个误差样本。节点的协同定位滤波算法使得前后时刻的节点定位误差存在相关性，因此应采集间隔一段时间的观测数据以保证样本间的独立性。为提高精度评估的置信度，需采集一定数量的样本，或采用适当的处理算法。

3.4.2　导航自组织网络的测距误差包络

GPS 基于 URA 的空间信号完好性保护措施和测距误差服从正态分布的假设，URA 是测距误差的正态分布的标准差，因此测距误差超过 4.42 倍 URA 的概率为 1×10^{-5}。实际中，测距误差并不严格服从正态分布，而是具有一定的厚尾特性，导致其超过 4.42 倍标准差的概率高于 1×10^{-5}。因此，对 URA 进行了较为保守的估计，使其适当地大于测距误差样本的标准差，以满足测距误差超过 4.42 倍 URA 的概率不大于 1×10^{-5} 的要求。导航自组织网络节点间的协同定位使得节点定位误差具有较强的非高斯性，因此也需要采用类似的措施求得满足空间信号完好性需求的 URA 值。在卫星导航领域使用的这种方法称为误差包络[54]。

1.　基本原理

现有卫星导航领域的误差包络方法的原理基于累积分布函数（CDF，Cumulative Distribution Function）。

CDF 包络定义为：

$$\begin{cases} \varphi_O(x) \geqslant \varphi_a(x), x \leqslant 0 \\ \varphi_O(x) \leqslant \varphi_a(x), x > 0 \end{cases} \tag{3-144}$$

其中，$\varphi_a(x)$ 是随机变量 a 的累积分布函数，$\varphi_O(x)$ 是其包络 O 的累积分布函数。

可证明，对任意数量的误差，如果其概率密度函数均是对称和单峰的，则其线性组合可被一个高斯分布包络，该高斯分布的标准差是每个误差的标准差的均方根。需要说明的是，误差的单峰和对称性是 CDF 的充分条件，但却不是必要条件。使用标准的测试方法难以保证对称性和严格单峰性。虽然 CDF 包络的证明依赖于这些特性，但这些特性不应决定包络 CDF 的结果。对称性的需求并不是严格必需的。

实际中，卫星导航系统根据实际观测数据计算 SIS 样本的标准差 σ_{SIS}，然后计

算放大因子 k_{inf}，即：

$$\sigma_{URA} = k_{inf} \times \sigma_{SIS} \qquad (3\text{-}145)$$

使得 σ_{URA} 满足对真实 SIS 误差 CDF 包络的要求。

与卫星导航系统类似，导航自组织网络也要估算节点测距误差的包络，使其对真实测距误差形成 CDF 包络。

2．处理流程

GPS URA 的计算包括参数估计和置信度检验两个步骤。

首先，给出实际 SIS 测距误差的经验分布。由于真实误差分布呈现一定的厚尾特性，因此需要选择合适的厚尾分布函数形式，既能保证 CDF 包络的要求，又不会导致过大的保守性。

厚尾分布函数的选择通常依据专家经验。基于误差生成的物理原理，对其进行物理建模，也可以获得较为准确的误差分布模型。由于误差生成受到多个因素的影响，其生成过程复杂且各因素相互耦合，导致其物理模型过于复杂甚至难以建立。因此，通常利用误差的形成原理对其经验分布进行验证，用于定性地评估不同的经验分布的优劣。

在确定了误差的经验分布之后，就可以利用样本数据进行参数估计。矩估计和极大似然估计都是常规的参数估计方法，具有计算简便和准确度高等优点。

由于实际中能够获得的独立样本数量有限，因此对误差先验分布模型参数的估计存在一定的不确定性。在 GPS URA 计算中，需要对基于样本估计出的先验分布参数进行假设检验，得到具有一定置信度的分布参数值。

导航自组织网络也可采用类似的流程进行处理，但存在两个主要问题：

（1）经验分布通常难以准确的获得，特别是导航自组织网络缺少长期的运行经验，为了保证经验分布能够可靠地包络真实误差，通常需要做出较为保守的假设；

（2）可用的独立样本数量有限，导致参数估计的置信度较低。

3.4.3　基于稳定分布的误差包络方法

为解决真实误差与假设的概率分布不一致的难题，需要对样本的标准差进行一定程度的放大，但当真实误差分布未知时系统可用性难以保证。为此，本节使用稳定分布描述导航自组织网络的节点测距误差。

1. 基本原理

基于广义中心极限定理的稳定分布描述了信号统计分布的非高斯性，为非高斯信号或噪声的分析与处理提供了有力的理论工具，得到了广泛应用。

稳定分布是由 Levy 于 1925 年在研究广义中心极限定理时提出的：如果放宽中心极限定理中有限方差的条件，则其极限分布服从稳定分布规律。广义中心极限定理说明：独立同分布随机变量之和的归一化非平凡极限分布为稳定分布。与高斯分布相比，稳定分布对描述自然噪声的产生和传播具有更普遍的意义，代表了一种更加广义化的高斯分布，是一大类具有广泛代表性的随机分布模型，可以很好地描述随机变量的尖峰脉冲特性以及严重的拖尾特性。

实际中，稳定分布的概率密度函数和分布函数均没有闭式的表达式，通常用特征函数来描述。稳定分布的特征函数有几种不同的参数化表达式。Nolan J P[55]基于 Zolotarev 的 M 参数化表达式提出了一种稳定分布特征函数的数值化表达式，具有对所有参数联合平稳的特征，具有更好的数值特性并易于进行统计推断，数值计算的精度比其他参数化方法更高。

假设随机变量 X 符合稳定分布 $X \sim S(\alpha, \beta, \sigma, \mu)$，其特征函数可表示为：

$$E\left[\exp(itX)\right] = \begin{cases} \exp\left\{-\sigma^{\alpha}|t|^{\alpha}\left[1+i\beta\tan\left(\frac{\pi\alpha}{2}\right)\mathrm{sign}(t)\left(|\sigma t|^{1-\alpha}-1\right)\right]+i\mu t\right\}, & \alpha \neq 1 \\ \exp\left\{-\sigma|t|\left[1+i\beta\frac{\pi}{2}\mathrm{sign}(t)\ln(\sigma|t|)\right]+i\mu t\right\}, & \alpha = 1 \end{cases} \tag{3-146}$$

其中，$0 < \alpha \leqslant 2$ 称为稳定参数，定义了分布的厚尾程度，稳定分布也称为 α 稳定分布，仅当 $0 < p \leqslant \alpha$ 时 X 的 p 阶距有限；$-1 \leqslant \beta \leqslant 1$ 称为偏度参数，当 $\beta = 0$ 时分布函数是对称的；σ 为尺度参数，μ 为位置参数。

对导航增强自组织网络的节点测距误差概率分布，其稳定参数 α 应大于 1 以保证存在有限的数学期望[56]，此外，分布还是对称和以原点为中心的，即 β 和 μ 均为 0。因此，其分布为：

$$X \sim SaS(\alpha, \sigma), \ 1 < \alpha < 2, \ 0 < \sigma \tag{3-147}$$

特征函数为：

$$E[\exp(itX)] = \exp\{-\sigma^{\alpha}|t|^{\alpha}\}, \ 1 < \alpha < 2, \ 0 < \sigma \tag{3-148}$$

在稳定分布的参数估计方法中，极大似然估计的精度最高。直接积分和快速傅里叶变换用于近似稳定分布的分布函数，并具有可接受的计算复杂度。

2. 参数的置信区间估计

在参数估计过程中，由于可用的独立样本数量有限，为了保证保护级的有效性，需要估计参数的置信区间，并选择置信区间的上限作为广播参数发送给用户。针对样本数量有限条件下的概率分布参数估计问题，Bootstrap 是一种有效且应用广泛的算法。本节使用 Bootstrap 方法进行置信区间估计，可有效提高样本数量有限条件下的置信度。

Bootstrap 是由 Efron 提出的基于模拟抽样的统计推断方法，主要用于处理点估计、区间估计、统计推断以及假设检验等问题。其基本思想是：假设需要根据实际观测到的样本集（样本个数为 N）来计算统计量 T。从这个样本集中有放回地随机抽取 N 个观测值，组成一个 Bootstrap 样本。利用这个样本，根据该统计量的数学表达式计算上述统计量 T。重复上述步骤并计算 T，可以得到一个关于 T 的样本集，利用这个样本集反映 T 的抽样分布来研究 T 的统计性质。

设 $X = \{X_1, \cdots, X_n\}$ 为服从 $F(x)$ 的 i.i.d 随机变量的样本，$\theta = \theta(F)$ 为总体分布的未知参数。F_n 为样本分布函数，$\theta_n = \theta_n(F_n)$ 为由样本获得的 θ 的估计。记 $D_n = \theta_n(F_n) - \theta(F)$，它表示了估计误差。Bootstrap 方法的目的是解决如何由 X 和 θ_n 得到 θ 的最优估计问题。

记 $X^* = \{X_1^*, \cdots, X_m^*\}$ 为从 F_n 中抽样获得的再生样本，称其为 Bootstrap 样本，F_m^* 是由 X^* 所获得的抽样分布。记：

$$D_m^* = \theta_m^*(F_m^*) - \theta_n(F_n) \tag{3-149}$$

称 D_m^* 为 D_n 的自助统计量。利用 D_m^* 分布（在给定 Fn 之下）模拟 D_n 的分布，这就是 Bootstrap 方法的中心思想。获得 Bootstrap 分布的途径有很多，但在实际工作中，一般采用 Monte-Carlo 方法逼近，借助于计算机完成其统计模拟计算。

Bootstrap 方法的步骤如下。

步骤 1　由 F_n 产生 N 组自助样本 $X^*(1), X^*(2), \cdots, X^*(N)$，其中 $X^*(i)$ 为由 F_n 生成的第 i 组样本。

步骤 2　计算 $D_m^*(i), i = 1, \cdots, N$。

步骤 3　以 $D_m*(i)$, $i = 1, \cdots, N$ 作为 Dn 的估计，可以得到关于 θ 的一组估计 $\theta_n*(i)=\theta_n - D_m*(i)$, $i = 1, \cdots, N$。

步骤 4　根据 $\theta_n*(i)$ 计算 θ 的概率密度。

利用 Bootstrap 百分位区间估计的基本思想，计算 Bootstrap 样本的经验分位数，作为参数 $\bar{F}_X(U)$ 和 σ 上限的估计值，主要步骤为：

1）生成 B 个 Bootstrap 样本 $\{X_b*\}$，$b = 1, 2, \cdots, B$；

2）由样本计算 $\bar{F}_X(U)$ 和 σ 的 Bootstrap 估计 $\{\bar{F}*_{X,b}(U)\}$ 和 $\{\sigma*b\}$，$b = 1, 2, \cdots, B$；

3）分别定义 $\{\bar{F}*_{X,b}(U)\}$ 和 $\{\sigma*b\}$ 的 α 经验分位数 $\bar{F}*_{X,B}(U,\alpha)$ 和 $\sigma*B(\alpha)$ 为其置信水平为 α 的 Bootstrap 上限；

4）根据 $\bar{F}^*_{X,B}(U,\alpha)$ 和 $\sigma*B(\alpha)$ 计算所需要的放大因子。

3.4.4　仿真分析

本节对导航自组织网络的测距误差计算进行了仿真验证。

1. 节点测距误差

以图 3-9 所示的节点 X 和 Y 为中心，其相邻节点测得的测距误差如图 3-46 和图 3-47 所示。

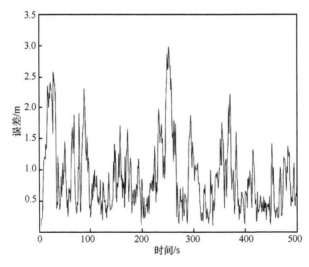

图 3-46　节点 X 的测距误差

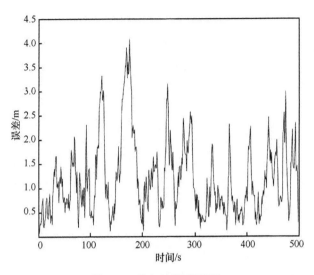

图 3-47　节点 Y 的测距误差

图 3-48 所示为导航自组织网络节点测距误差样本与正态分布的 QQ 图。

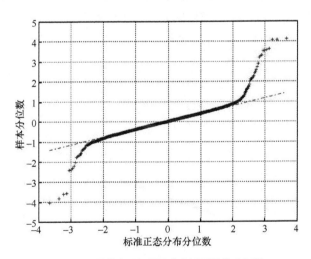

图 3-48　导航自组织网络节点测距误差 QQ 图

由图 3-48 可知，导航自组织网络节点测距误差样本呈现一定程度的厚尾特性。

2. 基于稳定分布的误差参数估计

图 3-49 所示为不同形状和尺度参数下稳定分布的概率密度函数。

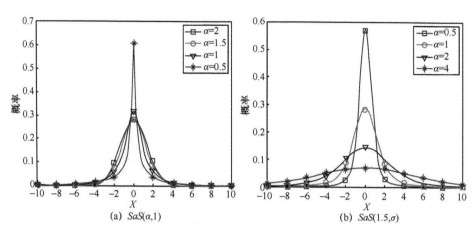

(a) $SaS(\alpha,1)$　　　　　　　(b) $SaS(1.5,\sigma)$

图 3-49　不同形状和尺度参数下稳定分布的概率密度函数

　　其中，不同的形状参数使稳定分布的概率密度函数呈现不同的厚/薄尾特征，而不同的尺度参数决定稳定分布的概率密度函数是陡峭还是平缓。与传统方法使用零均值高斯分布相比，稳定分布可同时通过形状和尺度参数调节概率密度函数的形式，使其更加符合真实的导航增强自组织网络节点测距误差分布。

　　图 3-50 所示为根据导航增强自组织网络节点测距误差样本估计出的稳定分布与真实样本的分位数-分位数图（QQ 图）。

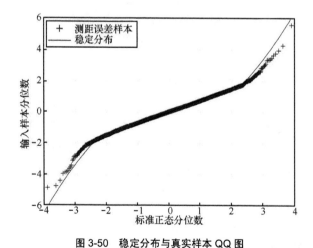

图 3-50　稳定分布与真实样本 QQ 图

　　可以看出，稳定分布与真实测距误差样本的符合程度较好。考虑到样本数量有限导致的统计不确定性，要估计出参数的置信区间。在不同的置信度下，所得稳定分布如图 3-50 中直线所示。随着置信度的提高，所得稳定分布逐步逼近真实误差。

|3.5 导航自组织网络的用户定位 |

导航自组织网络主要面向建筑密集的城市或者较偏远、地形较复杂地区，可以为行人、车辆和低空无人机提供服务，需要保证一定的覆盖率和定位性能。本节研究导航增强自组织网络的用户定位方法，阐述了对用户进行定位解算的工作原理，同时推导了定位精度评价指标——精度衰减因子（DOP，Dilution of Precision），最后进行了导航自组织网络覆盖范围内的 DOP 评估。

3.5.1 导航自组织网络用户定位方法

本节提出导航自组织网络的用户定位方法。

1. 可见性

为降低信号传播的衰落，减轻多径效应，用户的接收机天线最低接收仰角一般大于 5°。考虑导航自组织网络飞艇搭载的伪卫星的视距范围，即伪卫星受接收仰角影响的可见性问题，分析浮空器平台的实际覆盖范围。飞艇对用户可见性示意图如图 3-51 所示，B 为飞艇平台，C 为用户，B' 为飞艇对应星下点，O 为地球球心。β 为用户天线到飞艇平台的仰角，φ 为飞艇与用户连线和飞艇与地心连线的夹角，θ_2 为平台对地覆盖角。

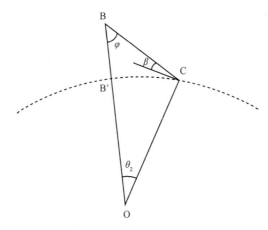

图 3-51 飞艇对用户可见性示意图

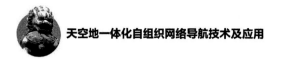

由几何关系得：

$$\varphi = \arcsin\left(\frac{R\cos\beta}{R+H}\right) \tag{3-150}$$

$$\theta_2 = \arccos\left(\frac{R\cos\beta}{R+H}\right) - \beta \tag{3-151}$$

当 β 大于最小仰角时，认为浮空器对用户可见。

2. 定位方法

导航自组织网络用户可以通过测量到飞艇节点的距离，采用与卫星导航类似的原理进行定位。当卫星导航信号可用时，用户可以同时接收导航卫星和自组织网络飞艇的导航信号。由于导航自组织网络的导航信号与卫星导航信号兼容，因此用户可以不加区别地使用二者。

用户可以使用与现有卫星导航相同的最小二乘定位方法，计算简便且精度较高。用户也可使用第 3.2 节中介绍的卡尔曼滤波和粒子滤波方法进行定位，以获得更高的定位精度，但计算量较大。

导航自组织网络的测距误差的统计特征与卫星导航的测距误差不同。甚至导航自组织网络的每个节点、卫星导航的每颗卫星都具有不同的测距误差统计特征。因此，在定位中通过对测距精度较高的测距源赋以较高的权值可以进一步提高定位精度。权值的计算可以依据飞艇和卫星的导航电文中的 URA 参数。

3.5.2 定位性能的评价

本节通过定位的精度因子和可用性评价导航自组织网络的定位性能。

1. 精度因子

DOP 是导航性能的重要评价指标，它反映了测量误差方差被放大为定位误差的放大倍数。若考虑测量误差，则 GNSS 伪距观测方程变为：

$$\rho^{(n)} = r_1^{(n)} + r_2^{(n)} + \delta t_{\mathrm{u}} + \varepsilon_\rho^{(n)} \tag{3-152}$$

测量误差 ε_ρ 会引起定位误差分量 $(\varepsilon_x, \varepsilon_y, \varepsilon_z)$ 和定时误差分量 $\varepsilon_{\delta t_{\mathrm{u}}}$，即：

$$\rho^{(n)} - r_1^{(n)} - \varepsilon_\rho^{(n)} = \sqrt{(x_a^{(n)} - x - \varepsilon_x)^2 + (y_a^{(n)} - y - \varepsilon_y)^2 + (z_a^{(n)} - z - \varepsilon_z)^2} + (\delta t_{\mathrm{u}} - \varepsilon_{\delta t_{\mathrm{u}}}) \approx$$

$$r_2^{(n)}(x_0, y_0, z_0) + \frac{\partial r_2^{(n)}(X)}{\partial x}\Big|_{X=X_0}(x - x_0 - \varepsilon_x) + \frac{\partial r_2^{(n)}(X)}{\partial y}\Big|_{X=X_0}(y - y_0 - \varepsilon_y) +$$

$$\frac{\partial r_2^{(n)}(X)}{\partial z}\Big|_{X=X_0}(z - z_0 - \varepsilon_z) + (\delta t_u - \delta t_{u,0} - \varepsilon_{\delta t_u}) \tag{3-153}$$

同理可得：

$$\begin{bmatrix} \varepsilon_x \\ \varepsilon_y \\ \varepsilon_z \\ \varepsilon_{\delta t_u} \end{bmatrix} = (G^{\mathrm{T}}G)^{-1}G^{\mathrm{T}}\varepsilon_\rho \tag{3-154}$$

$$\mathrm{cov}\left(\begin{bmatrix} \varepsilon_x \\ \varepsilon_y \\ \varepsilon_z \\ \varepsilon_{\delta t_u} \end{bmatrix}\right) = Q\sigma_{\mathrm{URE}}^2 \tag{3-155}$$

$$Q\sigma_{\mathrm{URE}}^2 = \begin{bmatrix} \sigma_x^2 & & & \\ & \sigma_y^2 & & \\ & & \sigma_z^2 & \\ & & & \sigma_{\delta t}^2 \end{bmatrix} = \begin{bmatrix} q_{11} & & & \\ & q_{22} & & \\ & & q_{33} & \\ & & & q_{44} \end{bmatrix}\sigma_{\mathrm{URE}}^2 \tag{3-156}$$

其中，$Q = (G^{\mathrm{T}}G)^{-1}$，为权系数矩阵，$Q$ 完全取决于浮空器的可见个数及相对于接收机的空间几何分布状况。Q 中的元素越小，测量误差被放大成定位误差的程度越低，定位精度越好。由权系数矩阵 Q 可以得到精度衰减因子（DOP）：

$$\mathrm{GDOP} = \sqrt{q_{11} + q_{22} + q_{33} + q_{44}} \tag{3-157}$$

$$\mathrm{PDOP} = \sqrt{q_{11} + q_{22} + q_{33}} \tag{3-158}$$

$$\mathrm{HDOP} = \sqrt{q_{11} + q_{22}} \tag{3-159}$$

$$\mathrm{VDOP} = \sqrt{q_{33}} \tag{3-160}$$

其中，GDOP 为几何精度因子，PDOP 为位置精度因子，HDOP 为水平精度因子，VDOP 为垂直精度因子。由于导航自组织网络飞艇到用户的距离比导航卫星到用户的距离近得多，所以与卫星定位系统相比，飞艇平台的几何构型对定位精度的影响要大得多。DOP 可以作为导航平台几何分布的评价标准，几何分布越好，DOP 越小，卫星和飞艇平台的协同定位效果越好。

2. 可用性

导航系统可用性研究主要用于降低服务中断概率，可用性增强可以增加信号源数量、改善几何构型、提高抗干扰能力。服务中断概率指性能指标（即精度、连续性、完好性）不能满足运行需求。

$$\alpha = \frac{1}{T \times i \times j} \sum_{t=t_0}^{t_0+T} \sum_{i,j} \text{bool}(\text{PDOP}_{t,i,j} \leq l) \times 100\% \qquad （3\text{-}161）$$

其中，α 表示可用性；T 为周期；$i \times j$ 为格网点数；$\text{PDOP}_{t,i,j}$ 为格网点 (i, j) 在 t 时刻的 PDOP 值；t_0 为采样开始时刻；l 为 PDOP 阈值，通常取 $l \leq 6$ 时系统可用。

3.5.3 仿真分析

本节通过仿真分析导航自组织网络的用户定位性能。

1. 定位精度分析

仿真得到每个用户在每个时刻的 x、y、z 3 个方向上的定位误差。计算每个时刻所有用户的平均定位误差，如图 3-52 所示，绝对误差最大峰值为 15.699 1 m。

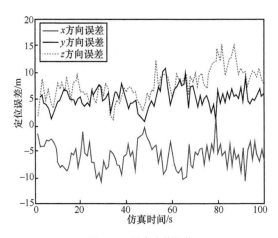

图 3-52　用户定位误差

再计算每个用户在所有时刻的平均定位误差，对 1 600 组数据进行分布统计，如图 3-53 所示。可以看到大部分用户的定位误差在 ±10 m 以内。

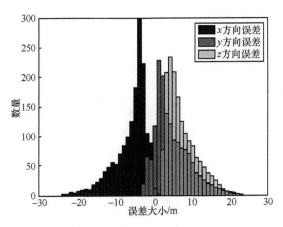

图 3-53　定位误差统计分布图

2. 精度因子

计算仿真区域的用户 DOP，二维和三维分布如图 3-54 和图 3-55 所示。

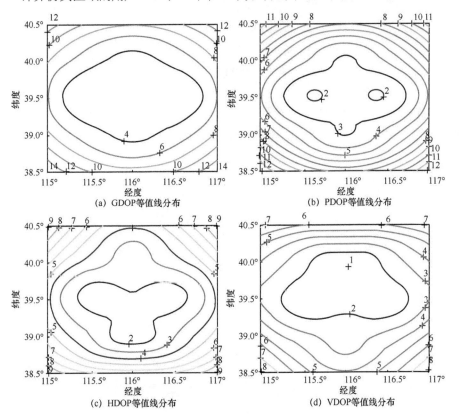

(a) GDOP等值线分布

(b) PDOP等值线分布

(c) HDOP等值线分布

(d) VDOP等值线分布

图 3-54　精度因子等值线分布图

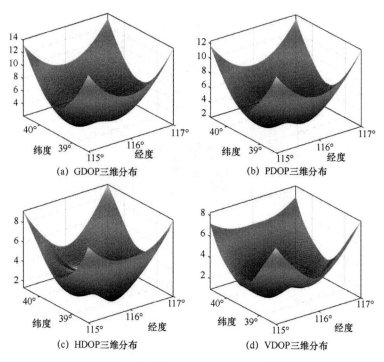

(a) GDOP三维分布

(b) PDOP三维分布

(c) HDOP三维分布

(d) VDOP三维分布

图3-55　精度因子三维分布图

对 1 600 个用户的 PDOP 分布进行区间统计。大部分用户的 PDOP 处于 2～6，PDOP 最小值为 1.904 6，最大值为 12.334 1，平均值为 5.200 0。其中，12.5%的用户格网点 PDOP≤2，97.875%的用户格网点 PDOP≤8。

PDOP 可用性累积分布曲线如图 3-56 所示。

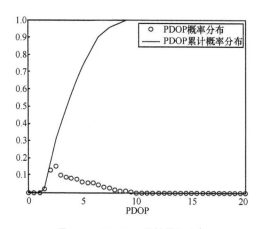

图 3-56　PDOP 可用性累积分布

仿真结果表明，本章所提出的利用飞艇平台对卫星信号进行转发，从而协同对用户定位的定位方法具备可行性。飞艇平台覆盖范围内，各方向平均定位误差在 8 m 以内，平均 PDOP 为 5.200 0，有 97.875% 的用户平均 PDOP ≤ 8，能够满足应急导航需求。然而，在组网覆盖边界上，当 DOP 出现较大的情况，用户定位误差也比较大。

| 3.6　小结 |

通过在平流层飞艇节点间引入协同机制，可有效改善节点的组网定位性能。为此，本章首先在节点间加入相互测距手段，将节点间相互测距的观测量与节点对卫星导航的测距观测量进行信息融合滤波，实现协同定位，提高了节点定位精度。针对节点自身故障导致的定位异常，参照 GNSS RAIM 方法，提出了基于似然比检验的节点故障检测方法。针对节点定位误差具有非高斯性情况下的误差统计建模问题，提出了基于稳定分布的误差包络方法，降低了误差包络的不确定度。最后，本章提出了导航自组织网络用户的定位方法，并分析了可见性、精度因子和可用性等导航性能。

| 参考文献 |

[1] Volpe National Transportation Systems Center. Vulnerability assessment of the transportation infrastructure relying on the global positioning system[R]. 2001.

[2] CORRIGAN T M, HARTRANFT J F, LEVY L J. GPS risk assessment study final report[R]. 1999.

[3] HARRINGTON R L, DOLLOFF J T. The inverted range: GPS use test facility[C]//Proceedings of IEEE PLANS 76. [S.l.:s.n.], 1976: 204-244.

[4] KLEIN D, PARKINSON B W. The use of pseudo-satellites for improving GPS Performance[J]. Navigation, 1984, 31(4): 303-315.

[5] ELROD B, BARLTROP K, VAN DIERENDONCK A J. Testing of GPS augmented with pseudolites for precise approach applications[C]//Proceedings of the ION GPS 94. [S.l.:s.n.], 1994: 1719-1728.

[6] COBB H S. GPS pseudolites: theory, design, and applications[D]. Stanford: Stanford Univer-

sity, 1997.

[7] PARKINSON B W, ENGE P, AXELRAD P, et al. Global positioning system: theory and applications[M]. Reston: AIAA, 1996.

[8] BARTONE C, VANGRAAS F. Ranging airport pseudolite for local area augmentation[J]. IEEE Transactions on Aerospace and Electronic Systems, 2000, 36(1): 278-286.

[9] KIRAN S, BARTONE C G. Flight-test results of an integrated wideband-only airport pseudolite for the category II/III local area augmentation system[J]. IEEE Transactions on Aerospace and Electronic Systems, 2004, 40(2): 734-741.

[10] LANGE W R. Very precise synchronization of distributed pseudolites[C]//Proceedings of 2012 European Frequency and Time Forum. Piscataway: IEEE Press, 2012: 522-528.

[11] FARLEY M G, CARLSON S G. A new pseudolite battlefield navigation system[C]//Proceedings of Palm Springs. Piscataway: IEEE Press, 1998: 208-217.

[12] LEMASTER E A. Self-calibrating pseudolite arrays: theory and experiment[D]. Stanford: Stanford University, 2002.

[13] WANG J. Pseudolite applications in positioning and navigation: progress and problems[J]. Journal of Global Positioning Systems, 2002, 1(1): 48-56.

[14] SAKAMOTO Y, TOTOKI Y, EBINUMA T, et. al. Indoor positioning based on difference between carrier-phases transmitted from proximately-located antennas of a multi-channel pseudolite[Z]. 2012.

[15] KIM D, PARK B, LEE S, et al. Design of efficient navigation message format for UAV pseudolite navigation system[J]. IEEE Transactions on Aerospace and Electronic Systems, 2008 44(4): 1342-1355.

[16] KIM D H, LEE K, PARK M Y, et al. UAV-based localization scheme for battlefield environments[C]//Proceedings of IEEE MILCOM 2013. Piscataway: IEEE Press, 2013: 562-567.

[17] LEE K, NOH H, LIM J. Airborne relay-based regional positioning system[J]. Sensors, 2015, 15(6): 12682-12699.

[18] DOVIS F, KANDUS G, MAGLI E, et al. Integration of stratospheric platforms within the GNSS2 system[Z]. 2000.

[19] TSUJII T, RIZOS C, WANG J, et al. A navigation/positioning service based on pseudolites installed on stratospheric platforms[J]. Journal of the Japan Society for Aeronautical, 2002, 50(576): 36.

[20] TSUJII T, HARIGAE M, OKANO K. A new positioning/navigation system based on pseudolites installed on high altitude platforms systems (HAPS)[C]//Proceedings of 24th International Congress of the Aeronautical Sciences. [S.l.:s.n.], 2004: 1-10.

[21] TSUJII T, HARIGAE M, OKANO K, et al. Preliminary tests of GPS/HAPS positioning system using a pseudolite on helicopter[Z]. 2004.

[22] CHANDU B, PANT R, MOUDGALYA K. Modeling and simulation of a precision navigation

system using pseudolites mounted on airships[Z]. 2007.

[23] GARCIA-CRESPILLO O, NOSSEK E, WINTERSTEIN A, et. al. Use of high altitude platform systems to augment ground based APNT systems[Z]. 2015.

[24] DoD. Unmanned system integrated roadmap FY 2017-2042[Z]. 2017.

[25] FAA. Global positioning system (GPS) standard positioning service (SPS) performance analysis report[R]. 2019.

[26] 李跃, 邱致和. 导航与定位(第 2 版)——信息化战争的北斗星[M]. 北京: 国防工业出版社, 2008.

[27] GROSS J N, GU Y, RHUDY M B. Robust UAV relative navigation with DGPS, INS, and peer-to-peer radio ranging[J]. IEEE Transactions on Automation Science and Engineering, 2015, 12(3): 935-944.

[28] PARK J S, LEE D, JEON B, et al. Robust vision-based pose estimation for relative navigation of unmanned aerial vehicles[Z]. 2013.

[29] FOSBURY A M, CRASSIDIS J L. Relative navigation of air vehicles[J]. Journal of Guidance, Control, and Dynamics, 2008, 31(4): 824-834.

[30] LI H, LUO J, LI L, et al. Coordinated control and localizing target system for multi-UAVs based on adaptive UKF[Z]. 2011.

[31] GUSTAFSSON F, GUNNARSSON F, BERGMAN N, et al. Particle filters for positioning, navigation, and tracking[J]. IEEE Transactions on Signal Processing, 2002, 50(2): 425-436.

[32] SPILKER J J, AXELRAD P, PARKINSON B W, et al. Global positioning systems: theory and applications[Z]. 2010.

[33] MISRA P, PER E. Global positioning system: signals, measurements, and performance[Z]. 2001.

[34] KAPLAN E, HEGARTY C J. Understanding GPS: principles and applications[M]. [S.l.:s.n.], 2006.

[35] SÄRKKÄ S. Bayesian filtering and smoothing[M]. Cambridge: Cambridge University Press, 2013.

[36] CHUI C K, CHEN G. Kalman filtering with real-time applications[M]. Berlin: Springer, 2009.

[37] DOUCET A, FREITAS N D, GORDON N J. Sequential Monte-Carlo methods in practice[M]. Berlin: Springer, 2001.

[38] MERWE R V D. The unscented particle filter[M]. Cambridge: MIT Press, 2000: 353-359.

[39] DARWICHE A. Modeling and reasoning with Bayesian networks[M]. Cambridge: Cambridge University Press, 2014.

[40] KHANAFER R M, SOLANA B. Automated diagnosis for UMTS networks using bayesian network approach[J]. IEEE Transactions on Vehicular Technology, 2008, 57(4): 2451-2461.

[41] 代磊磊. 路网交通事故动态分析及预警方法研究[D]. 哈尔滨: 哈尔滨工业大学, 2010.

[42] 刘玉洁. 基于贝叶斯网络的航班延误与波及预测[D]. 天津: 天津大学, 2009.

[43] 王尔申. GPS 接收机及其应用的关键技术研究[D]. 大连: 大连海事大学, 2009.

[44] 杨传森. 卫星导航用户端自主完好性监测理论问题研究[D]. 南京: 南京航空航天大学, 2011.

[45] 张玲霞, 陈明, 刘翠萍. 冗余传感器故障诊断的最优奇偶向量法与广义似然比检验法的等效性[J]. 西北工业大学学报, 2005(2): 266-270.

[46] NEAPOLITAN R E. Learning Bayesian networks[M]. Saddle River: Pearson Prentice Hall, 2004.

[47] 张炜. 基于贝叶斯网络的导航增强自组织网络节点异常波动模型[D]. 北京: 北京航空航天大学, 2018.

[48] 马颖. 导航增强自组织网络协同定位及故障检测研究[D]. 北京: 北京航空航天大学, 2019.

[49] 朱林富, 张三同. 基于改进粒子滤波和平均代价的故障诊断方法研究[J]. 电子测量与仪器学报, 2010, 24(1): 66-71.

[50] 吴明明. 改进的粒子滤波算法在非线性系统故障诊断中的应用[D]. 兰州: 兰州理工大学, 2016.

[51] Annex 10 to the convention on international civil aviation[Z]. 2018.

[52] Global positioning system standard positioning service performance standard[S]. 2008.

[53] NSTB/WAAS T&E Team. Global positioning system (GPS) standard positioning service (SPS) performance analysis report[R]. 2019.

[54] DECLEENE B. Defining pseudorange integrity-overbounding[Z]. 2000.

[55] NOLAN J P. Stable distributions—models for heavy tailed data[Z]. 2015.

[56] EFRON B. Bootstrap methods: another look at the jackknife[J]. The Annals of Statistics, 1979, 7(1): 1-26.

第 4 章

导航通信自组织网络

导航通信自组织网络是导航业务和通信业务的融合网络，采用了"同平台、共网络"的导航通信组网技术。本章以基于时空信息的动态路由技术和基于网络编码技术的空间自组织网络技术为牵引，重点针对面向天空地一体化组网导航的"同平台，共网络"导航通信组网技术进行了阐述，围绕临近空间平台的导航通信组网，分别从动态拓扑、路由算法和导航定位等方面进行了深入分析。

未来空间信息网络中的导航与通信业务将实现融合，"同平台，共网络"的思想是其中一项解决思路。本章重点针对基于时空信息的动态路由技术、基于网络编码的空间自组织网络技术以及"同平台，共网络"导航通信组网技术进行介绍。

| 4.1 引言 |

导航通信自组织网络是导航业务和通信业务的融合，既是导航自组织网络，也是通信自组织网络。通信自组织网络主要涉及基于时空信息的动态路由技术、基于网络编码的空间自组织网络以及"同平台，共网络"的导航通信组网技术[1-6]。

| 4.2 基于时空信息的动态路由技术 |

4.2.1 动态自组织网络的概念

随着计算机芯片技术和无线通信技术的发展，CPU 运算性能和信道传输性能不断提高，高性能的无线计算成为可能，并且将会得到越来越广泛的应用。以前的无线通信网络都是无线终端接入固定基站，通过由基站构成的固定网络进行通信，对移动性的支持通过移动 IP 技术来实现。未来的无线通信网络将会把路由功能合并到无线终端上，节点间构成动态的、快速改变的、自由随意的、多跳的网络，即 Ad Hoc 网络。同基于基站的网络相比，Ad Hoc 网络具有更强的移动性、鲁棒性、自治性，因此具有很好的应用前景。

从 20 世纪 90 年代开始，随着集成电路技术的发展，便携式电脑、掌上电脑（PDA，Personal Digital Assistant）和移动智能电话等移动终端产品在性能上越来越好，在价格上越来越平易近人，人们对移动性计算的要求也越来越高。在计算机网络中，人们希望这些不仅能够便携化，而且能够随时随地联网。

传统的 WLAN、GSM，虽然能够满足不同的通信需求，但是其受固定基站、传输速率的影响过大。

1. 动态自组织网络特点

- 动态拓扑：Ad Hoc 网络的节点可以自由任意地到处移动。这些节点可能位于飞机、轮船、汽车上，甚至可能在人身上或非常小的设备上。另外，Ad Hoc 网络的节点间采用天线的无线发射机和接收机进行通信，天线可能是全向的，也可能是点到点的，当节点调整它们的发射和接收参数，或网络受到电磁干扰时，都会引起网络的拓扑改变。

- 链路带宽受限、容量可变：虽然近年来无线通信技术不断发展，但相对于有线网络而言，Ad Hoc 网络中的无线链路带宽还是非常有限的。另外，在考虑多点存取、衰落、噪声和干扰条件等因素后，无线通信的现实吞吐量要比无线电接收装置的最大传输速率少很多。

- 能量受限操作：Ad Hoc 网络中的所有节点都依赖电池或其他易耗资源来供给能源，设计和实现 Ad Hoc 网络时应尽量节省能源。

- 安全性脆弱：和固定网络相比，移动无线网络通常更容易遭受物理安全威胁。

Ad Hoc 网络是一种自治的由无线移动节点组成的暂时性对等网络系统，能够在没有固定网络基础设施支持的环境中迅速展开，并能够根据网络环境的变化动态重构，提供基于多跳无线连接的数据转发服务。移动自组织网络不需要借助已有的网络设施，有通信需求的移动用户需要通过一定的路由协议组建独立的网络实现数据通信等需求。完全自治性、分布式控制与管理的模式为其部署和应用带来了极大的便捷性和灵活性。

2. 网络的核心——路由

网络之所以称为网络，是因为它与点对点通信的根本不同就是要接力，通过经过不同的节点，到达自己的目的节点，这是网络的根本性质，如果没有这一点，就不是网络。

路由即寻找最佳路径并把信息从源节点传输到目标节点。路由选择的关键在于路由协议，协议分为静态路由协议和动态路由协议。

- 静态路由安全可靠，不会因网络拓扑结构的改变而更新已有的路由表信息，常用于小规模网络环境。
- 动态路由可实时适应网络拓扑结构变化，自动刷新路由表信息，常用在大规模和复杂的网络中。

一般来讲，动态自组织网络节点具有路由功能，为其设计的路由协议应该具备占用带宽少、收敛迅速、抗干扰能力强等特征，还应能和固定网络的路由协议进行互通。

国际互联网工程任务组（IETF，The Internet Engineering Task Force）成立了无线自组织网络（MANET，Mobile Ad Hoc Network）工作组，以该工作组为出口，比较著名的协议包括：DSR、AODV、OLSR 和 TBRPF。其中，DSR、AODV 属于被动路由协议，而 OLSR、TBRPF 属于主动路由协议。

3. 动态自组织网络应用广泛

MANET 不需要基础设施，各节点之间地位平等，都有参与路由选择和数据传输的功能，且具有可以实现多跳远距离通信、网络快速展开和组织、抗毁性和自愈能力强的特点，因此成为适合数字化通信组网的有利技术。

在美军战术互联网中，空中作战平台之间组成的通信网络称为空中网络，其是战争时期空中通信系统的主要组成部分，是传递实时态势信息的重要手段。最新的数据链战术瞄准网络技术（TTNT，Tactical Targeting Network Technology）采用互联网体系结构和 Ad Hoc 组网，是战术互联网的关键技术之一。

4.2.2 动态路由协议

Ad Hoc 网络路由协议按照路由建立方式的不同，将传统的 MANET 路由协议分为：表驱动路由协议和按需路由协议。

- 表驱动路由协议：又称为先应式路由协议，这类协议中每个节点维护一个到达网络中其他所有节点的路由表，最优链路状态路由协议（OLSR，Optimized Link State Routing Protocol）是其典型代表。

- 按需路由协议：又称作反应式路由协议，这类协议在源节点有数据发送时才创建路由，动态源路由（DSR，Dynamic Source Routing）协议、Ad Hoc 按需距离矢量路由（AODV，Ad Hoc on Demand Distance Vector Routing）协议是其典型代表。

1. OLSR **协议**

OLSR 协议作为一种表驱动的最优链路状态路由协议。OLSR 协议节点之间周期性地交互 HELLO 分组，实现邻居发现和无线链路检测；周期性地转发拓扑控制（TC，Topology Controller）分组，执行多点中继信息说明；通过分布式计算建立和更新网络拓扑图，进行路由计算。

OLSR 协议是优化的链路状态路由协议，其协议规范是 RFC3626。该协议采用链路状态路由算法的思想，并针对移动无线组网要求做了裁剪和优化。OLSR 协议的核心是多点中继（MPR，Multi-Point Relay）技术，该技术继承高性能无线局域网（HIPERLAN，High Performance Radio LAN）的转发和中继技术。多点中继的思想是通过减少同一区域内部，相同控制分组的重复转发次数来减少网络中控制分组的数量。

每个节点从其一跳邻居中选择自己的 MPR 集，该节点通过该集合转发的分组能够覆盖该节点所有的二跳邻居节点。节点 A 的多点中继集 MPR(A)是节点 A 的一跳邻居节点的子集，它满足条件：A 的每个二跳邻居节点都必须有到达 MPR(A)的双向链路，且节点 A 与 MPR(A)之间的链路也是双向的。而该节点 A 就称为这些 MPR 的多点中继选择者（MPR Selector）。图 4-1 给出了节点 A 的多点中继集。

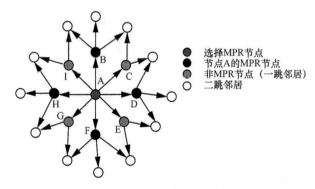

图 4-1　节点 A 的多点中继集

被选为MPR的节点通过发送控制消息周期性地向全网声明通过自己可以到达自己的中继选择者。在路由计算的过程中，通过MPR形成从一个节点到网络中其他节点的路由。每个节点从自己的一跳邻居节点中选择MPR时，必须选择和自己之间存在双向对称链路的节点，因此采用这种策略所形成的路由自然能够避开单向链路的问题。

节点A的一跳邻居节点分为两类：MPR和非MPR。节点A洪泛的拓扑控制分组通过MPR转发能到达节点A的所有二跳邻居。对于节点A的非MPR，收到来自节点A的拓扑控制分组，只进行接收和处理，而不进行转发。OLSR协议利用MPR节点进行选择性洪泛，有效地减少了控制信息洪泛的规模。

如图4-1所示，节点A周期性地向网络中其他节点发送TC消息，其中至少包含了将其选为MPR的邻居节点（即其MPR selector）的地址。当节点B、D、F、H收到该消息时，判断并发现自己为A的MPR节点，于是根据消息中的序列号判断其是否最新，若是则转发，否则丢弃；其他一跳邻居节点通过判断发现自己不属于A的MPR节点，不做转发。OLSR协议就是通过这种MPR机制来控制TC消息在网络中洪泛的规模，减少控制消息给网络带来的负荷。进一步地，为了压缩TC消息的长度，通常在TC消息中不包含源节点（节点A）所有邻居节点的地址，而仅包含其MPR selector的地址，这些消息足以让网络中的各个节点建立整个网络拓扑结构图，进而根据迪杰克斯拉（Dijkstra）最短路径算法独立计算路由表。经典的洪泛和优化后的洪泛如图4-2所示。

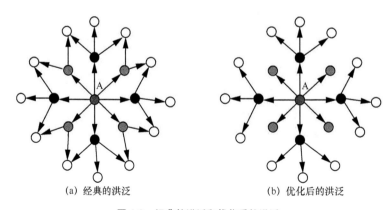

(a) 经典的洪泛　　　　　　　　　　(b) 优化后的洪泛

图4-2　经典的洪泛和优化后的洪泛

OLSR协议中的控制消息都包含序列号，通过对序列号的比较，节点可以很容易地分辨出收到的控制消息是否为最新。OLSR协议不要求对IP分组格式做任何的更改，因此任何现有的 IP 协议栈都可以使用。

2. DSR 协议

DSR 协议是一种基于源路由的按需路由协议。DSR 协议采用源路由缓存机制，节点发送信息时，先从缓存路由中查找路由信息，若存在到目的节点的路由信息，则发送消息，否则重新进行路由发现。

DSR 协议是一种按需路由协议，它允许节点动态地发现到达目的节点的多跳路由。所谓源路由，是指在每个数据分组的头部携带有在到达目的节点之前所有分组必须经过的节点的列表，即分组中含有到达目的节点的完整路由。在 DSR 协议中，不用周期性地广播路由控制信息，DSR 协议中的所有状态都是"软状态"，任何状态的丢失都不会影响 DSR 协议的正确操作，因为所有状态都是按需建立的。所有状态在丢失之后，如果仍然需要，还能够得到迅速恢复，这样能减少网络的带宽开销，节约电池能量消耗，避免移动 Ad Hoc 网络中大范围的路由更新。DSR 协议主要包括路由发现和路由维护两大部分。图 4-3 所示为整个路由的建立过程。

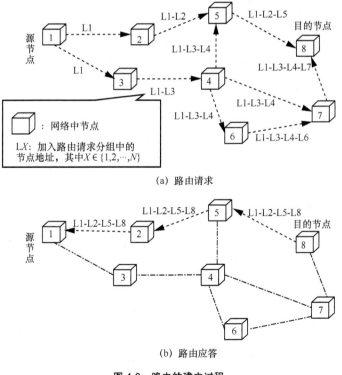

(a) 路由请求

(b) 路由应答

图 4-3　路由的建立过程

当节点要传送数据分组时，源节点先检查缓存中是否有到信宿的路由信息，若有非过期的路由则可直接采用，否则泛洪广播发送路由请求分组。每个节点接收后，判断是否有到目的节点的路由，若无，则将自己的地址加入分组的路由记录并转发给邻节点。若有，则返回路由应答分组，当源节点接收到路由回复后，路由发现过程结束。建立路由后，源节点将进行数据传送，在此过程中需要对已建立的路由进行维护。源节点通过路由维护机制检测出网络拓扑的改变，从而知道到目的节点的路由是否可用。当路由维护探测到某条使用中的路由出现了问题，就会发送路由错误（RERR，Route Error）报文给源节点，源节点在收到该 RERR 报文后，就会从它的路由缓存中删除所有包含该故障链路的路由，并重新发起一个路由发现过程。

基于 DSR 协议的典型路由协议虽然有其自身的优点，包括：

① 节点仅需要维护与之通信的节点的路由，减少了协议开销；

② 使用路由缓存技术减少了路由发现的耗费；

③ 一次路由发现过程可能会产生多条到目的节点的路由；

④ 对链路的对称性无要求。

但它也有自身的缺点，包括：

① 每个数据报文的头部都需要携带路由信息，数据分组的额外开销较大；

② 路由请求消息采用泛洪方式，相邻节点路由请求消息可能发生传播冲突并会产生重复广播；

③ 由于缓存，过期路由会影响路由选择的准确性等。

因此，现阶段以 DSR 协议为基础的各种协议都趋向于避其弊用其利，通过对 DSR 协议进行改进或扩展，以期能设计出满足 Ad Hoc 网络高动态变化、低能耗及低延迟等要求的路由协议。

3. AODV 协议

Ad Hoc 按需距离矢量路径路由（AODV，Ad Hoc On-Demand Distance Vector Routing）协议是一种基于距离矢量算法的按需路由协议，由路由建立和路由维护组成。当有数据分组需要发送时，源节点会广播发送一个路由请求分组，由邻近节点负责广播，但丢弃收到的重复路由请求分组，直到到达目的节点或已有最新路由的中间节点。显著特征是路由条目均被设定一个目的节点序列号，保证了中间节点只回应最新的信息，避免了路由环路的产生。

AODV 协议结合了表驱动路由协议和按需路由协议的优点，即在目的节点序列距离矢量（DSDV，Distance Vector）协议的基础上结合 DSR 协议的按需路由机制进行改进后提出的 AODV，被 IETF 工作组正式公布为 MANET 网络协议标准 RFC3561。

由于 MANET 应用的环境不同，网络的规模和特点有很大区别。不同环境的 MANET 的拓扑结构变化频率和节点通信强度不同，这些特点是影响 MANET 路由协议性能的主要因素。因此，MANET 路由协议应该动态配置路由参数，以适应不同应用环境的变化，优化路由协议的性能。

AODV 协议实质上就是 DSR 协议和 DSDV 协议的综合，它借用了 DSR 协议中路由发现和路由维护的基础程序，以及 DSDV 协议的逐跳（Hop-by-Hop）路由、顺序编号和路由维护阶段的周期更新机制，以 DSDV 协议为基础，结合 DSR 协议中的按需路由思想并加以改进。AODV 协议使用了分布式的、基于路由表的路由方式，因此建立路由表项后，在路由中的每个节点都要执行路由维持、管理路由表的任务，在路由表中都需要保持一个相应目的地址的路由表项，实现逐跳转发。这就与 DSR 协议所采用的源路由方式有很大的不同。后者在路由时，只有源节点知道到目的节点的完整路由，而中间节点不知道有关的路由信息。AODV 协议有别于其他协议的最显著特点是路由表中每个项都使用了目的序列号（DSN，Destination Sequence Number）。目的序列号是目的节点创建，并在发给发起节点的路由信息中使用的。使用目的序列号可以避免环路的发生。

4.3　基于网络编码技术的空间自组织网络技术

网络环境中对高动态获取、态势感知等时效敏感信息的需求非常强烈，Ad Hoc 网络特别适用于该类需求场景下的空中组网。如何在高速动态变化的环境中保障信息有效传递是一项重要的评价指标。本章针对这一问题引入基于空间位置的新型路由技术——基于时空信息的网络编码路由策略[7-16]。

动态组网的策略分为集中式和自组织式（分布式）两种。集中式策略适用于网络状态稳定的环境，节点的路由计算任务较小，应对多变环境的适应能力较弱；自组织式策略则是用路由计算开销来换取传输开销。混合式组网机制如图 4-4 所示。在军事应用环境下，需要一体化平台具有强自主生存的能力，并尽量将业务通过网络自主完成；从导航增强平台的业务需求出发，很多业务需要集中控制、调整；特别是需要与地面控制中心的信息交互。

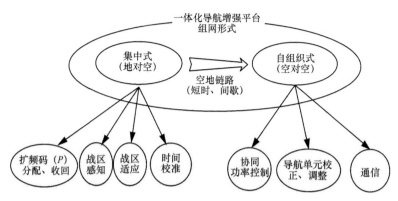

图 4-4　混合式组网机制

本章介绍一种混合式策略来完成整个一体化增强平台的组网。基本平台单元组网重构模块结构如图 4-5 所示。

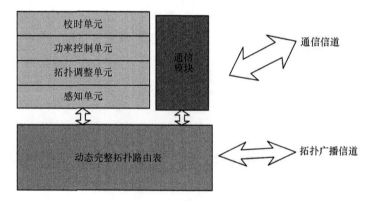

图 4-5　基本平台单元组网重构模块结构

组网模块最基本的"动态完整拓扑路由表"是基于拓扑路由表平台节点构建整个一体化平台的拓扑结构，通信模块是平台数据传送的依托模块。在这两个基本模块的支持下，平台单元可以进行各种基本应用和增强应用，如时间校准、功率协同控制、一体化平台拓扑调整、干扰感知（战区数据采集）。为了使拓扑路由表具有动态完整性、单元信息互通性，本章所设计的一体化自组织网络方案规划了拓扑广播信道、通信信道。

4.3.1　基于位置坐标的动态组网

空基平台业务承载性能与平台单元几何布局密切相关。为了实现平台性能的最大限度发挥，需要平台对其自身拓扑结构保持完备、动态的获知。

1. 自组织网络拓扑路由动态完整性

在实际应用环境下，将平台中各个组成单元进行组网，实现各单元互联互通，一方面可以实现控制中心对整个平台拓扑信息的完备和动态获取；另一方面基于平台拓扑结构的完全动态获取，可以实现对平台拓扑结构的调整、功率协同控制、平台单元通信、干扰感知及适应等。

临空动态网络示意图如图 4-6 所示，应用层需求如下。

① 为了使得每个节点单元能够和任意一个其他节点单元联通，需要节点单元对全网拓扑信息完备，即节点单元能够找到到达任意一个其他节点单元的路径，对全网遍历。

② 处于特殊环境下，节点随时有可能退出（被毁坏）或进入平台，需要节点单元对全网拓扑信息维持动态性。

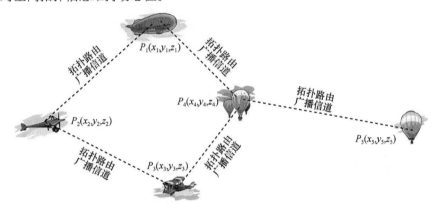

图 4-6　临空动态网络示意图

本章所设计的一体化自组织网络方案基于各个单元的位置坐标，实现平台自组织网络，并建立高效的路由策略。具体的拓扑路由建立过程如下。

首先，单元节点一方面向周围节点广播自己的坐标信息；另一方面构建自己的拓扑路由表（由扩频码和位置坐标构成）。

然后，将自己的坐标信息和当前拓扑路由表一起对外广播，并将该过程按一定的频率重复进行。

最后，将接收到的其他单元拓扑路由表与自己的拓扑路由表进行比对，按照一定的算法更新自身拓扑路由表。经过几轮更新后，就可以使每个节点单元建立起完备、动态的全网拓扑信息。

下面通过具体的空基拓扑结构来说明整网拓扑路由的建立。基于位置的网络路由表如图 4-7 所示。

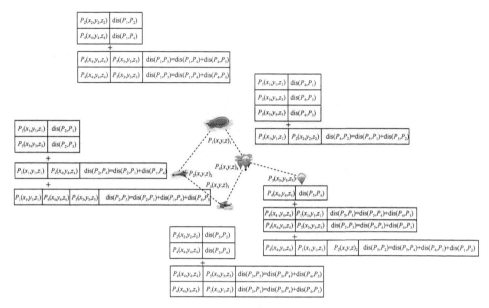

图 4-7　基于位置的网络路由表

如图 4-7 所示，在初始化布网阶段将空基平台单元按照一定的位置坐标布设到空中，同时各个单元对外广播自己的扩频码 P 以及位置坐标。如 P_5 节点单元收到临近平台单元 P_4 点的扩频码和位置坐标信息，并计算两节点间的空间路径距离（用作路由更新判断依据，但不限于此）：

$$\text{dis}(P_5, P_4) = \sqrt{(x_5 - x_4)^2 + (y_5 - y_4)^2 + (z_5 - z_4)^2} \tag{4-1}$$

并建立拓扑路由表 $P_4(x_4, y_4, z_4)$，$\text{dis}(P_5, P_4)$。

然后，节点单元 P_5 收到节点单元 P_4 广播的到达节点单元 P_1 和节点单元 P_3 的路由信息，并向拓扑路由表补充路由信息 P_4，$P_1(x_1, y_1, z_1)$，$\text{dis}(P_5, P_1)$ 和 P_4，$P_3(x_3, y_3, z_3)$，$\text{dis}(P_5, P_3)$（表示节点单元 P_5 经过节点单元 P_4 到达节点单元 P_1 和节点单元 P_3），其中节点单元 P_5 到达节点单元 P_1 和节点单元 P_3 的空间路径距离为：

$$\text{dis}(P_5, P_1) = \text{dis}(P_5, P_4) + \sqrt{(x_4 - x_1)^2 + (y_4 - y_1)^2 + (z_4 - z_1)^2} \tag{4-2}$$

$$\text{dis}(P_5, P_3) = \text{dis}(P_5, P_4) + \sqrt{(x_4 - x_3)^2 + (y_4 - y_3)^2 + (z_4 - z_3)^2} \tag{4-3}$$

最后节点单元 P_5 收到节点单元 P_4 广播的到达节点单元 P_2 的路由信息，并向拓扑路由表补充路由信息 P_4，P_1，$P_2(x_2, y_2, z_2)$，$\mathrm{dis}(P_5, P_2)$（表示 P_5 经过 P_4 后再经过 P_1 到达 P_2），其中空间路径距离为：

$$\mathrm{dis}(P_5, P_2) = \mathrm{dis}(P_5, P_1) + \sqrt{(x_1 - x_2)^2 + (y_1 - y_2)^2 + (z_1 - z_2)^2} \qquad (4\text{-}4)$$

这样就构建起节点单元 P_5 对整个空基平台的拓扑路由表（节点单元 P_5 对整网遍历），如图 4-8 所示。

$P_4(x_4, y_4, z_4), \mathrm{dis}(P_5, P_4)$
$P_4, P_1(x_1, y_1, z_1), \mathrm{dis}(P_5, P_1)$
$P_4, P_3(x_3, y_3, z_3), \mathrm{dis}(P_5, P_3)$
$P_4, P_1, P_2(x_2, y_2, z_2), \mathrm{dis}(P_5, P_2)$

图 4-8　节点单元 P_5 路由表建立

通过该拓扑路由表可获知空基平台中其他单元的位置，以及从当前节点到达其他节点的最短拓扑路径。

为了实现节点对全网拓扑结构的完整遍历、动态更新，需要各节点单元有间隔地持续对外广播自身拓扑路由表。本章所设计的一体化自组织网络方案开通一个专门的"拓扑路由广播信道"，命名为"空基广播信道"，以完成该项功能。

2. 自组织网络拓扑路由信号体制（物理层实现）

为了将图 4-8 所示拓扑路由表中信息（从当前节点到某节点所历经的节点路径）完整广播、无歧义接收，可利用本章所设计的一体化自组织网络方案——"拓扑路由迭乘信号处理体制"来实现。

以 P_5 单元路由表最后一条路由拓扑 P_4，P_1，$P_2(x_2, y_2, z_2)$，$\mathrm{dis}(P_5, P_2)$ 为例，该路由信息为节点单元 P_5 到节点单元 P_2 要经过节点单元 P_4 和节点单元 P_1，$P_2(x_2, y_2, z_2)$ 为目的坐标，P_5 到 P_2 的距离为 $\mathrm{dis}(P_5, P_2)$。发送过程如下：

$$P_5 \otimes 1,$$
$$P_5 \otimes P_4 \otimes 1,$$
$$P_5 \otimes P_4 \otimes P_1 \otimes 1,$$
$$P_5 \otimes P_4 \otimes P_1 \otimes P_2 \otimes 1$$
$$P_2 \otimes (x_2, y_2, z_2)$$
$$P_2 \otimes \mathrm{dis}(P_5, P_2)$$

这里用到的扩频码迭代相乘（导航扩频码对乘运算是封闭性的）是为了避免接收端接收信号不对齐引起的拓扑路由信息解读歧义。如不进行迭代相乘，节点单元 P_5 直接发送 $P_5, P_4, P_1, P_2(x, y, z)_2, \mathrm{dis}(P_5, P_2)$ ，如果接收端只接收到一部分拓扑路由信息 $P_4, P_1, P_2(x, y, z)_2, \mathrm{dis}(P_5, P_2)$ 进行电文解调，则会认为自己与节点单元 P_4 相邻，直接通过节点单元 P_4 就能到达节点单元 P_2 ，这样的错误信息导致节点单元对整网拓扑的错误建模。

说明：通过迭代相乘可以避免歧义性，如按照迭代相乘的方式发送拓扑路由表中的扩频码。

$$P_5 \otimes 1,$$
$$P_5 \otimes P_4 \otimes 1,$$
$$P_5 \otimes P_4 \otimes P_1 \otimes 1,$$
$$P_5 \otimes P_4 \otimes P_1 \otimes P_2 \otimes 1$$
$$P_2 \otimes (x_2, y_2, z_2)$$
$$P_2 \otimes \mathrm{dis}(P_5, P_2)$$

根据 Gold 码对乘运算的封闭性，$P_5 \otimes P_4$、$P_5 \otimes P_4 \otimes P_1$、$P_5 \otimes P_4 \otimes P_1 \otimes P_2$ 依然是 Gold 码，满足自相关、互相关的性质。同时由于采用了迭代相乘的方式，如果要想监测出 $P_5 \otimes P_4 \otimes P_1 \otimes P_2$，必须先监测出 $P_5 \otimes P_4 \otimes P_1$ 和 $P_5 \otimes P_4$，最终落脚到先监测出 P_5。这样能够避免不对齐发生的拓扑路由歧义性（要想进行自相关监测，应对齐到路由信息所包含的第一个扩频码）。

此外，这种迭代相乘的方法还可以避免被截获，具有保密性（对方要想获得路由拓扑信息，必须要有所有平台节点的扩频标识码，且按照迭代解扩的方式进行接收机设计）。

通过以上"空基广播信道"的连续拓扑路由信息广播机制，实现了增强平台组网；使得各单元对整网拓扑完备、动态获知；保证了平台单元间的互联互通。在此基础上很多增强平台的功能可以开展起来。

具体的拓扑路由广播机制如图 4-9 所示，其中在发送扩频码的时候开关①和③闭合、开关②打开，虚线框中的结构完成扩频码的迭代相乘；在发送坐标及距离信息的时候开关②闭合、开关①和③打开，完成对坐标及距离信息的扩频。

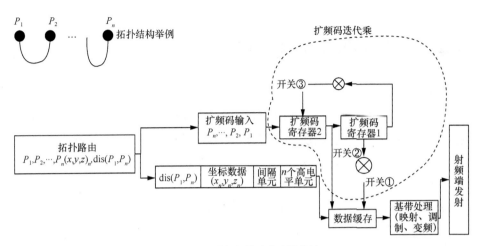

图 4-9　具体的拓扑路由广播机制

相应的空基广播信道接收机制如图 4-10 所示。当迭代相乘的扩频码到来时，相关监测器输出高电平，闭合开关③，打开开关①，驱动滑动器将相应的扩频码按照拓扑路由的顺序输出。同时将被选扩频码反馈回扩频码阵列，对每个扩频码寄存器进行累乘（模拟发端迭代相乘的过程）。

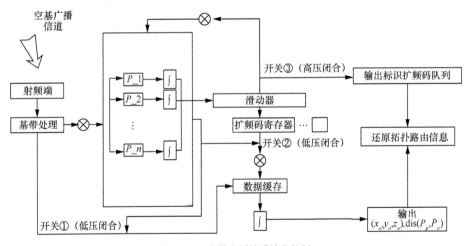

图 4-10　空基广播信道接收机制

当分隔拓扑路由扩频码和坐标 (x, y, z)、距离信息 dis 的间隔帧到达时，所有相关器输出低电平，此时闭合开关②，打开开关③，对坐标距离信息进行解调。

4.3.2　基于动态路由的通信机制

第 4.3.1 节构建了一体化增强平台动态拓扑路由机制,实现了节点单元对全网拓扑结构的完备动态获知。同时, 拓扑路由表在更新策略本身（保留最短的物理距离为拓扑路由）的同时也提供了从一个节点单元到其他任意一个平台单元的最短拓扑路径。在此基础上, 本节提出并设计一体化导航增强平台的通信机制。

动态网络拓扑如图 4-11 所示, 从节点单元 P_1 到节点单元 P_3 有两条途径: $P_1 \rightarrow P_2 \rightarrow P_3$ 或 $P_1 \rightarrow P_4 \rightarrow P_3$, 由于 $\mathrm{dis}(P_1,P_2)+\mathrm{dis}(P_2,P_3) \geqslant \mathrm{dis}(P_1,P_4)+\mathrm{dis}(P_4,P_3)$, 在节点单元 P_1 的路由表中保留拓扑路由信息 $P_4, P_3(x,y,z)_3, \mathrm{dis}(P_1,P_3)$, 选择该拓扑路由为 P_1 到 P_3 的通信路由（最短拓扑路由）。

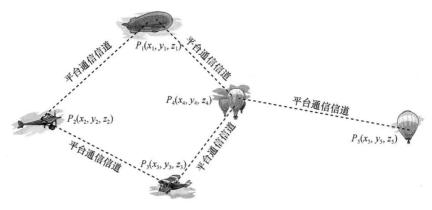

图 4-11　动态网络拓扑

1. 基于拓扑路由的通信流程

基于动态路由的点对点通信流程如图 4-12 所示。

① 平台节点通信采用扩频方式进行, 信源节点根据自己的拓扑路由表确定传输路径,用下一站节点标识扩频码 P 对信息进行扩频,连同目的节点标识扩频码一起发送。

② 接收端首先用目标节点扩频码标识解扩收到的信息,获得目标节点的扩频标识码, 然后用自身的扩频码解扩, 得到通信数据。根据目标节点扩频标识码, 对照拓扑路由表确定下一站节点,并用下一站节点扩频码调制信息,连同目标节点扩频标识一起发送出去。

③ 下一站节点收到数据后进行同样的操作，直到自身的扩频标识码和目标节点扩频标识码相同时，停止发送，获得通信数据（通信数据已经到达目标节点了）。

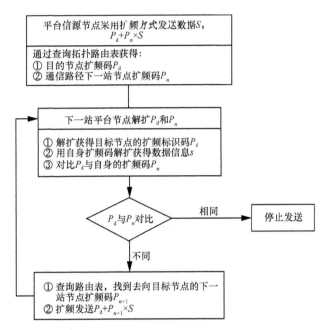

图 4-12　基于动态路由的点对点通信流程

在物理层方面，为了实现平台节点间的通信互联，本章所设计的一体化自组织网络方案设计一条点对点的多址接入链路——"空基通信信道"，完成通信过程。

2．通信信号体制

点对点通信信息发送示意图如图 4-13 所示。

点对点通信信息接收示意图如图 4-14 所示。

4.3.3　动态组网应用模式

1．时间校准

一体化导航增强平台性能好坏，很重要的一点取决于平台单元时钟同步精度。本章所设计的一体化自组织网络方案提出在天基卫星不可用时，通过地面控制中心授时体系，完成基于拓扑结构及通信链路的扩散式平台时间校准。

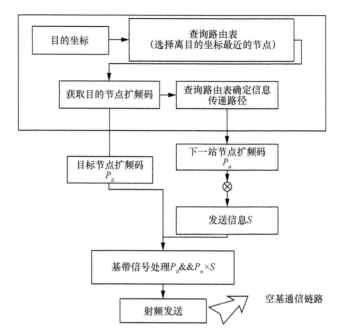

图 4-13　点对点通信信息发送示意图

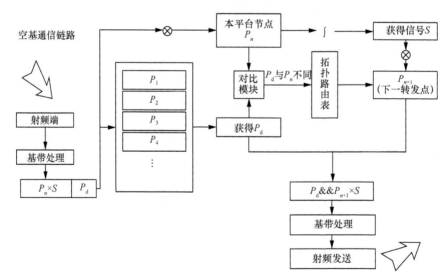

图 4-14　点对点通信信息接收示意图

　　基于动态拓扑路由的授时体系如图 4-15 所示，地面控制中心选择对最近的空基平台单元进行时间校准，然后"完成时间校准"的空基单元，查询自身拓扑路由表，确定相邻平台单元坐标，计算对应的校准时间，用相邻单元扩频码 P_i 扩频发送。

① (x_i, y_i, z_i) 为当前单元自身的坐标；

② 与当前单元相邻"未校准时间"的单元坐标（查询拓扑路由表可得）；

③ t 为当前单元校准后的时间；

④ P_i 为相邻单元扩频标识码。

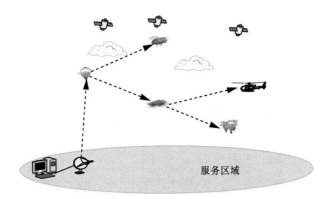

图 4-15　基于动态拓扑路由的授时体系

校时流程如图 4-16 所示。

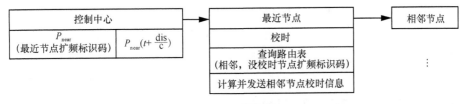

图 4-16　校时流程

这样的"扩散式"时间校准过程每隔一定的时间反复进行。

2. 协同功率控制

复杂应用环境复杂多变，一体化导航增强平台受到干扰较强，同时平台单元距离相对较近，彼此之间也会形成干扰。本章所设计的一体化自组织网络方案提出基于平台拓扑结构的平台单元发射功率协同控制机制。

基于拓扑结构的协同功率控制，需要各单元节点依据"拓扑路由与协调发送功率"之间的关系，推算出自身的发射功率。由第 4.3.2 节可知，整网的拓扑对于每个节点都是"已知"或者说"透明的"（依据拓扑路由动态完整性），可以为每个节点建立功率匹配计算公式，节点根据当前的拓扑结构调整自己的功率。

本章所设计的一体化自组织网络方案的协同功率控制准则为：平台单元总发射功率一定，调整各单元发射功率，使各单元所受干扰总和最小。

$$\min_{P_i} \quad \sum_i \sum_j Q_{ij}(D_{ij}, P_j, P_i)$$
$$\text{s.t.} \quad P = \sum_i P_i \qquad (4\text{-}5)$$

其中，P_i、P_j 为平台单元导航增强信号发送功率，D_{ij} 为节点 j 与 i 的拓扑位置关系（物理距离），$Q_{ij}(D_{ij}, P_j, P_i)$ 为节点 j 对节点 i 的干扰（取决于两节点功率和距离等因素），$\sum_j Q_{ij}(D_{ij}, P_j, P_i)$ 表示节点 i 受到的其他节点的总干扰。

一体化导航增强平台搭载相应的计算模块，根据上述准则及当前平台拓扑推算出自身信号发射功率。

3. 平台修复、拓扑调整

为应对复杂多变的应用环境，一体化导航增强平台除了传统的静态操作，还需要动态地调节，能够主动地适应应急需求。一体化导航增强平台首先要做到在平台单元毁坏的情况下能够及时补充，其次控制中心能够控制平台拓扑结构，并根据需求调整拓扑。

毁坏单元补充流程如图 4-17 所示。

① 当某一个平台单元损坏时，根据第 4.3.1 节的拓扑路由动态性、完整性机制，被毁单元的节点坐标信息就会从其他单元的拓扑路由表中删除掉。

② 离地面控制中心最近的空基单元将当前拓扑路由表发给控制中心，控制中心获知单元被毁后，发送新的单元进行补充。

③ 新单元进入预定位置后，根据第 4.3.1 节的拓扑路由动态性、完整性机制，通过拓扑广播信道对外广播自身的坐标，所有的单元节点很快获知新单元进入平台，从而建立相应的通信信道。

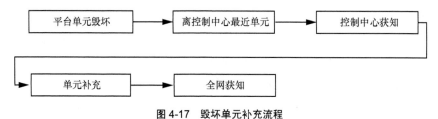

图 4-17　毁坏单元补充流程

平台拓扑动态调整示意图如图 4-18 所示。

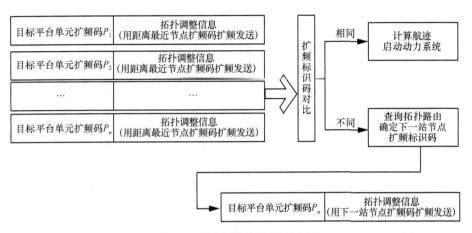

图 4-18　平台拓扑动态调整示意图

① 距离控制中心最近的平台单元广播自身拓扑路由表,控制中心通过拓扑路由表对一体化导航增强平台单元拓扑结构建模,并结合战场情况(通过干扰感知获得)分析计算,确定一体化导航增强平台调整策略(各单元坐标调整)。

② 将平台调整信息组帧,并通过通信信道发送给最近的平台单元(具体的信息发送格式按照第 4.3.2 节的通信机制进行)。

③ 最近的单元节点根据调整策略,确定航迹,启动动力系统,同时将其他节点的调整策略按通信体制中设计的方式向周围节点发送。

④ 此过程每个节点重复进行,从控制中心层向外扩散,直到最边缘的节点。

4. 干扰感知及适应

为了提高一体化导航增强平台的主动适应能力,本章所设计的一体化自组织网络方案提出增加一体化平台的干扰感知能力。

① 干扰感知示意图如图 4-19 所示,平台单元上装有探测器,能够对目标区域进行拍照,并具有对热量分布感知等数据进行采集功能。

② 查找自身拓扑路由表确定采集数据传输路径,将采集到的目标区域信息以及自身的坐标,通过"通信信道"发送给离控制中心最近的平台节点。

③ 所有采集到的目标区域信息传送到控制中心,控制中心将采集到的目标区域信息,根据信息对应的平台单元坐标,进行组合建模,构成整个目标区域的数据模型。

④ 控制中心对目标区域数据模型进行分析并确定平台拓扑调整策略,进行平台调整。

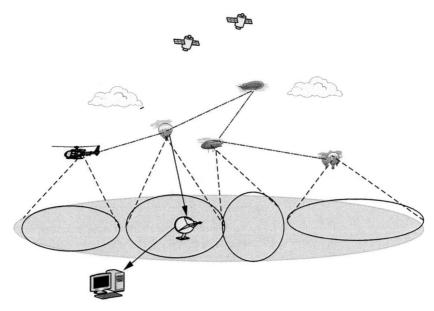

图 4-19　干扰感知示意图

|4.4　"同平台，共网络"导航通信组网技术 |

4.4.1　"同平台，共网络"概念介绍

　　临近空间飞行器组网在空天地一体化组网中的主要作用是对天基卫星网络和地面网络的服务提供支撑，主要包括星座增强、信号增强和空基测控等。临近空间平台与地面网络空间距离接近，同时能够保持广域覆盖的特点，这意味着临近空间平台兼具了地面网络和卫星通信的优点，在构建空天地一体化网络中不但起到了承上启下的作用，而且也为应急信息服务提供了解决办法，显得尤为重要。因此，基于各类临近空间飞行器的空间信息网络的研发已成为国际热点，利用临近空间平台参与构建空基信息网络已成为国际公认的战略制高点，能够有效填补天基/地基信息网络中的空基层面的空白，为真正有效地实现天临空地一体化信息网络和我国信息化社会的发展提供有力支撑。

　　在临近空间组网中，通信、导航都是信息网络中的核心业务。通信提供信息传输通道，导航为网络中的用户和节点提供位置信息，二者缺一不可、相辅相成。在临近空间平台的构建中，通导一体化技术首先要体现在"同平台，共网络、一信号，综合性服务"上，其中"共网络"是实现通信、导航一体化的前提。在临近空间飞行器平台上搭载的通信、导航设备可以解决现在通信网络、导航网络各网独立，彼此之间不共通，信息无法交互的问题，为用户提供综合性的服务。根据应用需求与支撑能力的综合分析，区域通信与导航系统的临近空间应用包括临近空间组网、星座增强、信号增强和天基测控等多个研究领域。

在临近空间组网研究中发现，临近空间平台具有分布式组网的一些特点，其中拓扑结构和路由技术是组网的关键。拓扑结构能直接影响网络的性能，而路由技术是实现通信中继功能的关键。本章旨在研究浮空器组网拓扑架构及相关路由技术。在此组网的基础上对基于浮空器的导航定位原理做一定的分析研究，以期在应急条件下实现导航与通信共网络架构的设计。

在现有研究中，高空平台网络都是作为传统卫星通信或者地面通信的扩展，但在动态高空平台网络中，网络节点随时掌握全局拓扑结构比较困难，而现有的无线网络路由技术也很难适应这种网络环境，因此研究动态高空平台网络的路由具有重要意义。以下两个方面的内容是本章所关注的问题。

① 感知网络拓扑结构的变化。因为临近空间组网需要进行多跳通信，所以路由协议必须确保路径中的链路具有很强的连接性。临近空间组网中的节点必须知道它的周围环境中可以与它直接进行通信的节点。

② 维持网络拓扑的连接。因为每个节点的相对位置都可能随时改变，所以网络拓扑是频繁变化的。为了维持节点之间的链路具有较强的连接性，必须动态更新链路状态并对自己重新配置。如果采用中心控制的路由算法，把节点链路状态的改变传送到所有的节点，这样会消耗过多的时间和精力，显然是不适合的。因此，要采用一种分布式的路由算法。

临近空间组网要求一个高度自适应的路由机制，处理快速的拓扑变化。而传统的路由协议，如距离矢量算法和链路状态算法，要求在指定路由器间交换大量路由信息，因此在临近空间组网里不能有效地工作。由于空间平台网络拓扑变化快速，节点自由并独立地运动，打开或关闭任何通信节点，都会造成网络拓扑结构的动态变化。临近空间飞行器自组织网络是由飞行器组成的动态多跳网络甚至是由多个无中央基站组成的多跳无线移动通信网络。新的网络概念，使飞行器必须配备具有数据传输功能的无线发射机和接收机。这一新的网络具有许多优势，但同时也带来了许多技术上的挑战。

浮空器临-地网络组网如图 4-20 所示。在该网络体系结构中，物理层网络包括可扩展节点数目的气球节点，其具备路由、传输、计算、存储能力。在此基础上期望实现临近空间平台的组网，其提供一个临近空间网络，实现网络的重构，达到网络节点可管、路由可选、内容可感的目标。在此组网的架构下设计导航定位，主要集中在空间几何布局研究，即组网的物理层面的架构，评价指标是定位的精度，可以通过仿真选出最优结构。

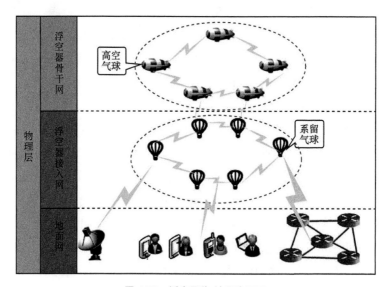

图 4-20　浮空器临-地网络组网

4.4.2　临近空间组网技术研究进展

截至目前，谷歌气球组网是最成功的项目之一。谷歌气球网络分为两部分：气球和气球间组成 Mesh 网络，气球与地面站组成用户网络。谷歌 Loon 计划采用的频段为完好性支持信息（ISM，Integrity Support Message）非授权频段，相当于一个露天大 Wi-Fi。不过，即使 Google 采用了 2.4 GHz 和 5.8 GHz 非授权频段，也并不意味着手机可以直接连接到 Google 气球，因其并不直接支持 Wi-Fi，用户在自己家屋顶安装一根专用天线来接收并解密信号后才能上网，类似于卫星通信。遗憾的是，

Google 一直保持神秘，并未公布其空中 Mesh 组网的相关算法。核心问题——路由技术一直处于保密状态。谷歌的空中 Mesh 组网如图 4-21 所示。

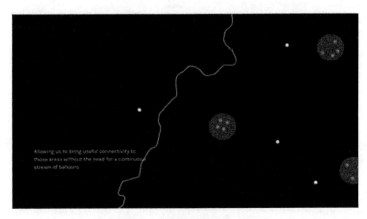

图 4-21　谷歌的空中 Mesh 组网

无线网状网络（WMN，Wireless Mesh Network）是一种组网方式，其实早在 2004 年，IEEE 802.11 工作群组为了提供无线区域网络的网状网络标准，就提出了 IEEE 802.11s 延展服务集网状网络。传统的无线接入技术主要采用点到点或者点到多点的拓扑结构。这种拓扑结构一般都存在一个中心节点，如移动通信系统中的基站、IEEE 802.11 WLAN 中的 AP 等。无线 Mesh 网络采用 Mesh 拓扑结构，也可以说是一种多点到多点的网络拓扑结构。在这种 Mesh 网络结构中，各网络节点通过相邻的其他网络节点以无线多跳方式相连。

Mesh 网络示意图（如图 4-22 所示）定义了 3 种节点：MPP（Mesh Portal）、MP（Mesh Point）和 MAP（Mesh Access Point）。MPP 连接外部互联网；MP 连接邻居 MP，支持自动拓扑、路由的自动发现、数据分组的转发等功能；MAP 相当于传统 Wi-Fi 网络的 AP。2018 年，谷歌发布的 Google Wi-Fi 就是一款支持 IEEE 802.11s Mesh 网络标准的无线路由器。当前的基于临近空间的空基组网平台研究非常少，谷歌的组网细节没有对外发布，从仅有的资料来看，组网的规模不大，且其功能大部分较为单一，只利用浮空器平台作为通信节点提供通信服务，但是随着人们对信息服务需求的日益多元化，单一的通信服务无法满足人们的综合性需求，因此，基于导航、通信等最基本信息的一体化多业务综合性网络将是临近空间网络的最核心网络，能够为基于临近空间平台的其他综合性应用提供有效支撑。

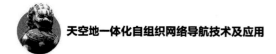

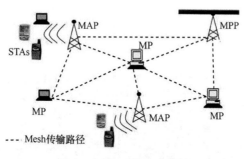

图 4-22　Mesh 网络示意图

4.4.3　空基平台组网动态拓扑技术

临近空间飞行器的不断运动，使得网络拓扑结构不断变化，因此临近空间飞行器所构成的网络具有动态性。网络拓扑的研究是临近空间飞行器组网研究的第一步，也是重点。临近空间组网严格讲也是一种无线网络技术，同样需要研究无线网络拓扑问题。

无线网络的网络拓扑结构是组织传感器节点的组网技术，有多种形态和组网方式。从组网形态和方式来看，可分为集中式、分布式和混合式。集中式网络拓扑结构类似移动通信的蜂窝结构，集中管理；分布式网络拓扑结构，类似 Ad Hoc 网络结构，可自组织动态接入，分布管理；混合式网络拓扑结构是集中式和分布式的组合。如果按照节点功能及结构层次来看，网络通常可分为平面网络结构、分级网络结构、混合网络结构，网络节点经多跳转发，通过汇聚节点或网关接入网络，在网络的任务管理节点对感应信息进行管理、分类和处理，再将感应信息送给应用用户，以供使用。研究和开发有效、实用的网络拓扑结构，是构建高性能无线网络的重要保障，因为网络的拓扑结构严重制约网络通信协议（如 MAC 协议和路由协议）设计的复杂度和性能的发挥。下面，根据节点功能及结构层次分别介绍网络拓扑结构。

（1）平面网络结构

平面网络结构是无线传感器网络中最简单的一种拓扑结构，如图 4-23 所示，所有节点为对等结构，具有完全一致的功能特性，也即每个节点均包含相同的 MAC 地址、路由、管理和安全等协议。

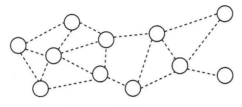

图 4-23　平面网络结构

（2）分级网络结构

分级网络结构（也称层次网络结构）是无线网络中平面网络结构的一种扩展拓扑结构，如图 4-24 所示，网络分为上层和下层两个部分：上层为中心骨干节点（Cluster-Head）；下层为一般节点（Member）。通常网络可能存在一个或多个中心骨干节点，中心骨干节点之间或一般节点之间采用平面网络结构。具有汇聚功能的中心骨干节点和一般节点之间采用分级网络结构。所有中心骨干节点为对等结构，中心骨干节点和一般节点有不同的功能特性，也即每个中心骨干节点均包含相同的 MAC 地址、路由、管理和安全等功能协议，而一般节点可能没有路由、管理及汇聚处理等功能。这种分级网络结构通常以簇的形式存在，按功能分为簇首节点（具有汇聚功能的中心骨干节点）和一般节点。

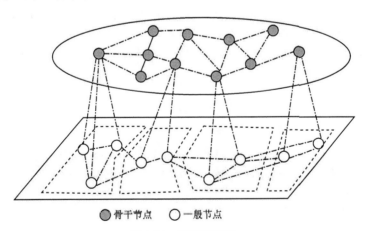

●骨干节点　○一般节点

图 4-24　分级网络结构

（3）混合网络结构

混合网络结构是无线网络中平面网络结构和分级网络结构的一种混合拓扑结构，如图 4-25 所示。

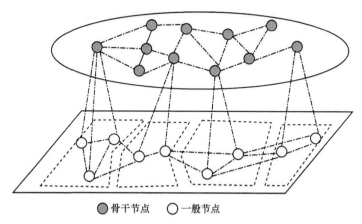

● 骨干节点   ○ 一般节点

图 4-25   混合网络结构

中心骨干节点之间及一般网络节点之间都采用平面网络结构，而中心骨干节点和一般网络节点之间采用分级网络结构。

平面网络拓扑结构简单、易维护，具有较好的稳健性，事实上是一种 Ad Hoc 网络结构形式。由于没有中心管理节点，故采用自组织协同算法形成网络，其组网算法比较复杂，而分级网络拓扑结构扩展性好，便于集中管理，可以降低系统建设成本，提高网络覆盖率和可靠性，但是集中管理开销大，硬件成本高，一般节点之间可能不能直接通信。混合网络结构和分级网络结构不同的是一般节点之间可以直接通信，可以不通过汇聚骨干节点转发数据，这种结构同分级网络结构相比，支持的功能更加强大，但所需要的硬件成本更高。

以上组网结构都不能完全适用于临近空间平台的组网，因为与临近空间网络连接的终端在各个高空平台的覆盖范围（通常覆盖半径为几百千米）间频繁切换，造成网络拓扑结构频繁变化，从而形成高动态高空平台网络。在高动态高空平台网络中，网络节点随时掌握全局拓扑结构比较困难，从而对路由协议的可靠运行提出了挑战。目前这一问题还没有深入研究，并且现有的无线网络结构也很难适应这种网络环境。

Mesh 网络结构是一种新型的无线网络结构，与传统无线网络相比。其拓扑结构具有一些结构和技术上的不同。从结构来看，Mesh 网络是规则分布的网络，不同于完全连接的网络结构（如图 4-26 所示），通常只允许和节点最近的邻居通信（如图 4-27 所示），其网络内部的节点一般都是相同的，因此 Mesh 网络也称为对等网。

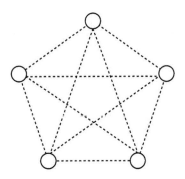

图 4-26　完全连接的网络结构

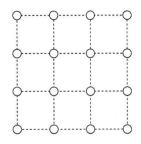

图 4-27　Mesh 网络结构

　　Mesh 网络是构建大规模无线网络的一个很好的结构模型，特别是那些分布在一个地理区域的网络，虽然这里反映的通信拓扑是规则结构，但是节点实际的地理分布不必是规则的 Mesh 结构。例如，一个 $n×m$ 的二维 Mesh 网络结构的无线传感器网络拥有 $n×m$ 条链路，每个源节点到目的节点都有多条连接路径。完全连接的分布式网络的路由表随着节点数增加而呈指数增加，且其路由设计复杂度是个 NP 问题。通过限制通信的邻居节点数和通信路径，可以获得一个具有多项式复杂度的再生流拓扑结构，基于这种结构的流线型协议本质上是分级网络结构。采用分级网络结构的 Mesh 网络结构如图 4-28 所示，采用分级网络结构技术可使 Mesh 网络的路由设计简单，一些数据的处理可以在每个分级层次完成，因此比较适合无线传感器网络的分布式信号处理和决策。

　　从技术上来看，Mesh 网络结构具有以下特点。

　　① 由无线节点构成网络。这种类型的网络节点由一个执行器构成且连接到一个双向无线收发器上。数据和控制信号通过无线通信的方式进行网络传输。

　　② 节点按照 Mesh 拓扑结构部署。采用典型的无线 Mesh 网络拓扑，网内每个

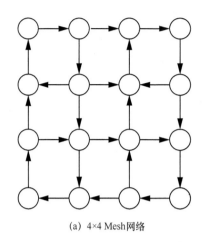
(a) 4×4 Mesh网络

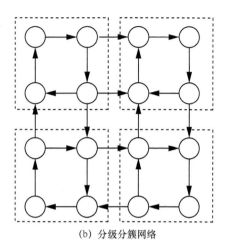
(b) 分级分簇网络

图 4-28 采用分级网络结构的 Mesh 网络结构

节点至少可以和一个其他节点通信，与传统的集线式或星形拓扑相比，具有更好的网络连接性。Mesh 网络结构还具有以下特征：自我形成，即当节点打开电源时，可以自动加入网络；自愈，当节点离开网络时，其余节点可以自动重新路由它们的消息或信号到网络外部的节点，以确保存在一条更加可靠的通信路径。

③ 支持多跳路由。来自一个节点的数据在到达一个主机网关或控制器之前，可以通过多个其他节点转发。在不牺牲当前信道容量的情况下，扩展无线传感器网络的覆盖范围是无线传感器网络设计和部署的一个重要目标之一。通过 Mesh 网络拓扑的网络连接，只需要短距离的通信链路，受到的干扰较少，因此可以为网络提供较高的吞吐率及频谱复用率。

④ 功耗限制和移动性取决于节点类型及应用的特点。通常基站或汇聚节点移动性较低，感应节点移动性较高。基站通常不受电源限制，而感应节点通常由电池供电。

⑤ 存在多种网络接入方式。可以通过星形、Mesh 网络等方式和其他网络集成。

在无线传感器网络实际应用中，通常根据应用需求来灵活地选择合适的网络拓扑结构。由于 Mesh 网络是构建大规模无线网络的一个很好的结构模型。并且，Mesh 网络结构节点之间存在多条路由路径，网络对于单点或单个链路故障具有较强的容错能力和鲁棒性。Mesh 网络结构最大的优点就是所有节点都有对等的地位，具有相同的计算和通信传输功能。某个节点可被指定为簇首节点，还可执行额外的功能。一旦簇首节点失效，另外一个节点还可以立刻补充并接管原簇首额外执行的功能。因此，Mesh 网络结构是较为理想的临近空间组网的拓扑结构。首先研究临近空间平台动态自组织网络的网络拓扑架构，由于临近空间平台的特点，传统的无线组网拓扑并不能直接应用。经过调研分析后，考虑使用双层 Mesh 网络结构的方案，结合动态 Ad Hoc 网络分层思想，基于临近空间飞行器的区域自组织网络在成网方式动态设计方面展开研究。

4.4.4　组网的路由算法技术

临近空间平台的网络结构具有显著的动态性，组成复杂，网络内部节点功能迥异；网络中既包括水平方向的通信也包括垂直方向的通信，因此基于复杂网络的路由算法是提高通信质量的保障。由于网络中的中心骨干节点主要由高空平台组成，受到平台的限制，节点的计算能力、处理能力有限，路由算法运算应尽量简单，并且应尽量减小路由开销。为适应网络环境频繁变化，以及考虑军事及灾难环境下的应用，路由应具有较强的抗毁性，即在部分节点损坏的情况下仍然能继续工作。

快速移动的自组织网络路由协议可以分为表驱动路由协议、按需路由协议和混合路由协议 3 种路由协议。

（1）表驱动路由协议

表驱动路由协议是无论移动节点在网络中是否有数据通信的需要，每个节点都周期性地广播路由的数据分组，当路由信息没有变化时，路由表保持原来可以达到另一个通信节点的路由信息表。当网络拓扑发生变化时，通信节点向其他节点发送网络中更新的路由消息。其他节点接收到更新的路由信息后更新路由表，使节点一直保持准确的路由信息。根据路由表发送或转发数据分组的表驱动路由协议可以实现更小的终端到终端的时延，但需要消耗大量的网络资源用于计算。该协议主要包括 DSDV、OLSR 等。

（2）按需路由协议

按需路由协议是网络中的节点不保存路由信息，每当它需要进行通信时，按照需要进行路由查找。当源节点发送数据分组时，首先在网络中搜索路径，找到可以到达目的节点的路径后，源节点发送数据分组。为了使路由过程尽可能高效，已获得的路由信息存储在高速缓存节点中，用于随后的数据分组传输。按需路由协议不同于表驱动路由协议，不需要周期性地广播控制消息，减少了路由开销，节省了网络资源，简单实用。但是，当发送数据分组时，如果没有找到可用的路由信息节点，需要等待路由发现，此时会产生较大的延迟。该协议的主要代表包括 TORA、AODV、DSR 等。

（3）混合路由协议

混合路由协议是将上述两种路由协议的优点进行结合，综合上述两种协议的路由功能，采用外部分层、内部分簇的方式。混合式路由协议避免了表驱动路由协议在拓扑无变化时消息流过剩问题及按需路由协议路由变化导致的延迟问题，适用于大规模的无线自组织网络。常见的混合路由协议包括 ZRP、CBR 等。临近空间组网内各节点通过多跳无线链路实现相互间的通信。整个网络没有固定的基础设施，比如基站，网络内每个节点都可作为路由器向其他节点转发数据。因此，开发一种能有效地找到节点间路由的动态路由协议成为临近空间组网设计的关键。临近空间组网具有无中心和自组织性，临近空间自组织网络中的节点除了作为收发机外，还可作为路由器，进行路由发现和维护。临近空间组网具有自组织的特性，具有很强的抗毁性。综上所述，结合高动态高空平台网络特点，路由设计要满足：高可靠性、低时延、低开销和较强的抗毁性的要求。

4.4.5　临近空间平台导航定位技术原理

临近空间平台导航定位系统类似于 GPS 的四星定位系统，采用空间 3 球交汇原理进行定位。由于存在钟差，接收机需要测定 4 颗伪卫星的距离，如式（4-6）所示。

$$\rho = c \cdot \tau = c(t_r - t_{pl}) \tag{4-6}$$

其中，τ 为发射电波至接收机接收到电波的时间差；c 为真空中的光速；t_r 为接收机接收的时刻，t_{pl} 为伪卫星发射电波的时刻。由于伪卫星钟和接收机时钟与标准时不完全同步，都存在钟差，设其分别为 Δt_{pl} 与 Δt_r，实际测得的时间差包含有钟差的影响。

$$\tau' = (t_r + \Delta t_r) - (t_{pl} + \Delta t_{pl}) \tag{4-7}$$

伪卫星钟差由地面监控系统测定，并通过导航电文提供给用户，可认为是已知的，故实际测得的距离为：

$$\rho' = c \cdot \tau' = c(t_r - t_{pl}) + c\Delta t_r t_r = \rho + c\Delta t_r \tag{4-8}$$

因为距离观测值 ρ' 中包含了接收机钟差引起的误差，而不是接收机至伪卫星的真正距离 ρ，故称为伪距观测值。一般用户很难以足够的精度测定接收机的钟差，可以把它作为一个待定参数与接收机的位置坐标一并解出。

将式（4-8）写成：

$$\rho' = \sqrt{(X-X_j)^2 + (Y-Y_j)^2 + (Z-Z_j)^2} + c\Delta t_{\mathrm{r}} \qquad (4\text{-}9)$$

其中，X_j、Y_j、Z_j 表示第 j 颗伪卫星在地球坐标系中的直角坐标，可以利用卫星播发的导航电文中给出的卫星位置信息计算得到，因此可以认为是已知量。而 X、Y、Z 为接收机在同一坐标系中的位置坐标，与接收机钟差同为待求量，共 4 个未知参数，只需要对 4 颗卫星同步观测，获得 4 个伪距观测值 ρ'_j（j=1, 2, 3, 4）组成 4 个方程式，通过解算即可解出接收机位置（X, Y, Z）和钟差 Δt_{r}。以上是四星定位的基本原理。可见，用户通过接收机对不少于 4 颗卫星进行伪距测量，然后利用导航电文提供的伪卫星位置和伪距观测值，即可解算出接收机的位置。

前期工作中对 3 颗、4 颗伪卫星几何布局方案进行了研究：其中 4 颗组成的"树型"方案虽然可以满足中心区域用户定位精度的要求，但是周边区域用户的定位精度较低和系统的定位可用区域较小；针对此问题提出了多种伪卫星几何布局方案。这些方案虽然在一定程度上扩大了系统的定位可用区域，但是由于覆盖区域的几何精度因子较高和所需伪卫星数量较多，用户定位精度较差和成本增加。

在基于临近空间平台组网架构下。浮空器除了能够形成空基骨干网进行通信服务外，还能提供导航定位服务。本节主要研究了浮空器的星座构型，分析不同构型下的导航定位精度，选出最优的空间布局方案，拟采用 Mesh 网络作为临近空间平台的组网拓扑。考虑到平台的特点和应用需求，因此，对网络拓扑结构分为两层设计，建立一套骨干网和一套接入网，并对临近空间平台按照服务范围划分网络簇，各个网络簇互联形成一个大的临近空间网络。在设计网络拓扑的过程中充分考虑空间布局对导航定位精度的影响，把几何布局作为拓扑设计的重要因素；充分考虑临空平台位置、高度的动态变化造成的拓扑动态变化特点，在数据链路层和网络层研究动态组网方案，各节点实时动态发现邻节点，并进行链路质量、位置关系的实时测量，进而实时交互数据并维持更新网络拓扑，最终得出最佳的网络结构。

在确定了网络拓扑的基础上，对组网相关路由协议进行研究。对不同的路由协议进行分析比较，选择最佳的路由协议。临近空间平台导航定位系统的动态路由技术如图 4-29 所示。

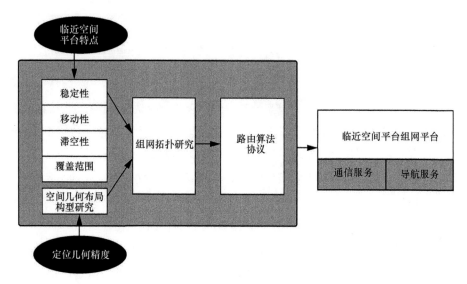

图 4-29　临近空间平台导航定位系统的动态路由技术

| 4.5　小结 |

本章介绍了动态路由的特点和应用场景，并且在此基础上对动态路由和静态路由的区别和联系进行了分析，动态路由协议通过路由信息的交换，生成并维护转发引擎所需的路由表。当网络拓扑结构变化时，动态路由协议自动更新路由表，并负责决定数据传输的最佳路径。在动态路由中，管理员不需要与静态路由一样，手工对路由器上的路由表进行维护，而是在每个具有路由功能的节点上运行一个路由协议。这个路由协议根据路由器上接口的配置（如 IP 地址的配置）及所连接的链路状态，生成路由表中的路由表项。此外，本章还介绍了目前该领域内比较典型的几类动态路由协议。

本章分析了动态自组织网络路由的基本功能需求，设计了一套基于网络编码的无线路由协议，并介绍了该协议的信号体制、算法流程、路由策略，基于路由的通信策略以及对应的软件设计框架。此外，分析了在特殊环境下该协议的应用案例，作为读者在该技术方向的引导。

参考文献

[1] WOOD L. Internetworking with satellite constellations[D]. Guildford: University of Surrey, 2001.

[2] HENDERSON T R, KATZ R H. On distributed, geographic-based packet routing for LEO satellite networks[C]//Proceedings of IEEE Global Telecommunications Conference. Piscataway: IEEE Press, 2000.

[3] GOUNDER V V, PRAKASH R, ABU-AMARA H. Routing in LEO-based satellite networks[C]//Proceedings of IEEE Emerging Technologies Symposium on Wireless Communications and Systems. Piscataway: IEEE Press, 1999.

[4] HASHIMOTO Y, SARIKAYA B. Design of IP-based routing in a LEO satellite network[C]//Proceedings of Third International Workshop on Satellite-Based Information Services. [S.l.:s.n.], 1998.

[5] EKICI E, AKYILDIZ I F, BENDER M D. Datagram routing algorithm for LEO satellite networks[C]//Proceedings of Nineteenth Annual Joint Conference of the IEEE Computer and Communications Societies. Piscataway: IEEE Press, 2000.

[6] EKICI E, AKYILDIZ I F, BENDER M D. Network layer integration of terrestrial and satellite IP networks over BGP-S[C]//Proceedings of IEEE Global Telecommunications Conference. Piscataway: IEEE Press, 2001.

[7] 覃团发, 廖素芸, 罗会平. 无线 Mesh 网络中网络编码的文件共享模型[J]. 电讯技术, 2008, 48(5): 17-20.

[8] 王静, 赵林森, 刘向阳, 等. 无线网络中一类多播网络的网络编码[J]. 计算机科学, 2008, 35(9): 109, 125.

[9] 李宏兴, 陈贵海, 陈明达. 无线网络中基于网络编码的自适应计时控制[J]. 计算机科学与探索, 2009, 3(1): 26-36.

[10] 卓新建, 马松雅. 防窃听的安全网络编码[J]. 中兴通讯技术, 2009, 15(1): 8-11.

[11] 李颖, 王静. 网络编码在无线通信网络中的应用[J]. 中兴通讯技术, 2009, 15(1): 32-36.

[12] 周业军, 李晖, 马建峰. 一种安全的纠错网络编码[J]. 电子与信息学报, 2009, 31(9): 2237-2241.

[13] 代青. 浅谈网络编码技术[J]. 电脑知识与技术, 2009, 5(26): 7383-7384, 7389.

[14] 肖潇, 杨路明, 王伟平, 等. 一种结合网络编码的路径代价衡量方法[J]. 高技术通讯,

2009, 9(9): 913-918.

[15] 曹张华, 唐元生. 安全网络编码综述[J]. 计算机应用, 2010, 30(2): 499-505.

[16] 邹平辉. 网络编码技术在无线网络中的运用[J]. 软件导刊, 2010, 9(7): 132-134.

第 5 章

组网导航增强技术及应用模式

天 空地一体化导航增强自组织网络的完好性监测是导航增强自组织网络的完好性保障手段。本章基于民用航空的 GNSS 完好性监测技术，首先，提出了适用于导航增强自组织网络的完好性监测机制。随后，着重从节点测距误差包络方法和误差参数的置信区间估计两个部分对导航增强自组织网络的完好性监测技术进行了研究。最后，通过仿真实验对导航增强自组织网络的保护级进行了验证。

| 5.1 引言 |

导航增强自组织网络的完好性监测作为导航增强自组织网络的完好性保障手段，对其在不同用户中的推广使用至关重要。民用航空领域发展了最为完备的 GNSS 完好性监测手段。导航增强自组织网络作为一种新的局域增强技术，其完好性监测技术还面临着一些新的问题。

本章基于民用航空的 GNSS 完好性监测技术，首先提出了适用于导航增强自组织网络的完好性监测机制。随后着重从节点测距误差包络方法和误差参数的置信区间估计两个部分对导航增强自组织网络的完好性监测技术进行了研究。

节点测距误差包络方法部分主要针对导航增强自组织网络的真实误差分布具有较强的厚尾特性，提出了基于稳定分布的节点测距误差包络方法。

误差参数的置信区间估计部分主要针对导航增强自组织网络的独立样本数量有限的特点，提出了 Bootstrap 置信区间估计的方法，有效地提高了样本数量有限条件下的置信度。

最后，通过仿真实验对导航增强自组织网络的保护级进行了验证。

|5.2 组网导航的完好性增强方法|

在航空等对导航安全性有较高需求的应用领域中，都要求导航系统具有一定的完好性保障手段，即在导航误差增大、无法满足应用安全需求时及时发出告警。因此，导航增强自组织网络也应具备相应技术手段，以满足用户多样的应用需求。

5.2.1 卫星导航的完好性增强技术

本节概述卫星导航的完好性增强方法。

1. 基于保护级的完好性监测机制

卫星导航的空基增强系统（ABAS，Aircraft Based Augmentation System）、地基增强系统（GBAS，Ground Based Augmentation System）和星基增强系统（SBAS，Satellite Based Augmentation System）的完好性监测实现方法，都可以等价为基于保护级的完好性监测机制。根据完好性的定义，导航系统应在其定位误差超过指定的告警限（AL，Alert Limit）后，在规定的告警时间内发出告警。然而，在使用 GNSS 进行导航时，用户无法实时判定自身定位误差，因此，民用航空中建立了特定完好性风险下的定位误差上限的数学模型，称为保护级（PL，Protection Level）[1]。

PL 以 $1-p_{risk}$ 的概率包络定位误差，即：

$$P(\text{定位误差大于PL}) < p_{risk} \qquad (5\text{-}1)$$

其中，p_{risk} 为所允许的完好性风险，与各运行阶段的运行需求相关。

当 PL<AL 时，定位误差超过的 AL 的概率小于所规定的完好性风险。反之，完好性不能保证，导航系统应发出告警。使用保护级决定的完好性示意图如图 5-1 所示。

实际中，用户定位中所使用的卫星的几何分布影响了定位误差的大小，并且卫星的几何分布随时间和用户位置而变化。因此，在民用航空应用中，均是由地面系统计算每颗卫星的伪距误差概率分布特征参数，并将其广播给空中飞行的用户。用户可根据可见卫星伪距误差的统计特征和几何分布计算定位误差保护级。

航空应用中将保护级分为水平保护级（HPL，Horizontal Protection Level）和垂直保护级（VPL，Vertical Protection Level），分别对应定位误差在水平和垂直两个方向上的投影。水平保护级和垂直保护级计算原理相同，本节以垂直保护级为例进行讨论。

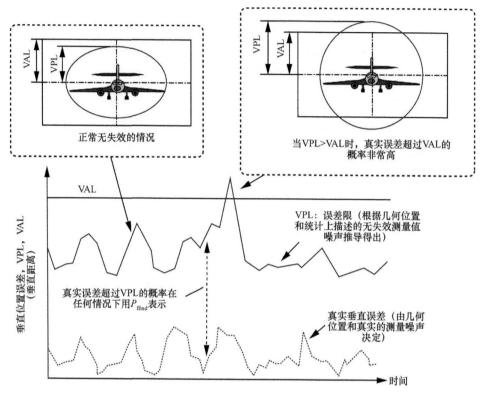

图 5-1　使用保护级决定的完好性示意图

假设第 i 颗卫星的测距误差的概率密度函数为：

$$\varepsilon_{nn,i} \sim f(\theta) \qquad (5\text{-}2)$$

其中，θ 为分布参数。

用户使用最小二乘方法进行定位解算时，有：

$$X = \left(G^{\mathrm{T}} G\right)^{-1} G^{\mathrm{T}} \rho = S\rho \qquad (5\text{-}3)$$

其中，$X = [x\, y\, z\, b]^{\mathrm{T}}$ 是用户位置和接收机钟差向量；$\rho = [\rho_1 \ldots \rho_N]^{\mathrm{T}}$ 是用户的观测量向量；G 是方位余弦矩阵；$S = \left(G^{\mathrm{T}} G\right)^{-1} G^{\mathrm{T}}$ 为从测距域到定位域的投影矩阵。

则根据测距误差和定位误差的线性模型，垂直定位误差可表示为测距误差的加权和：

$$\varepsilon_u = \sum_{i=1}^{N} s_{V,i}\varepsilon_{nn,i} \tag{5-4}$$

其中，$s_{V,i}$ 为投影矩阵第 3 列第 i 行的元素，代表第 i 个自组织网络节点的伪距误差到用户垂直定位误差的投影系数。

因此，VPL 可以表示为：

$$\text{VPL} = P^{-1}\left(P_{\text{risk}}/2\right) \tag{5-5}$$

其中，P_{risk} 为所需要的完好性风险；$P^{-1}()$ 为垂直定位误差概率分布函数的逆函数。

2. ABAS

空基增强系统主要利用飞机机载导航设备的冗余观测量来确保卫星导航满足空管对精度和完好性的要求。根据机载导航设备的具体情况，又分为接收机自主完好性监测和飞机自主完好性监测。机载接收机接收到 GNSS 信号并对其进行捕获跟踪后，可以计算出伪距观测量。此时根据可见星数量、仰角和对应的 GDOP 值来选择自主完好性监测的模式，即选择 RAIM 还是 AAIM。

自主完好性监测的执行流程包括以下几个步骤。

（1）判断可见卫星数量是否≥5，若≥5 则采用 RAIM 算法；若<5，RAIM 算法不可用，必须采用 AAIM 算法。

（2）根据可见卫星数量、系统设置的误警率和漏检率，计算水平、垂直定位误差保护级别和检测门限。

（3）分别比较水平保护级和垂直保护级与对应告警限，若保护级大于告警限，则 RAIM 和 AAIM 均不可用。

（4）根据当前观测量计算检测统计量并与预先设置的门限进行比较，若大于门限则向用户告警，并对故障来源做进一步判断。

（5）对于 RAIM，需先判断可见星数量是否至少为 6 颗，若≥6，则可进行故障来源判断；若<6，RAIM 不可用，必须采用 AAIM 进行故障来源判断。

（6）构造检测量，并根据具体情况进行相应的故障来源判断。

上述步骤（1）～步骤（4）可满足 GNSS 作为辅助导航源的自主完好性监测需求；步骤（5）和步骤（6）则在此基础上进一步满足 GNSS 作为唯一导航源的自主完好性监测需求。

3. SBAS

星基增强系统利用广域分布的地面监测站网实时监测导航卫星的测距信号，由

主控中心综合处理所有监测站的信息，得到所有可见卫星的完好性参数，并通过卫星信道发送给用户。

（1）系统组成

SBAS 通常由空间段、地面段、用户段以及数据链路组成。空间段包括导航卫星和用于完好性信息播发的地球同步卫星。地面段包括参考站和中心站。参考站根据系统的性能和任务来具体布设，主要任务是采集导航卫星及气象设备的观测数据，并对所采集的数据进行预处理，然后将处理后的数据发送到中心站。中心站由数据收发系统、数据处理系统、监控系统和配套设备组成，担负着全系统的信息收集、处理、加密和广播任务。用户段，即用户接收机，其主要任务是接收系统广播的差分信息，实现差分定位与导航功能；接收系统广播的完好性信息，确保用户的高完好性需求。

（2）功能结构

SBAS 典型功能包括数据采集、确定电离层校正信息、确定卫星轨道信息、确定卫星校正信息、提供独立的数据检验、提供广播信息和系统运行维护。

4．GBAS

GBAS 利用在机场局域范围内分布的多个监测接收机对可见卫星的导航信号进行监测，由数据处理设备计算每颗可见卫星的完好性参数，并通过地空甚高频数据广播（VDB，Very High Frequency Data Broadcast）发送给用户。

（1）系统组成

GBAS 由空间部分、LAAS 地面站（LGF，LAAS Ground Facility）和用户部分组成。空间部分提供测距信号和轨道参数给 LGF 和用户。LGF 包括一组卫星导航的参考接收机，不断地跟踪、解码、监测卫星信号并生成完好性监测信息。为了保证飞行安全，LGF 同时探测导航信号的失效并及时向飞机告警。上述信息通过 VDB 数据链播发给用户。用户使用接收到的卫星完好性参数实时计算垂直保护级和水平保护级，然后分别与垂直告警限和水平告警限比较，从而决定系统能否提供足够的安全支持。

（2）功能结构

GBAS 的功能如下。

- 空间信号的接收：由地面监测接收机接收可见卫星信号，得到伪距和载波相位观测值，并对导航电文解码以获得卫星星历和星钟信息。

- 载波平滑码伪距和差分改正计算：由地面计算伪距校正值，首先为了降低观测噪声，采用载波相位的变化量为平滑伪距观测量；由监测接收机的已知坐标位置和卫星的已知坐标得到计算距离，将平滑伪距与计算距离取差，产生伪距校正值。消除伪距校正值中基准站接收机钟差的影响，对同一卫星不同基准站的改正数取平均值以得到更为精确的差分改正值。

- 完好性监视：由地面完好性监视系统完成，确保伪距和载波相位差分校正值不含有完好性风险。完好性监视算法包括：信号质量监测，即监测 GPS 信号异常，比如信号畸变；数据质量监测，即对于同一颗卫星，监测所有的监测站接收的数据是否相同，并比较星历的一致性以判断广播星历是否存在错误；观测量质量监测，即监测伪距和载波相位观测数据是否有较大跳变，如伪距突变、载波相位周跳等。

- 增强信息的播发：由地面 VHF 通信模块完成，即按照一定编码格式对增强信息进行编码并发给飞机，该编码格式具有自校验能力，以确保广播增强信息的正确性。

- 机载设备的处理：利用机载接收机的观测数据和地面站广播的增强信息实现飞机的差分定位；同时，利用地面站广播的完好性信息，在定位域中计算飞机的垂直和水平保护级，并将计算出的保护级与相应的告警限值进行比较，以判断是否存在完好性风险。

5.2.2　导航自组织网络的空基增强技术

基于卫星导航的 ABAS 技术，本节提出导航自组织网络的空基增强技术。

当用户仅使用导航自组织网络进行定位时，可采用与 RAIM 类似的空基增强方法进行完好性监测，其基本原理和主要算法参见第 3.3.1 节。当用户同时使用卫星导航系统和导航自组织网络进行定位时，由于导航卫星和飞艇发生故障为独立事件，因此存在较大的可能二者同时发生故障。此时，应参照针对多星座卫星导航提出的先进 RAIM 技术进行完好性监测。

1. ARAIM 原理

为了支持多星座卫星导航技术，FAA 率先提出了 ARAIM 技术[2]。ARAIM 的基准算法称为多假设解分离（MHSS, Multiple Hypothesis Solution Separation）。MHSS 的基本原理是以全可见星解为基准，比较每个子集定位解的偏离程度，然后判断是否存在故障。这种算法的优点是可以检测多颗卫星发生故障的情景。

在 MHSS 算法中，首先定义了故障子集的概念，它是指从全可见卫星中排除一颗卫星或者多颗卫星形成的集合。使用全可见星解算的定位解称为全局解，对应地，使用故障子集解算的定位解称为子集定位解。在 MHSS 算法中，以全局解作为基准，然后比较每个故障子集定位解与全局解的距离，即偏离程度，从而判断是否有故障卫星存在。一般认为，在无故障卫星存在的情况下，全局解和子集定位解应该聚集在一起。

而当有故障卫星存在时，则由包含故障卫星的子集解算的子集定位解与全局解将会产生偏移，而不包含故障卫星的子集解算的子集定位解将更加接近飞机或用户的真实位置。不包含故障卫星的子集定位解理论上更加接近飞机的真实位置，而包含故障卫星的子集定位解和全局解将聚集在一起，理论上它将更加偏离飞机的真实位置。所以，可以通过比较各个子集定位解与全局解的距离来判断是否存在故障卫星。如果所有的子集解与全局解的距离小于或等于阈值，即检测门限，则认为当前可见卫星无故障存在；否则认为有故障卫星存在。从中也可以看出 MHSS 算法的最大优点在于它不仅能识别单颗星故障，而且还可以识别多星故障的情况。

对于故障子集定位解的确定则来自对所有可见卫星进行故障假设，包括单颗卫星故障假设、多颗卫星故障假设和星座故障假设，然后对于每一种假设，将所有可能出现的故障进行组合排列，然后解算出每个故障子集定位解。正如前面介绍的，MHSS 算法将全局解与各个子集定位解的差值投影到东北天 3 个方向，然后将每个方向上的差值与对应的门限进行比较。

ARAIM 算法的基本流程包括：计算伪距协方差矩阵、计算全局解、确定故障模式、计算子集定位解、计算检验统计量、计算解分离门限、计算保护级以及可用性判断[3]，如图 5-2 所示。

MHSS 算法的计算流程如下。

（1）计算伪距协方差矩阵 C_{int} 和 C_{acc}

计算伪距协方差矩阵的公式如下：

$$C_{int}(i,i) = \sigma_{URA,i}^2 + \sigma_{tropo,i}^2 + \sigma_{user,i}^2 \tag{5-6}$$

$$C_{acc}(i,i) = \sigma_{URE,i}^2 + \sigma_{tropo,i}^2 + \sigma_{user,i}^2 \tag{5-7}$$

其中，$i=1,2,\cdots,N_{sat}$ 表示的是第 i 颗卫星；$\sigma_{tropo,i}^2$ 表示的是第 i 颗卫星的对流层误差的方差；$\sigma_{user,i}^2$ 则为多径和用户接收机噪声的方差；C_{int} 用于表征完好性，而 C_{acc} 用于表征精度和连续性。

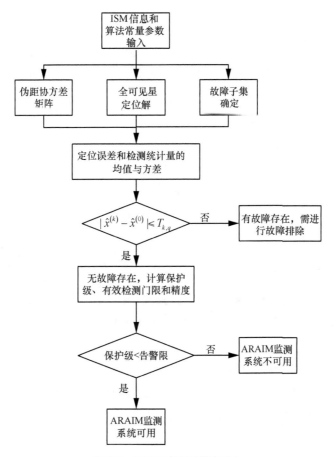

图 5-2　ARAIM 算法的基本流程

（2）计算全局解

利用加权最小二乘法计算定位解的更新量：

$$\Delta x = \left(\boldsymbol{G}^{\mathrm{T}}\boldsymbol{W}\boldsymbol{G}\right)^{-1}\boldsymbol{G}^{\mathrm{T}}\boldsymbol{W}\Delta\boldsymbol{PR} \tag{5-8}$$

式（5-8）中的 $\boldsymbol{G}$ 为 $N_{\mathrm{sat}} \times (3 + N_{\mathrm{const}})$ 的几何观测矩阵，它的前 3 列与 RAIM 方法中的 $\boldsymbol{G}$ 一样，剩余的每列则对应每个星座的参考时钟，则有式（5-9）：

$$\begin{cases} G_{i,3+j} = 1, & 第i个卫星属于第j个星座 \\ G_{i,3+j} = 0, & 其他 \end{cases} \tag{5-9}$$

其中，加权矩阵 $\boldsymbol{W} = C_{\mathrm{int}}^{-1}$；$\Delta\boldsymbol{PR}$ 是上一次迭代解算出来的伪距测量值与期望值之差，当定位解收敛时，则 $\Delta\boldsymbol{PR}$ 等价于 $\boldsymbol{y}$。

（3）确定需要监测的故障模式

从上面提到的完好性支持信息（ISM，Integrity Support Message）中可以看出，ISM 没有明确给出所需要监测的故障模式以及每个故障模式相应的概率分配，这就需要接收机根据 ISM 信息中的 $P_{\text{sat},i}$ 和 $P_{\text{const},i}$ 做出判断，以下将简要介绍卫星故障子集的确定。

首先，确定所需要监测同时发生故障的最大卫星数目 $N_{\text{sat,max}}$，为了计算 $N_{\text{sat,max}}$，需先计算至少有 r 颗卫星同时发生故障的概率，即 $P_{\text{sat,not monitored}}(r+1,\ P_{\text{sat},1},\ P_{\text{sat},2},\cdots,P_{\text{sat},N_{\text{sat}}})$，由此可以得到 $N_{\text{sat,max}}$ 的计算式如下：

$$N_{\text{sat,max}} = \left\{ r \in 1,\cdots,N_{\text{sat}} \mid P_{\text{sat\_subsets}}\left(r+1,P_{\text{sat},1},\cdots,P_{\text{sat,nsat}}\right) \leqslant P_{\text{sat\_THRES}} \right\} \quad (5\text{-}10)$$

当 $N_{\text{sat,max}}$ 一旦被确定，则所有的故障子集数量便被确定。本节中用 idx_k 来标记第 k 个子集中卫星下标，则 $idx_k = \{i_1,\cdots,i_r\}$。

而对于星座的计算方式与卫星相同。在本节中，假设单个核心星座的卫星故障先验概率相同，不同核心星座之间的卫星发生故障时相互独立的，且不考虑卫星的寿命问题。

（4）计算子集定位解及其标准差和偏置

在 MHSS 算法中，假设伪距测量误差是服从高斯噪声分布，并且每个故障子集的误警率是固定的。需要确定子集定位解 $\hat{x}^{(k)}$ 与全局解 $\hat{x}^{(0)}$ 的差 $\Delta\hat{x}^{(k)}$，然后计算其标准差与检测门限，这里的 $k=1,\cdots,N_{\text{fault\_modes}}$，对于每一个故障子集，它的加权矩阵如下：

$$\begin{cases} W^{(k)}(i,i) = C_{\text{int}}^{-1}(i,i), & i \in idx_k \\ W^{(k)}(i,i) = 0, & \text{其他} \end{cases} \quad (5\text{-}11)$$

利用加权最小二乘法解算故障子集 k 的伪距残差 y，并求得第 k 个故障子集的检验统计量 $\Delta\hat{x}^{(k)}$，计算式如下：

$$\Delta\hat{x}^{(k)} = \hat{x}^{(k)} - \hat{x}^{(0)} = \left(S^{(k)} - S^{(0)}\right)y \quad (5\text{-}12)$$

$$S^{(k)} = \left(G^{\text{T}}W^{(k)}G\right)^{-1}G^{\text{T}}W^{(k)} \quad (5\text{-}13)$$

由此可得：

$$\sigma_q^{(k)2} = \left(G^{\text{T}}W^{(k)}G\right)_{q,q}^{-1} \quad (5\text{-}14)$$

其中，$q=1,2,3$ 分别表示东、北、天 3 个方向，同样还可以计算出标称偏置 $b_{\text{nom},i}$ 对

于定位解 $\hat{x}_q^{(k)}$ 的影响：

$$b_q^{(k)} = \sum_{i=1}^{N_{\text{sat}}} \left| S_{q,i}^{(k)} \right| b_{\text{nom},i} \qquad (5\text{-}15)$$

而对于第 k 个子集的检验统计量 $\Delta \hat{x}^{(k)}$ 的方差计算如下：

$$\sigma_{\text{ss},q}^{(k)2} = e_q^{\text{T}} \left(S^{(k)} - S^{(0)} \right) C_{\text{acc}} \left(S^{(k)} - S^{(0)} \right)^{\text{T}} e_q \qquad (5\text{-}16)$$

这里的 e_q 表示的是一个第 q 个元素为 1，其他的元素为 0 的向量。

（5）解分离门限检验

若子集定位解与全局解之差小于检验门限，则说明无故障存在，接收机接下来将计算保护级、有效检测门限、精度等完好性指标；相反，若子集定位解与全局解大于检测门限，则认为有故障存在，在这种情况下，则需要进行故障排除，直至检验统计量通过检测门限。

对于第 k 个故障子集，需要计算东北天每个方向上的检验门限，并且用 q 来表示，则计算表达式为：

$$T_{k,q} = K_{\text{fa},q} \sigma_{\text{ss},q}^{(k)2} \qquad (5\text{-}17)$$

其中：

$$\begin{aligned} K_{\text{fa},1} = K_{\text{fa},2} &= Q^{-1}\left(\frac{P_{\text{FA\_HOR}}}{4 N_{\text{fault\_modes}}} \right) \\ K_{\text{fa},3} &= Q^{-1}\left(\frac{P_{\text{FA\_VERT}}}{2 N_{\text{fault\_modes}}} \right) \end{aligned} \qquad (5\text{-}18)$$

$Q^{-1}(p)$ 为 Q 的逆函数，表示标准高斯分布的（$1\text{-}p$）的分位数。定义归一化检测统计量为：

$$\tau_{k,q} = \frac{\left| \hat{x}_q^{(k)} - \hat{x}_q^{(0)} \right|}{T_{k,q}} \leqslant 1 \qquad (5\text{-}19)$$

若 $\tau_{k,q}$ 小于或等于 1，则认为无故障存在，接收机可以计算保护级，相反，则认为有故障存在，此时需要对故障进行排除。

（6）计算保护级

垂直保护级的计算式如下：

$$2Q\left(\frac{\mathrm{VPL}-b_3^{(0)}}{\sigma_3^{(0)}}\right)+\sum_{k=1}^{N_{\mathrm{fault\_modes}}}p_{\mathrm{fault},k}Q\left(\frac{\mathrm{VPL}-T_{k,3}-b_3^{(k)}}{\sigma_3^{(k)}}\right)= \tag{5-20}$$

$$P_{\mathrm{HMI\_VERT}}-P_{\mathrm{sat,not\_monitored}}-P_{\mathrm{const,not\_monitored}}$$

利用二分搜索法对式（5-20）进行求解，首先令：

$$f\left(\mathrm{VPL}\right)=P_{\mathrm{HMI\_VERT}}-P_{\mathrm{sat,not\_monitored}}-P_{\mathrm{const,not\_monitored}} \tag{5-21}$$

这里的 $f\left(\mathrm{VPL}\right)$ 是关于 VPL 的函数，具体形式如下：

$$f\left(\mathrm{VPL}\right)=2Q\left(\frac{\mathrm{VPL}-b_3^{(0)}}{\sigma_3^{(0)}}\right)+\sum_{k=1}^{N_{\mathrm{fault\_modes}}}p_{\mathrm{fault},k}Q\left(\frac{\mathrm{VPL}-T_{k,3}-b_3^{(k)}}{\sigma_3^{(k)}}\right) \tag{5-22}$$

用二分搜索法搜索时，VPL 的下限为：

$$\mathrm{VPL}_{\mathrm{low,init}}=\max\left\{\begin{array}{l}Q^{-1}\left(\dfrac{P_{\mathrm{HMI\_VERT}}}{2}\right)\sigma_3^{(0)}+b_3^{(0)}\\[2ex]\max_k Q^{-1}\left(\dfrac{P_{\mathrm{HMI\_VERT}}}{p_{\mathrm{fault},k}}\right)\sigma_3^{(k)}+T_{k,3}+b_3^{(k)}\end{array}\right\} \tag{5-23}$$

VPL 的上限为：

$$\mathrm{VPL}_{\mathrm{up,init}}=\max\left\{\begin{array}{l}Q^{-1}\left(\dfrac{P_{\mathrm{HMI\_VERT}}}{2\left(N_{\mathrm{faults}}+1\right)}\right)\sigma_3^{(0)}+b_3^{(0)}\\[2ex]\max_k Q^{-1}\left(\dfrac{P_{\mathrm{HMI\_VERT}}}{P_{\mathrm{fault},k}\left(N_{\mathrm{faults}}+1\right)}\right)\sigma_3^{(k)}+T_{k,3}+b_3^{(k)}\end{array}\right\} \tag{5-24}$$

则它的迭代结束条件为：

$$\mid \mathrm{VPL}_{\mathrm{up}}-\mathrm{VPL}_{\mathrm{low}}\mid=\mathrm{TOL}_{\mathrm{PL}} \tag{5-25}$$

（7）计算精度和有效检测门限（EMT，Effective Monitor Threshold）

用于计算精度的定位误差的标准差为：

$$\sigma_{v,\mathrm{acc}}=\sqrt{\boldsymbol{S}_3^{(0)}\boldsymbol{C}_{\mathrm{acc}}\boldsymbol{S}_3^{(0)\mathrm{T}}} \tag{5-26}$$

对于 EMT，有计算式为：

$$\mathrm{EMT}=\max_{k\mid p_{\mathrm{fault},k}\geqslant P_{\mathrm{ENMT}}}\left(T_{K,3}+K_{\mathrm{md,EMT},k}\sigma_{v,\mathrm{EMT}}^{(k)}\right) \tag{5-27}$$

其中，$K_{\mathrm{md,EMT},k}=Q^{-1}\left(\dfrac{P_{\mathrm{EMT}}}{2P_{\mathrm{fault},k}}\right)$；$\sigma_{v,\mathrm{EMT}}^{(k)}=\sqrt{\boldsymbol{S}_3^{(k)}\boldsymbol{C}_{\mathrm{acc}}\boldsymbol{S}_3^{(k)\mathrm{T}}}$。

ARAIM 完好性监测算法可用必须满足 3 个条件：

- 垂直保护级小于垂直告警限，即 VPL < VAL；
- 有效检测门限（EMT）小于 15 m；
- $VPE_{95} \leqslant 4 \text{ m}$。

只有这 3 个条件同时满足，ARAIM 算法才是可用的。

2. 故障子集优化

ARAIM 通过比较故障子集解与全局解的距离来检测故障是否存在，如果检测没有故障测距源（导航卫星或飞艇）存在，那么就可以确保系统的完好性。故障子集的形成是通过从全可见星中移除 1 个或多个测距源形成的。

在用户联合使用卫星导航系统和导航自组织网络的条件下，参与定位的测距源数量较多，需要估计大量的故障子集，增加了算法的计算量，降低了算法的计算效率。因此需要采取有效手段对故障子集进行优化，以减少故障子集的数量。

在 ARAIM 中，称星座中有多于 1 颗卫星发生故障为星座故障。对导航自组织网络，若有多于 1 个节点发生故障，也相应地称其为星座故障。

（1）故障子集计算方法

保护级的确定至少需要一个无故障子集，其余的子集通过排除故障卫星和故障星座形成。为了方便描述，把移除单颗故障卫星或者单个故障星座形成的子集称为单次故障子集，单次故障子集只能用来处理单个故障事件。然而，随着用户视野内可观察到的卫星数目增多，多个测距源同时发生故障的可能性很大，必须考虑双次故障子集。双次故障子集用来处理两个同时发生的故障事件，它包含两颗卫星同时发生故障、一颗卫星和一个星座同时发生故障、两个星座同时故障这 3 种情况。

如果用户跟踪了 N 颗卫星，那么需要考虑 $N(N-1)/2$ 个两颗卫星同时发生故障的组合，意味着将会有很大的计算量。除此之外，如果有 M 个星座，那么就有 $N \times M$ 个单颗卫星和单个星座同时发生故障的组合。假设 $M=4$，$N=48$，则会有 192 种这种组合。

接下来需要确定不同次故障子集的概率之和。零次故障对应的是无故障模型，无故障模型认为视野内的所有可见卫星都处于健康状态，那么它对应的概率为：

$$P_{\text{fault\_free}} = P_{\text{0th\_order}} = \prod_{i=1}^{N+M} \left(1 - P_{\text{mode},i}\right) \approx 1 \tag{5-28}$$

由于故障子集的概率非常小，所以无故障概率接近 1。

对于单次故障子集概率，有式（5-29）：

$$P_{\text{1th\_order}} = \sum_{i=1}^{N+M} \left(P_{\text{mode},i} \times \prod_{j=1, j \neq i}^{N+M} \left(1 - P_{\text{mode},j}\right) \right) \approx \sum_{i=1}^{N+M} P_{\text{mode},i} \qquad （5\text{-}29）$$

$\sum_{i=1}^{N+M} P_{\text{mode},i}$ 实际所表示的是单次故障子集及更高次故障子集的概率之和，而不仅仅是单个故障子集的概率之和。

同理，双次故障子集概率及更高次的故障子集的故障概率之和可以表示为：

$$P_{\text{2th\_order}} = \sum_{i=1}^{N+M-1} \sum_{j=i+1}^{N+M} P_{\text{mode},i} P_{\text{mode},j} = \frac{1}{2} \left\{ \left(\sum_{i=1}^{N+M} P_{\text{mode},i} \right)^2 - \left(\sum_{i=1}^{N+M} P_{\text{mode},i} \right)^2 \right\} \qquad （5\text{-}30）$$

如果双次故障子集概率远小于总的完好性所要求的概率10^{-7}，则这部分可以忽略。相反，如果双次故障子集概率比较大，有必要考虑更高次（3 次以上）的故障子集。3 次故障子集对应的概率可表示为：

$$P_{\text{3th\_order}} = \frac{1}{6} \left\{ \left(\sum_{i=1}^{N+M} P_{\text{mode},i} \right)^3 - 3 \left(\sum_{i=1}^{N+M} P_{\text{mode},i} \right)^2 \left(\sum_{i=1}^{N+M} P_{\text{mode},i} \right) + 2 \left(\sum_{i=1}^{N+M} P_{\text{mode},i} \right)^3 \right\} \qquad （5\text{-}31）$$

如果 3 次及以上次故障概率之和小于10^{-7}，只考虑双次及单次故障的情形。

（2）子集数量优化方法

① 故障测距源来自同一个星座

假设有一个星座故障时，排除了这个星座的所有测距源，而在排除的所有卫星中，其中包含了一颗星故障、两颗星故障以及两颗星以上故障的情况，因此可以考虑用一个星座故障来代替这些故障情况。此时的星座故障先验概率不仅仅是星座故障概率，还应包含单颗星故障概率：

$$P_{\text{const},i}^* = P_{\text{const},i} + \sum_{j=1}^{N_i} P_{\text{sat},j} \qquad （5\text{-}32）$$

其中，N_i表示第 i 个星座内的卫星数量。

若需要考虑两颗星同时故障的情况，那么此时一共有 $N_i(N_i-1)/2$ 个两颗星故障子集和 N_i 个单颗星故障子集，同理也可以通过增加该星座的故障先验概率，用星座故障来代替这 $N_i(N_i-1)/2 + N_i$ 个子集，那么此时的星座故障概率可表示为：

$$P_{\text{const},i}^* = P_{\text{const},i} + \sum_{k=1}^{N_i} \sum_{j=k+1}^{N_i} P_{\text{sat},k} P_{\text{sat},j} \qquad （5\text{-}33）$$

其中，N_i 表示第 i 个星座内的卫星数量。

② 故障卫星来自不同的星座

然而，在很多情况下，同时发生故障的多颗卫星分别属于不同的两个星座，它们之间是相互独立的。这种情况可以用一个故障星座和一颗故障卫星的组合情况来代替。其中故障星座可用来代替该星座内任何可能的卫星故障组合，即当第 i 个和 j 个星座分别有 N_i 和 N_j 颗卫星，假设有两颗星发生故障，分别来自这两个星座，可以用一个星座故障来代替其中的一颗故障卫星，此时需要估计的故障子集个数为 N_i+N_j，而基本算法中需要估计 N_iN_j 个子集。

以上所描述的方法所需要估计的子集数量相对 ARAIM 基本算法少了一个量级。但是，它存在着一定的风险：比如，通过增加故障子集所分配的先验概率，这将导致保护级和有效检测门限（EMT）变大。保护级和 EMT 取决于子集和全局解之间的阈值，这些阈值是全局解和子集解的估计协方差及连续性分配的函数。

$$\sum_{k=1}^{N} P_{\mathrm{md},k} P_{\mathrm{sat}} = P_{\mathrm{HMI}} \tag{5-34}$$

同时保护级也受漏检率的影响。每个子集的漏检率是由该子集所分配的完好性风险除以它的先验概率所得。漏检率随着子集的先验概率增加而减少，小的漏检率会导致保护级变大。然而需要估计的子集数量减少有利于检测门限的减小，这将会导致保护级的降低。所以，保护级的变化主要取决于哪个过程占主导地位。

3. 故障检测方法

ARAIM 的 MHSS 方法在定位域进行故障检测，阈值较大，难以检测小故障。基于奇偶空间故障投影线的故障检测方法（PLB-MHSS）[4]，可以提高对较小故障的检测能力，降低了完好性风险，因此适用于导航自组织网络用户进行自主的测距源故障检测。

PLB-MHSS 算法主要步骤如下。

第一步：根据接收到的星历、伪距信息以及伪距误差模型计算归一化伪距 z 和归一化观测矩阵 $\boldsymbol{H}$。

第二步：确定需要检测的故障模式。利用式（5-35）确定需要检测最大同时故障的卫星个数：

$$\phi(u) = \min\left(r \mid \frac{u^{r+1}}{(r+1)!} \leqslant P_{\mathrm{thresh}} \right) \tag{5-35}$$

其中，P_{thresh} 表示不进行检测的故障所造成的完好性风险的最大限值，超过这个限值的故障模式需要进行检测。u 定义为：

$$u = \sum_{k=1}^{N_{\text{sat}}+N_{\text{const}}} P_{\text{event},k} \tag{5-36}$$

其中，N_{sat} 和 N_{const} 分别表示全可见星数量和星座个数；$P_{\text{event},k}$ 表示独立故障事件 k 的先验概率。

第三步：计算奇偶空间矩阵 $\boldsymbol{Q}$，以及所有故障模式对应的奇偶空间投影线 $\boldsymbol{w}_i$。

第四步：计算奇偶矢量 $\boldsymbol{p}$ 在投影线上的投影，并选取其中最大的投影作为检验统计量：

$$q = \max_i \left(\left| \boldsymbol{w}_i^{\mathrm{T}} \boldsymbol{p} \right| \right) \tag{5-37}$$

第五步：计算故障检测阈值：

$$T_{\text{ss}} = Q^{-1}\left(1 - \frac{P_{\text{fa}}}{2} \right) \tag{5-38}$$

第六步：将检验统计量与阈值进行比较，如果检验统计量在区间 $(-T_{\text{ss}}, T_{\text{ss}})$ 内，认为不存在故障，否则认为存在故障。

基于奇偶空间投影线的多故障检测方法流程如图 5-3 所示。

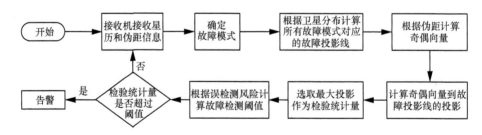

图 5-3　基于奇偶空间投影线的多故障检测方法流程

由于此方法选取最大的归一化检验统计量进行检测，保证了所有奇偶矢量向投影线的投影不超过这个阈值，也就保证了定位误差不会超过某一特定的界限。而由于连续性风险仅分配给了一个检验统计量，所以检测阈值大幅降低，从而降低了完好性风险，进而提高了可用性。

5.2.3 导航自组织网络的地基增强技术

在导航自组织网络的某些应用场景中，可以通过建立地面监测站，使用类似卫星导航地基增强系统的技术手段，实现一定范围内导航性能的有效提升。

1. GBAS 完好性监测原理

为了保证完好性需求，GBAS 将全部完好性风险在 3 类假设间进行分配[5]。

（1）所有的参考接收机和测距源均正常工作没有异常，称为 H_0 假设。

（2）有且仅有一个参考接收机发生故障，称为 H_1 假设。在 H_1 假设下，发生的故障可能未被地面子系统立即检测出来，因此影响了广播校正信息的有效性，引起机载系统定位误差。

（3）所有非 H_0、H_1 情况，称为 H_2 假设。H_2 失效类型包含如下几种情况。

- 地面子系统失效：地面子系统处理器的问题导致错误的信息（如校正值、B 值、σ 项等）被广播给飞机；未检测到的多于一个参考接收机观测量的失效（如参考接收机测量值之间的相关性变得异常大，同时不能代表广播项）；VDB 报文的错误或者循环冗余校验（CRC，Cyclic Redundancy Check）失效。

- 未检测到的测距源失效：GPS 星座失效。

- 大气和环境状况变化导致失效：对流层参数（如折射率、均值大气高度等）；电离层变量估计；环境状况（如检测影响广播 $\sigma_{\text{pr\_gnd}}$ 参数的地面环境变化导致失效）。

在 H_0 和 H_1 假设条件下，认为误差近似符合高斯分布，可对误差的统计特性进行估计，从而计算保护级，其完好性由保护级完好性保证。而在 H_2 假设下，定位误差的统计特性将不再符合高斯分布，其实际分布未知，从而无法计算保护级。因此，对此类故障的完好性保证通过故障监测算法进行实时检测，并将受影响的观测量从差分校正值的计算过程中排除来实现。

ICAO 对 CAT I 精密进近引导的卫星导航增强系统的空间信号完好性风险要求是不高于 2×10^{-7}/进近。RTCA SC-159 将 LAAS 的该完好性风险需求中的 25% 分配到 H_0 和 H_1 假设下的保护级完好性，又平均分配在垂直和水平两个方向上。完好性风险需求的 75% 分配给 H_2 假设，并在与测距源和地面子系统相关的风险因素间进一步分配。CAT I LAAS 完好性风险需求的分配如图 5-4 所示。

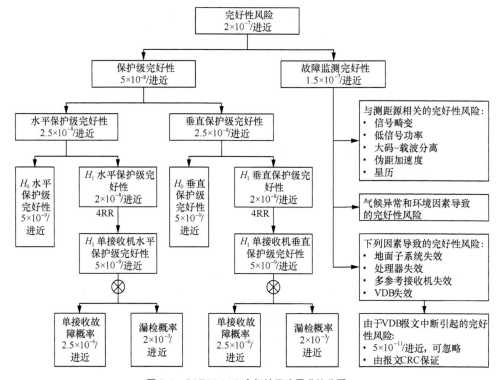

图 5-4 CAT I LAAS 完好性风险需求的分配

下面以垂直保护级为例说明保护级的计算方法。根据卫星导航用户观测方程中伪距误差和定位误差的线性模型，垂直定位误差可建模为一个零均值高斯分布，其标准差由从伪距域到定位域的投影矩阵 $S=(G^{\mathrm{T}}WG)^{-1}G^{\mathrm{T}}W$，确定：

$$\sigma_V^2 = \sum_{j=1}^{N} s_{V,j}^2 \sigma_j^2 \tag{5-39}$$

其中，$s_{V,j}$ 为 S 中第 3 列第 j 行的元素，代表第 j 颗卫星的伪距校正残差到垂直定位误差的投影系数。

因此，H_0 假设下的 VPL 可以通过将垂直定位误差概率密度估计至同 P_{ffmd} 相等来计算，即：

$$\mathrm{VPL}_{H_0} = k_{\mathrm{ffmd}}\sigma_V \tag{5-40}$$

其中，$k_{\mathrm{ffmd}} = Q^{-1}(P_{\mathrm{ffmd}}/2)$，称为无故障漏检系数，$Q$ 函数定义为：

$$Q(x) = \frac{1}{\sqrt{2\pi}} \int_x^\infty \mathrm{e}^{-\frac{t^2}{2}} \mathrm{d}t \tag{5-41}$$

在 H_1 假设下，VPL 的计算可以通过与推导 VPL_{H_0} 类似的方法来获得，二者之间主要的区别是差分校正值误差的分布不同。在 H_0 假设下的误差是零均值高斯分布，而 H_1 假设下的误差分布则是有偏的高斯分布，其中的偏差是参考接收机的失效导致的。因此，VPL_{H_1} 的计算需要考虑到这些偏差。地面站估计每个差分校正值的偏差，同时将这些估计值发送至机载接收机，最后，机载接收机通过这些估计值计算 VPL_{H_1}。

H_2 情况下完好性风险需求 $P_{\text{req}}(\mathrm{HMI}\mid H_2)$ 占系统总完好性风险的 75%。该完好性需求进一步分配给包括卫星、传播路径和接收机等导致的故障。故障 i 所分配的完好性风险 $P_{\text{req}}(\mathrm{HMI}\mid\mathrm{fault}_i)$ 满足以下不等式：

$$P_{\text{req}}(\mathrm{HMI}\mid H_2)\geqslant\sum_{i=1}^{N_{\text{fault}}}P_{\text{req}}(\mathrm{HMI}\mid\mathrm{fault}_i)\qquad(5\text{-}42)$$

针对故障 i，需要设计检测器消除其引起的威胁，并满足以下不等式：

$$P_{\text{req}}(\mathrm{Risk}\mid\mathrm{fault}_i)\geqslant P_{\text{md}\mid\mathrm{fault},i}P_{E>\mathrm{PL}\mid\mathrm{fault},i}P_{\mathrm{fault},i}\qquad(5\text{-}43)$$

其中，$P_{\mathrm{fault},i}$ 是故障 i 出现的先验概率；$P_{E>\mathrm{PL}\mid\mathrm{fault},i}$ 是发生故障 i 使得误差超过 PL 的概率，虽然只有当误差超过 PL 且 PL 超过 AL 时才产生风险，但此处进行保守假设，认为误差超过 PL 即风险；$P_{\mathrm{md}\mid\mathrm{fault},i}$ 则是在规定的告警时间内故障 i 未被检测出或没有告警的漏检概率。

故障会导致用户的测距误差的概率分布出现偏差，并在经过保护级公式投影到定位域后，转化为定位误差的偏差。对大小为 E_k 的测距误差，其导致的垂直定位误差偏差为 $|S_{v,k}E_k|$，而垂直定位误差概率分布函数的形状不变。因此，故障导致定位误差超过保护级的概率可根据定位误差的这个有偏的分布模型计算。

在发生故障 i 导致测距源误差为 E_k 的情况下，对应的检测器没有检测出故障的概率为检测器测试统计量小于阈值的概率。假设故障造成的测试统计量产生了大小为 $\eta_i(E_k)$ 的偏离，漏检概率可以表示如下：

$$P_{\text{md}\mid\mathrm{fault},i}(E_k)=\int_{-\infty}^{\eta_{\text{th},i}}p_{\text{test},i}\left(x-\eta_i(E_k)\right)\mathrm{d}x\qquad(5\text{-}44)$$

其中，$p_{\text{test},i}$ 是测试统计量的无失效概率密度函数；$\eta_{\text{th},i}$ 是检测器的阈值。

2. 基于极值分布的保护级计算

卫星导航和导航自组织网络的测距源的测距误差特征不同，需要找到一种能够兼容不同特性测距源的保护级计算方法。此外，导航自组织网络节点测距误差的厚尾性更强且用于建模的样本数量有限，因此其误差模型参数更加保守，降低了系统的可用性。使用极值分布进行保护级计算是一种有效的多星座 GBAS 保护级计算方法[6]，可以兼容多导航星座的具有不同测距误差统计特征的测距源。

为此，本节采用基于极值的保护级计算方法，用于用户同时使用卫星导航和导航自组织网络测距源条件下的保护级计算。下面简述其基本原理。

极值理论（EVT，Extreme Value Theory）是对统计学中小概率事件的研究。1928 年，Fisher 与 Tippet 共同发表了极值分布类型定理，为 EVT 的发展奠定了基础。极值理论的优点在于它只研究极端值的分布情况，可以在总体分布未知的情况下，依靠样本数据，得到总体分布中极值的变化性质，具有超越样本的估计能力。

应用极值理论进行统计估计主要有两种方法：区块最大分组法（BMM，Block Maxima Method）和超阈值法（POT，Peak Over Threshold）。BMM 对数据进行分组，在每组样本中选取最大的一个构成新的极值数据组进行建模，它很可能忽略掉一些具有丰富信息的数据，如某区间的次极大值。一个有效的处置方法就是利用所有超过某一临界值的极值数据建模，即 POT 法。POT 法通过事先设定一个阈值，把所有观测到的超过这一阈值的数据构成数据组，以该数据组作为建模的对象，对数据数量的要求比较低。

基于极值理论的 POT 法对测距源的测距误差建模的步骤如下。

（1）将观测样本按升序排列，构成次序统计量 $X_{1,N} \leqslant X_{2,N} \leqslant \cdots \leqslant X_{N,N}$。

（2）寻找一个阈值 $T = X_{k,N}$，其分布服从广义极值（GEV，Generalized Extreme Value）分布；阈值的选取不能过小，否则会丧失尾部概率估计的准确性，也不能过大，否则用于参数估计的样本数不足，造成估计结果过大的波动。

（3）选择 $\Delta X_{k+1,N}, \cdots, \Delta X_{N,N}$，有 $\Delta X_{i,N} = X_{i,N} - X_{k,N}$，$i \in [k+1, N]$。

（4）$\Delta X_{k+1,N}, \cdots, \Delta X_{N,N}$ 服从广义 Pareto（GP，Generalized Pareto）分布，并估计该 GP 分布的参数。

（5）则对指定的分位数 K，有：

$$P(X > K\sigma) \approx \left(1 + \xi \frac{(K\sigma - T)}{\sigma}\right)^{-1/\xi} P(X > T) \qquad (5-45)$$

其中，$P(X > T)$ 是基于 GEV 分布计算的阈值的概率；$\left(1 + \xi \dfrac{(K\sigma - T)}{\sigma}\right)^{-1/\xi}$ 是大于

阈值的样本的超出阈值部分的 GP 分布。

　　由第 5.2.1 节中所述的保护级的原理，用户定位误差为测距误差的线性变换，服从式（5-3），因此可以根据式（5-3）计算定位域的保护级。

| 5.3　小结 |

　　本章主要针对天空地一体化完好性增强进行了阐述，重点研究了基于保护级的完好性监测机制、节点测距误差包络方法、误差参数的置信区间估计等内容，并采用仿真实验进行了结果验证。

| 参考文献 |

[1]　PULLEN S, WALTER T, ENGE P. System overview, recent developments, and future outlook for WAAS and LAAS[Z]. 2002.

[2]　FAA. GNSS evolutionary architecture study: phase I-panel report[R]. 2008.

[3]　赵勇. 双频多星座 ARAIM 的保护级优化方法[D]. 北京: 北京航空航天大学, 2017.

[4]　ZHAO P, ZHU Y, XUE R, et al. Parity space projection line based fault detection method for advanced receiver autonomous integrity monitoring[J]. IEEE Access, 2018(6): 40836-40845.

[5]　Minimum aviation system performance standards for the local area augmentation system (LAAS): DO-245A[S]. 2004.

[6]　宋金明. 双频多星座卫星导航地基增强系统保护级技术研究[D]. 北京: 北京航空航天大学, 2018.

第 6 章

天空地一体化组网导航集成仿真验证系统

天空地一体化组网导航集成仿真验证依据导航增强自组织网络的研究成果，以基于服务的框架和基于构件的建模为主要思路，构建了支持网络架构、技术验证、流程设计和系统演示的集成仿真验证系统，采用分布式仿真技术将相关模块进行集成，按照统一的想定流程对系统组网体系和应用效能进行仿真与量化分析。本章对天空地一体化组网导航集成仿真验证系统的总体架构、验证流程以及仿真想定、仿真控制、体系分析、组网通信、业务模拟、效能评估等各子系统的设计实现方法进行阐述。

本章主要介绍天空地一体化组网导航的关键技术验证及演示开发的集成仿真验证系统。

| 6.1 引言 |

天空地一体化组网导航[1]集成仿真验证系统以系统方案论证、技术验证、仿真试验为目标，根据系统体系架构和天空地一体化组网方案[2]开展集成仿真验证系统的设计和开发。针对网络场景想定编辑、体系仿真分析、空间组网和一体化传输协议仿真、导航增强网络和应用服务效能分析、仿真控制和数据存储显示等功能需求开发相应的仿真模型和功能子系统，通过分布式仿真技术将相关模块进行集成，按照统一的想定流程对系统组网体系和应用效能进行仿真与量化分析。仿真验证系统构建了支持系统演示、技术验证、网络架构和流程设计的综合化数字仿真验证系统。

本章对天空地一体化组网导航集成仿真验证系统的总体架构、验证流程，以及仿真想定、仿真控制、体系分析、组网通信、业务模拟、效能评估子系统的设计实现方法进行阐述。

| 6.2 集成仿真系统架构 |

天空地一体化组网导航集成仿真验证平台是根据天空地一体化组网导航的应用

需求，按照现代高科技条件下的特点，将天空地一体化组网导航的体系结构、组网、路由、移动性管理等子系统集成为一个完整的、可靠的和有效的天空地一体化网络的过程。天空地一体化网络进行系统集成并不是将子系统进行简单的叠加，而是对各个子系统进行综合集成设计，使各子系统模块间能够彼此进行有机的、协调的工作，发挥整体效益，从而形成一体化的信息系统，通过系统集成，减少系统的数量，从根本上解决用户的随机接入与信息传输等问题。

针对天空地一体化组网导航集成仿真验证系统特点，采取功能集成与综合集成相结合的方法，首先重点分析和设计天空地一体化组网导航集成仿真验证平台的体系结构，明确体系结构服务模型、卫星组网与信息传输服务模型、移动性管理模型以及效能评估服务模型等服务模型的组成关系，完成总体设计方案，再进一步独立研发各自子系统，最后通过规范化模型接口和仿真子系统数据接口进行综合集成[3]。

6.2.1　系统架构设计分析

天空地一体化组网导航集成仿真验证系统仿真架构设计着重于两个思路：基于服务的框架、基于构件的建模。

基于服务的框架。基于服务的框架是当前信息技术发展的主流，系统仿真架构设计必须将建立仿真服务一体化环境作为主要发展方向，重点从网络硬件平台、系统软件平台、系统服务支持等方面入手建立系统的仿真服务环境，支持仿真应用和仿真服务。在这种服务框架之下，系统仿真用户可以根据各自的需要，利用仿真提供的服务工具，快速构建服务于特定目的的仿真系统，为了支持系统仿真综合平台的建设，综合解决信息服务支持、通用软件支撑环境、基础信息资源积累等基础资源和基础服务问题。天空地一体化组网导航集成仿真验证系统主要对各种服务进行集成，包括体系结构服务模型、卫星组网与信息传输服务模型、移动性管理模型以及效能评估服务模型等，如图 6-1 所示。

基于构件的建模。系统仿真架构应按照一体化创新和体系集成的发展模式要求，在目前 4 类信息系统开发方法（结构化方法、面向对象的方法、基于构件的方法和基于 Agent 的方法）中，选用基于构件的开发方法，根据不同粒度的仿真要求，支持实体模型构件库的逐步完善，根据不同层次、不同视角仿真应用要求，支持各类应用模型架构的建立。分析应用领域和应用场景的不同，提供典型的领域构架，按照一定的规则对服务进行集成。天空地一体化组网导航仿真的一种典型架构如图 6-2 所示。

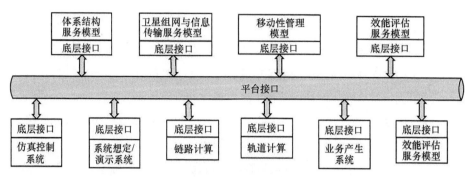

图 6-1 天空地一体化组网导航集成仿真验证系统的服务框架

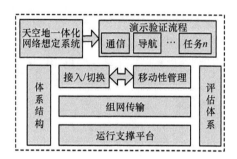

图 6-2 天空地一体化组网导航仿真的一种典型架构

在进行基础信息资源积累时，将针对系统仿真的不同需求，按照数据工程的思路，加强源数据建模和基础数据收集、积累工作，规范各种交互信息的标准，为信息交互仿真奠定基础。

6.2.2 系统模块化设计

面向天空地一体化导航增强网络系统，充分考虑天空地一体化组网导航任务的复杂性及子系统的多样性，需要根据系统运行的任务需求，研究合适的框架，降低系统的复杂性，在显示渲染模块、效能指标库、三维模型库及总控台等支撑模块的基础上实现对天基环境下的体系结构服务模型、卫星组网与信息传输服务模型以及效能评估服务模型的集成，对仿真结果进行分析和效能评估，系统框架如图 6-3 所示。

基于对网络节点建模及仿真技术的研究，考虑到系统的综合性和复杂性，同时为提高系统的灵活性及代码的可重用性，对仿真系统进行模块化设计，从而将仿真系统分解为多个仿真子系统及功能模块，划分的仿真子系统及模块包括以下几部分。

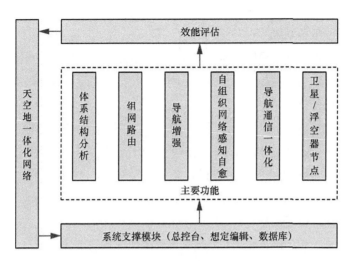

图 6-3　系统框架

（1）仿真想定子系统

根据需求，提供合适的想定内容和想定场景（系统中卫星的类型和数目以及卫星的属性参数等）。

为应用场景的设计，提供良好的想定方案编辑界面，从而能够根据不同应用要求设计不同的场景，能够在不同的网络拓扑结构中验证不同的关键技术性能。

通过相关界面显示卫星轨道在二维地图上的轨迹，卫星的当前时刻星下点位置以及卫星的星间链路等。

三维模型演示卫星在空间的运行状况、天空地一体化组网导航的拓扑结构以及系统卫星的星间链路等。

（2）仿真控制子系统

通过底层接口的支撑来控制整个仿真系统的初始化、启动、暂停、继续以及结束等功能的操作界面。

通过操作界面远程控制其他仿真了系统，其动作包括：启动程序、退出程序等；各子系统或模块通信连接中断、调用异常时，提供系统的监视告警，保证平台运行的完整性。

通过图形界面来实时反映各个仿真子系统的运行状态（各功能正常运行、功能模块已退出系统等）。

系统运行过程中触发事件（业务中断、故障等）。

（3）体系分析子系统

建立卫星模型、网络模型、信息获取模型及链路传输模型，对星座连续时间内的网络效率、时域空域覆盖、多重覆盖、网络平均传输时延、网络平均传输误码率的变化特征进行分析。

建立星座抗毁性分析模型，分析不同损毁策略下指标的变化趋势。

通过对损毁修复模型和信息时效性模型的分析，获得星座动态运行过程中信息时效性的变化趋势。从网络拓扑、星间通信、对地覆盖等方面分析星座的整体性能指标。

（4）组网通信子系统

实现基于地理位置信息的动态路由协议，能够分布式计算卫星星座路由。通过中间节点与源节点间的确认机制，实现高误码率情况下的可靠传输。

通过基于负载的拥塞控制机制，充分使用网络资源。地面站按需计算路由，并进行信息的转发。配置用户终端数量、分布区域、节点轨迹，提供节点业务仿真[4]。

接收相关的数据信息，并在界面上进行显示。

（5）业务模拟子系统

为仿真系统提供真实业务生成及展示，支持消息业务、文件业务、流媒体业务和图像业务等多种业务的实时传输及展示。

支持动态网络通信配置、业务配置。通信配置包括：通信方式配置、通信节点配置、通信协议选择等。业务配置包括：业务种类选择、发生业务角色设置、业务优先级设置、数据传输控制等。

支持通信性能测试与评估，并采用柱状图或折线图展示。

（6）效能评估子系统

对星间网络组网和星间通信指标进行分析评估。

对用户的通信业务及传输性能进行分析评估。

整个系统从功能上划分可以分为应用场景层、控制管理层和功能支撑层，与各子系统的对应关系如图 6-4 所示。

应用场景层：主要实现仿真想定子系统的功能，为仿真系统提供仿真场景、仿真内容与任务。

控制管理层：主要实现仿真控制子系统的功能，控制并管理整个系统的运行及展示。

功能支撑层：主要实现体系分析子系统、组网通信子系统、业务模拟子系统和效能评估子系统的功能，为应用场景层和控制管理层提供功能支撑，是重点开发部分。

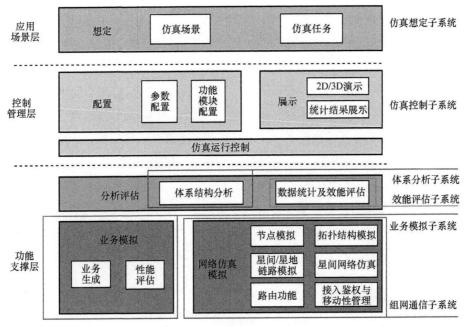

图 6-4　仿真系统功能架构

仿真系统功能架构的三层相互独立、相互依托。控制管理层衔接应用场景层和功能支撑层。向上对应用场景层进行配置、展示，对整个仿真过程的进程进行控制，向下依托功能支撑层的模型库和协议栈，推动仿真运行和功能实现。如果想定有所变化，则重新设计想定，并进行参数配置，加载模型和协议，若已有模型和协议功能模块能够满足需求，则无须修改或开发新的模型或协议功能；若无法满足需求，或设计了更加完善的仿真实体模型或协议，则进行重新开发，模块易添加、易扩展。

6.2.3　系统仿真数据

在仿真系统中，传输数据主要由两部分组成：业务数据和底层支撑数据。这两种数据的属性不同，其传输途径也不同。

业务数据：该种数据类型主要是模拟业务数据流通过卫星网络进行传输。

底层支撑数据：包括总控台发布的仿真控制指令以及想定编辑系统所发布的卫星位置信息、状态信息、链路信息等，这些数据通过底层 Socket 接口进行传输发布。Socket 接口支撑仿真配置、仿真控制等信息的传输，不会对仿真实时性和仿真网络的时延分析产生影响，在仿真评估系统的局域网中，传输可靠性也有较好的保证。

为完善地保存及描述场景，在系统运行中运转的数据之外，还需要设计数据结构，形成 XML 文件。XML 文件，描述了天空地一体化网络在系统初始化时需要确定的各个初始状态，主要是所采用的各个星座结构的基本参数、地面站节点及用户终端的位置参数、定义的链路规则、天线的工作频率、天线发射功率、发射天线增益、接收天线增益、接收机增益、信号带宽、信道编码、交织方式以及调制方式等，从而完整地对整个场景进行描述。通过各类模型的定义和配置，可实现不同的想定场景，XML 文件在系统运行初始化时由系统进行解析，最终在系统中创建相应的对象和实例。

6.2.4　仿真验证流程

针对天空地一体化组网导航技术集成验证平台所集成的体系结构、组网通信、移动系统管理、接入与切换等服务模型，设计验证流程，如图 6-5 所示。

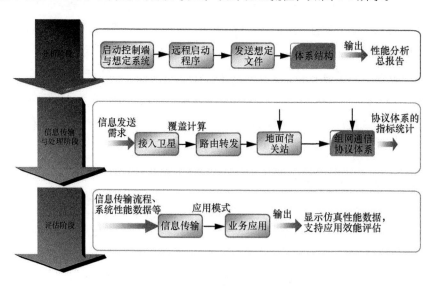

图 6-5　验证流程

如图 6-5 所示，仿真验证过程将分 3 个阶段对天空地一体化组网导航集成仿真验证平台的模型进行仿真验证。

① 分析阶段，主要对体系结构实现的功能进行验证。

在想定子系统中，加载相关的星座结构，形成想定场景，设计想定场景后，向体系结构发送该场景文件，在体系结构端接收场景文件并加载，保持与想定系统拓扑结构的一致性。

② 信息传输与处理阶段，进行网络信息流程和网络功能的仿真验证。

基于网络信息传输流程和典型应用模式，对信息传输组网协议、终端接入与切换、移动性管理的功能进行仿真验证。

③ 评估阶段，对效能评估进行验证。

效能评估通过信息获取模块，对系统运行过程中的性能数据进行获取，并通过综合分析，评估系统的效能。

6.2.5　仿真平台软件架构

天空地一体化组网导航集成仿真验证系统是在不同轨道、不同种类、不同性能的卫星模型、想定编辑模型及仿真控制模型等组成底层支撑平台的基础上，对组网、接入与切换、协议体系、移动性管理进行综合集成，同时预留不同的接口，拥有多种人机交互途径的仿真系统。系统的硬件部分包括：提供计算功能的高性能计算机、大容量的交换机、存储服务器等。实现硬件、软件的集成，构建可以交互、协同的仿真环境，为天空地一体化网络提供一个较为通用的仿真验证平台。

天空地一体化组网导航集成仿真验证平台将对所涉及的关键技术进行集成，并通过系统对其性能进行评估，其流程包括模型抽象、试验性仿真、仿真结果的可视化表示和分析评估等多个环节。整个系统由多个子系统构成，为完成验证平台的综合集成，需要解决多个子系统的互联互通问题，通过底层 Socket 接口的支撑，实现子系统模块间的信息交互，保证整个系统内数据流的正确性，驱动系统运行。连接的仿真配置和控制信息，不会对仿真网络的数据传输正确性产生影响。仿真系统通常部署在局域网中，传输的可靠性可以得到保障。

根据系统的框架设计构建天空地一体化组网导航集成仿真验证平台，其中，卫星网络仿真系统通过地面局域网中的多台主机进行模拟，以仿真想定子系统和仿真控制子系统编辑仿真想定、控制系统运行并显示系统的运行效果，对天空地一体化组网导航关键技术进行效能评估。

数据库软件提供仿真配置场景、节点属性、载荷参数等重要数据的保存功能，记录仿真中的重要数据，记录仿真结果，并供仿真想定子系统、效能评估子系统调用，进行仿真场景配置和数据的分析显示。

系统部署及运行环境如图 6-6 所示。组网通信子系统使用 3 台计算机担任，一台安装网络仿真软件，模拟虚拟卫星网络，另外两台分别模拟星基及地面站的接入控制，实现接入鉴权与移动性管理功能；体系分析子系统由一台计算机完成；仿真控制子系统由一台计算机来担任；仿真想定子系统由一台计算机来承担；整个系统使用一台数据库服务器；业务模拟子系统由两台或多台计算机承担；效能评估子系统使用一台计算机担任。

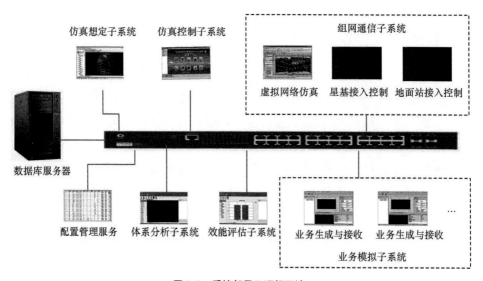

图 6-6　系统部署及运行环境

集成仿真验证平台采用半实物仿真的方式进行仿真测试。仿真环境为网络仿真软件 Exata、卫星仿真工具以及实物软件。

Exata 是组网通信子系统的主要开发工具，协议的开发测试、模型的建立使用均在此软件中进行开发。Exata 是基于离散事件驱动的网络仿真软件，由美国 Scalable Network 公司开发，针对新型无线通信技术而设计，可以和真实网络中的人、设备、软件进行实时通信。Exata 支持 TCP/IP 协议栈的标准层间接口和非标准协议栈的开发。Exata 采用先进的并行算法，可以仿真上千个节点的大型无线网络，特别适合集群式计算系统的复杂仿真项目。

卫星仿真工具是组网通信子系统的辅助开发工具，具有精细的卫星轨道模型、姿态模型、天线模型、无线通信模型等，并具备可视化的二维、三维展示功能。系统将采用卫星仿真工具生成的天空地一体化组网导航仿真场景导入网络协议仿真软件，进行联合仿真。

|6.3　集成仿真验证系统设计|

6.3.1　仿真想定子系统

首先确定想定内容和任务，进行想定设定，设计仿真场景；其次进行想定编辑，对想定信息进行设置，包括仿真场景中仿真时间设定、各实体的参数设置和模型加载；最后，将想定加载至相应的子系统中，保证想定的一致性。

1. 想定设定

仿真想定子系统可以利用已有的想定文件加载想定，或由用户手工创建新想定，对想定信息进行设定，设计仿真场景，设定内容包括以下几项。

① 想定名称：该想定方案的名称。

② 开始时间：仿真开始的设置。

③ 结束时间：仿真结束的设置。

④ 节点数量：终端、卫星和地面站等节点的数量。

⑤ 网络拓扑：节点的分布方式，链路的通断。

⑥ 通信方式：节点之间的通信方式。

⑦ 业务配置：终端或卫星节点上的业务生成模型配置、流量参数配置、业务端到端选择。

⑧ 故障设置：节点或链路等网络故障设置，错误分组导入。

2. 想定编辑

根据设计场景实现对想定方案中的各种对象进行设置，包括对象的添加和删除、对象属性的设置等。仿真对象属性项见表 6-1。

表 6-1　仿真对象属性项

地面站属性项	星座属性项	卫星属性项	链路属性项
地面站编号	星座名称	卫星编号	工作频率
地面站名称	卫星总数	卫星名称	发射功率
经度	相位因子	卫星类型	发射天线增益
纬度	卫星高度	卫星轨道编号	接收天线增益
接入策略	轨道倾角	卫星轨内编号	接收机增益
	首颗卫星升交点赤经	卫星轨道周期	信号带宽
		卫星最小覆盖角	信道编码
		轨道六根数	调制方式
			误码率

对象分为实体对象和组织对象两种：实体对象有具体对应的模型，包括空间和地面的各种实体，如卫星节点、地面站等；组织对象用于对实体对象进行组织和管理，如星座等。

3. 想定实现

采用天空地一体化网络仿真场景想定编辑软件，设计天空地一体化网络的系统场景、网络配置，编辑修改星座配置、轨道参数、节点载荷等参数。天空地一体化网络想定场景如图 6-7 所示。

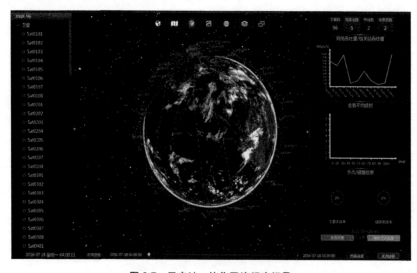

图 6-7　天空地一体化网络想定场景

获取想定文件后，加载至网络仿真软件中，网络仿真软件的界面显示相同的仿真场景，并可以配置或修改场景参数，加载协议模块，如图 6-8、图 6-9 所示。

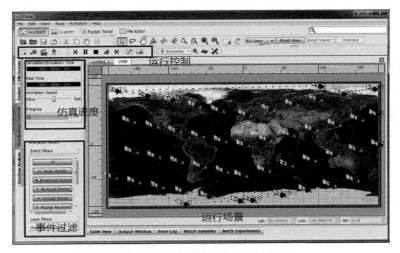

图 6-8　网络仿真场景实例

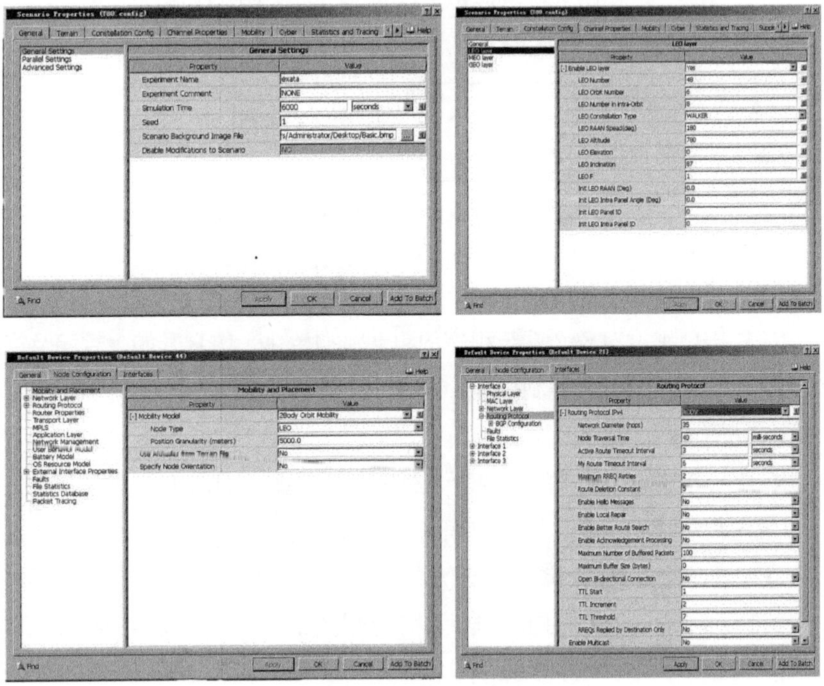

图 6-9　网络仿真参数配置

6.3.2　仿真控制子系统

1.　功能描述

仿真控制子系统作为天空地一体化组网导航集成仿真验证平台的总控台，主要完成系统想定的各种操作以及控制并显示当前系统中其他成员模块的启动运行状态，主要包含的功能为：整个系统的初始化、启动、暂停以及结束；远程监控各模块程序的操作，如启动、退出等；提供仿真系统的数据接口，调用仿真模块或数据库接口，为效能评估子系统提供原始数据。仿真控制子系统主要是总体控制的作用。

2.　组成结构

仿真控制子系统的组成结构如图 6-10 所示。

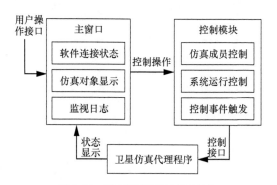

图 6-10　仿真控制子系统组成结构

（1）用户操作接口

用户操作接口提供对整个系统程序的启动、初始化、仿真开始、暂停及终止等操作；提供单个程序的远程控制操作。

（2）控制模块

控制模块对其他仿真软件的控制命令是基于网络通信接口，向其他子系统的仿真成员主机发送程序控制指令，以控制程序的启动或退出，可远程启动卫星仿真代理（Agent）程序进行仿真卫星部署，控制仿真运行过程。控制事件触发也是以网络通信方式，向其他子系统仿真成员主机发送程序控制指令，如节点的失效、链路的通断等。

（3）主窗口

主窗口主要完成仿真配置和仿真控制、各仿真软件连接状态显示、仿真软件配置和运行日志监视等。

主窗口可对各功能模块程序实现远程控制，包括程序的启动、退出等；提供集中控制命令接口，采用基于 UDP/IP 协议的网络通信方式通知各个成员所在机器实现相应操作。

主窗口将仿真场景中的对象模型以树形结构显示，包括网络体系结构、地面站、卫星节点、用户终端等对象和属性参数。

3. 人机界面及接口

仿真控制子系统的界面如图 6-11 所示。

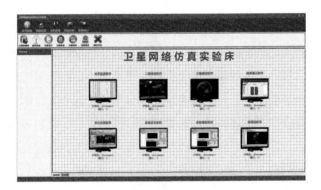

图 6-11　仿真控制子系统的界面

操作菜单：图 6-11 所示界面上方部分是控制软件的菜单，可以控制仿真系统数据库加载、仿真场景加载复位，对仿真系统的运行、暂停和结束进行控制。

仿真成员控制区：图 6-11 所示界面的中间主要部分，显示主控软件所能够控制的所有仿真软件及部署平台的列表，显示各个仿真软件的加载连接情况。单击各仿真软件，能够对软件进行参数配置，显示软件运行日志。

6.3.3　体系分析子系统

1. 组成结构

为了满足天基网效能仿真评估系统功能需求，体系分析子系统为真实系统开发的软件，该软件分为数据库接口模块、场景配置模块、场景展示模块、指标配置与计算模块、结果展示与导出模块。软件包含的各功能模块以及模块之间的关系如图 6-12 所示。

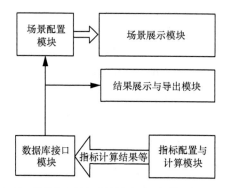

图 6-12 软件包含的各功能模块以及各模块之间的关系

（1）数据库接口模块

数据库接口模块提供数据库连接、数据库读取、数据库保存功能接口。数据库中包含场景加载时需要读取的固定参数表格，该类表格保存卫星轨道信息、拓扑信息、天线信息、区域信息等。作为软件场景配置和展示时的固定输入，仅做读取操作。数据库中还包含用于存储指标计算信息与结果的表格，该类表格用于保存指标计算的场景、参数、结果等。作为软件指标计算时的输出，做写入操作；作为软件结果输出与导出时的输入，做读取操作。

（2）场景配置模块

场景配置模块用于对参与仿真评估的场景进行配置，还包括对场景中的任务进行配置。

场景配置方法有两种：一种方法是新建场景，添加数据库中相应的卫星等场景内的实体；另一种方法是加载场景，直接读取已有的场景 XML 文件。两种方法都能对场景内包含的卫星进行编辑，还可以对新建完成的场景和编辑后的场景进行保存，以便下次仿真评估时直接加载。

场景中的任务配置用于对场景的任务支持能力指标进行评估。任务配置包含加载数据库中保存的任务和新建任务两种方式。

（3）场景展示模块

场景展示模块对参与仿真评估的场景进行展示，包括二维界面展示和三维界面展示，同时还具备显示控制功能和播放控制功能。显示控制功能可以对场景包含的卫星按其所属子网进行过滤，只显示操作者关注的子网内的卫星；播放控制功能可以控制场景运行的步长等。

（4）指标配置与计算模块

指标配置与计算模块能够选择本次场景仿真评估指标，指标分为天基信息传输网指标、天基导航网指标、天基信息获取网指标；能够对每一个指标的参数进行配置；然后使用相应的算法对指标进行计算，计算结果保存到数据库中。

（5）结果展示与导出模块

结果展示与导出模块读取数据库中保存的每一次场景仿真评估结果，对每一次评估的每一个指标结果进行统计显示，显示的方式包括示意图和结果统计图，还支持将仿真结果导出到 Word 文档。

综合以上各模块功能，体系分析子系统的软件流程如图 6-13 所示。

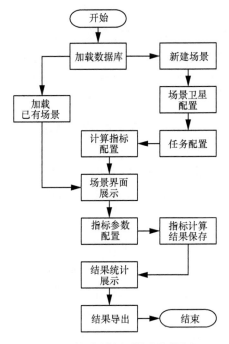

图 6-13　体系分析子系统的软件流程

2. 指标体系

体系分析子系统主要用于评估卫星系统整体的性能，可以对系统故障和故障恢复后的性能变化进行对比，能够预测未来时间系统可达到的能力。

天空地一体化组网导航体系结构的分析指标包括四大类：拓扑结构、通信、覆盖、抗毁性。体系分析子系统还能够提供总的报告分析表，以默认的参数快速分析星座的基本指标，包括拓扑结构的空间紧性、星座平均通信时延、星座平均误码率，以及载荷的覆盖性等指标。

3. 系统人机界面

借鉴已有仿真系统开发基础，采用成熟软件界面框架进行仿真评估系统的界面设计开发，具有清晰的软件模块结构和直观的图例图标。

界面上方为系统六大主要功能模块图标，单击后分别在第二行功能区显示相应操作控制按钮，每个图标都针对项目背景和操作内容进行了重新设计修改，能够直观展现操作内容，在保证交互友好的前提下，整体风格美观统一。界面左侧为场景中的对象列表和指标列表，显示了仿真评估场景中的主要仿真模型内容，单击每个实体对象或指标，会在右侧栏目中显示属性和指标含义等信息，并可对参数进行修改配置。中央主体界面显示仿真场景二维、三维实景以及指标分析结果等仿真内容。

标题栏：显示软件的名称，还包括最大化、最小化、关闭按钮。

主菜单：包括软件的六大功能模块的选择，单击选择功能模块图标可以查看该功能菜单下包含的子菜单。

子菜单：显示主菜单中选择的功能模块下的操作项，单击选择操作项图标可以运行该操作。

框架展示区：包括场景展示栏、指标展示栏、结果展示栏3部分，分别对软件加载场景的场景信息、指标信息以及进行结果展示和回放时的结果展示指标进行显示。

主界面：包括二维界面、三维界面、结果统计、导航指标等，能够实时展示场景的二维、三维界面，指标计算的过程和结果统计图、导航覆盖情况等。

属性显示区：显示在框架展示区中选中的卫星、指标等参数。

进度显示区：显示在进行指标计算和加载时的进度。

6.3.4 组网通信子系统

1. 功能描述

组网通信子系统在网络通信仿真软件中建立了天空地一体化组网导航的协议体系结构模型，针对一体化网络的路由协议和信息传输机制建模开发，可以提供协议模型验证。通过组网通信子系统搭建的网络仿真验证环境，能够获取网络吞吐量、时延、传输成功率等技术指标，对协议运行情况和效能进行分析评估。

（1）星间网络协议仿真功能

星间网络协议仿真功能对星间网络通信系统中各层协议算法分别进行模拟仿真，根据仿真运行结果给出量化评估分析结果。星间网络协议仿真将各层协议构成通信协议栈，根据通信需求，使其作为一个整体进行模拟仿真验证，并根据仿真验证结果进行优化。

（2）星间网络仿真功能

星间网络仿真功能模拟星间网络的连接状态和网络行为，对星间网络通信功能和性能进行模拟仿真，验证天空地一体化网络通信功能，给出星间网络运行和协议性能仿真量化结果。

（3）星座模拟功能

星座模拟功能对星间网络系统的卫星星座运行规律和星间网络拓扑进行仿真模拟，可配置星座的星间星地链路关系、数据注入策略和星间信息转发处理策略。

（4）卫星节点/地面站模拟功能

卫星节点/地面站模拟功能对构成星间网络系统的卫星节点轨道模型进行仿真，在指定坐标系中准确计算任意时刻卫星节点的位置，分析得到卫星的可见性及对地面站覆盖情况。对地面站的信息转发和接入控制等功能进行模拟仿真。建立卫星/地面站协议处理和信息收发模型，对基本通信性能和协议流程进行仿真。

（5）用户节点模拟功能

用户节点模拟功能配置用户节点位置或区域分布模型，开发用户节点协议栈和信息收发模型，对用户终端业务行为进行模拟仿真，对通信性能进行仿真分析。

（6）星间网络拓扑结构模拟功能

星间网络拓扑结构模拟功能实现对星间网络系统的拓扑结构模拟，实时发现网络拓扑结构的动态变化，维护星间网络拓扑结构。输出网络系统卫星节点连接关系，显示卫星运行和拓扑结构。

（7）星间/星地链路模拟功能

星间/星地链路模拟功能实现星间链路、星地用户链路、星地馈电链路的频率、速率、基本通信体制等功能及性能模拟，仿真星间/星地链路速率、传输时延等状态信息。

（8）业务数据生成与发送模拟功能

业务数据生成与发送模拟功能模拟星间网络系统通过星间链路发送的各种业务

数据，按照发送策略配置进行动态调度和发送模拟。

（9）路由策略生成功能

路由策略生成功能按照星间网络拓扑结构、星间链路建立关系以及路由策略，生成符合卫星处理要求的路由配置文件。

（10）接入鉴权和移动性管理仿真功能

接入鉴权和移动性管理仿真功能按照网络体系架构、终端接入鉴权和移动性管理方案设计，开发终端—卫星—信关站的接入鉴权及移动性管理流程仿真模型，生成相应配置文件和流程模型，验证用户终端接入、鉴权、移动性管理的有效性和性能。

（11）故障模拟功能

故障模拟功能模拟各种常见网络故障类型，支持空间环境故障、信息发送和处理故障，支持故障类型定义和动态注入。在调试模式下，故障状态的软件存储状态可见、仿真调试断点可设。

2. 组成结构

组网通信子系统的仿真，提供从用户终端到网络的全流程协议仿真模拟，通过网络协议建模、典型业务建模和网络体系建模，仿真网络通信的协议行为和业务流程。

网络模型包含终端接入和移动性管理、网络路由和信息传输、业务模型和性能仿真、网络性能评估分析等功能。终端接入、鉴权、移动性管理的仿真模型，按照网络组网通信的技术体制和协议流程，仿真终端通信功能，提供通信接入、鉴权、切换过程的仿真指标接口。

网络路由协议仿真可以根据天空地一体化组网导航的星间网络路由协议设计策略，实现路由算法，提供标准化路由算法模型和网络层接口，按需定制路由协议，并提供网络吞吐量、时延等数据指标获取接口[5-6]。

信息传输模型实现适用于卫星网络的业务传输控制协议，保证用户业务端到端可靠传输，提供分组传输正确率、重传次数等统计指标获取接口。

仿真用户终端的典型应用数据和业务特性，提供业务特性配置和性能统计接口。通过与仿真平台的系统接口，动态显示网络仿真运行过程中的信息流，增强直观的仿真评估效果。

链路通信模块的功能由星载接入控制、馈电接入控制和星间网络路由功能共同完成，实现用户终端的接入鉴权、切换控制和移动性管理。

星载接入控制模块在卫星平台上提供终端的接入控制、鉴权控制、终端上下文管理、终端移动控制、天地间报文交换、隧道流控制等功能。

星间网络路由功能实现卫星网络与地面信关站一体化的信息传输和路由转发，支持终端的信息通过接入卫星转换，完成信息在星间网络的传输，发送到目的信关站或目标卫星。

馈电接入控制模块完成地基地面核心网络与天基核心网络之间的隔离，在地面站上提供终端的认证鉴权控制、终端上下文管理、终端在接入卫星之间切换过程中的移动性管理控制、天地间报文交换等功能。

网关模块实现星基网络与地面网络和星基组网控制模块的业务转发控制。

3. 仿真模块设计

路由协议模块在网络层实现，位于传输应用层和数据链路层之间。网络层组成模块的架构如图 6-14 所示，主要包含输出队列、路由协议模块和网络协议模块。输出队列用于输出数据分组的存储；路由协议模块根据路由选择算法生成路由信息；网络协议模块从上层（传输应用层）和下层（数据链路层）接收数据分组，负责数据分组的发送、接收、处理、分片和重装等，从路由协议模块获取路由协议，确定数据分组的转发下一跳，并将处理后的数据分组输出至输出队列，当数据链路层空闲时从输出队列中获取数据分组进行发送[7-8]。

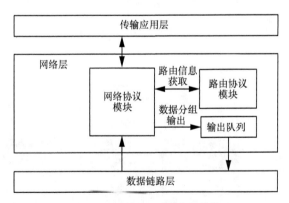

图 6-14　网络层组成模块的架构

网络协议模块如图 6-15 所示，主要包含 8 个部分：首部添加模块、处理模块、转发模块、分片模块、重装模块、路由表、最大传输单元（MTU）表和重装表，此外还包括一些输出队列。网络协议模块接收来自数据链路层或高层协议的分组。如果分组是从高层协议来的，那么它必须将其交付给数据链路层进行传输（除非是在使用回环地址）。如果分组来自数据链路层，那么它将分组路由后交付给数据链路层进行转发，或者它作为分组目的地址将其交付给高层协议。

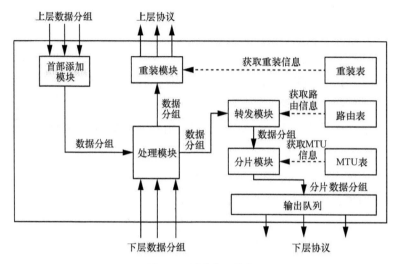

图 6-15　网络协议模块

4. 人机界面

组网通信协议仿真运行界面如图 6-16 所示，组网通信子系统的协议仿真运行后，可以得到各层协议的统计结果，包括数据分组数量、时延、分组丢失等。协议仿真结果如图 6-17 所示。

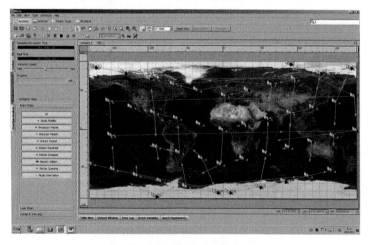

图 6-16　组网通信协议仿真运行界面

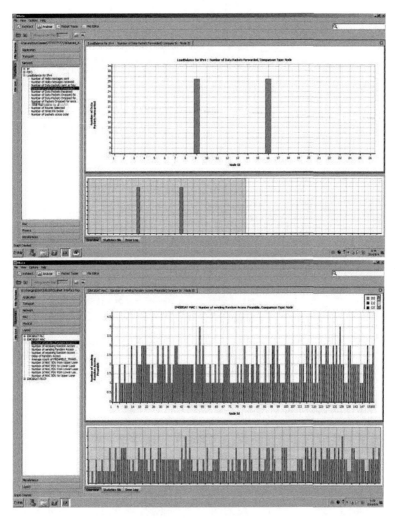

图 6-17　协议仿真结果

6.3.5　业务模拟子系统

1．功能描述

本仿真系统的业务生成采用实际应用系统开发的业务生成及测试软件，如图 6-18 所示，业务生成及测试软件包括网络通信配置与业务配置、业务通信与展示和网络性能测量与展示等功能。

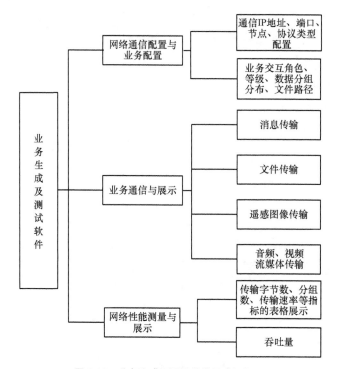

图 6-18　业务生成及测试软件组成框架

（1）网络通信配置与业务配置

网络通信配置与业务配置包括通信方式（如 TCP/IP 网络模式、卫星网络模式）配置、通信节点（如节点编号、IP 地址、端口号）配置、通信协议选择等。

用户的业务交互模式可以使用 TCP/IP 网络通信方式或卫星网络通信方式。TCP/IP 网络通信方式是指通信节点为两个真实终端，本地主机与目标主机设置发送端口与接收端口，进行直接通信；卫星网络通信方式是指本地主机与目标主机发生通信时，通信业务都需要经过中继主机进行转发，业务在中继主机构建的卫星仿真网络中进行传播，并通过该网络中继主机的发送端传输到接收端。控制端主要在初始状态时对中继端与卫星网络进行配置，使其满足发送端与接收端的业务需求。中继端与控制端都是在卫星网络的交互模式下可用。

收发节点是指在卫星网络的通信模式下，发送端与接收端在实际通信时所代表的卫星节点编号，不同编号节点间的业务传输路径存在多条路径选择，可以检测某种业务传输的最佳路径。

传输层协议包括不同的传输层协议类型，主要针对卫星网络模式下不同协议的设定，方便与传统 TCP/IP 网络协议进行性能对比。

（2）业务通信与展示功能

业务通信与展示功能包括消息传输、文件传输、遥感图像传输、音频/视频流媒体传输等业务。消息传输包括用户手动输入消息进行传输或定时自动化消息命令的传输，其中自动化消息命令的传输包括可选长度的命令输入或从文件中输入；文件传输包括选择不同格式的文件从服务器端发送到客户端，支持断点续传等功能；遥感图像传输包括传输单张高清遥感图像或多张遥感图像到目的端，传输完毕后，在目的端展示图像的失真情况；音频/视频流媒体传输包括服务器端选择相应的本地多媒体文件向客户端传输，同时在本地同步播放所传输的文件，通过对比服务器端与客户端的视频播放，展示了传输的时延情况。

（3）网络性能测量与展示

在各项业务传输时，分别记录接收端与发送端的各项指标，包括传输分组数、传输字节数、传输速率等，在传播过程中以折线图形式展示传输速率的动态变化，以表格形式展示传输性能指标。

2．组成与流程

业务模拟子系统设计时将功能分成业务生成与展示、业务通信处理和业务性能测试三大部分。业务模拟子系统设计降低了业务展示、业务通行、业务信息统计的耦合关系，提高了软件的可扩展性。

业务生成与展示模块主要实现业务的界面展示以及用户间的交互。

业务性能测试模块主要是从业务生成模块获得配置数据，从通信处理模块获得通信数据，进行相应的计算和操作，将结果数据返回给视图层进行展示。

业务通信处理模块负责从业务生成及展示层获得网络参数数据，进行相应的通信处理与操作，产生通信数据传递给性能测试模块。

业务模拟子系统流程如图 6-19 所示。

3．人机界面

业务模拟子系统界面如图 6-20 所示。

业务模拟子系统分为 6 个区域。

① 菜单栏：包括通信属性的配置、不同种类业务的创建、业务状态控制、窗口的显示隐藏、效能评估控制。

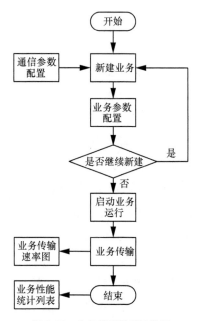

图 6-19　业务模拟子系统流程

图 6-20　业务模拟子系统界面

　　② 业务树列表：每创建一个业务，以树状的方式显示相应节点 IP 地址、端口、业务类型。其中，节点 IP 作为根级节点，与该 IP 对应节点所通信的每一个业务作为二级节点显示。

　　③ 业务属性列表：包括显示通信属性与业务属性。对于业务树列表中的每个业务，双击此业务则会在相应的业务属性列表中显示相应的业务属性。

④ 性能传输动态图：以折线图动态显示业务传输速率。

⑤ 性能指标统计图：动态刷新，显示当期若干通信传输指标的变化情况。

⑥ 业务展示窗口：业务生成后的显示主界面，并在通信过程中实时显示通信时的业务状态。

业务模拟子系统可支持消息业务、文件业务、流媒体业务与图像业务通信，以消息业务和流媒体业务为例，展示实际业务通信的界面。

消息业务传输过程中展示示意图如图 6-21 所示，消息业务通信时，在发送端发送消息，接收端显示接收到的消息。

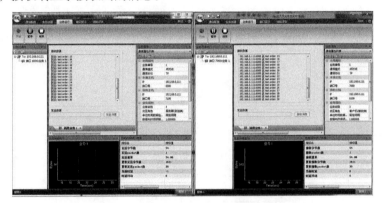

图 6-21　消息业务传输过程中展示示意图

流媒体业务通信主要在发送端和接收端进行视频、音频的实时传输。发送端选择相应格式的视频文件通过流媒体业务传递到接收端，实现边传送边播放的功能，具体如图 6-22 所示。

图 6-22　流媒体业务传输过程中展示示意图

6.3.6　效能评估子系统

1.　功能描述

效能评估子系统主要通过性能数据采集、效能指标计算及整体系统稳定性计算等对系统进行评估，以完成各项关键技术效能和整体效能的评估，从而为天空地一体化组网导航的发展提供支持。

2.　组成结构

效能评估子系统的结构如图 6-23 所示，主要分为数据采集和数据处理模块、评估计算模块和人机交互界面等功能模块。

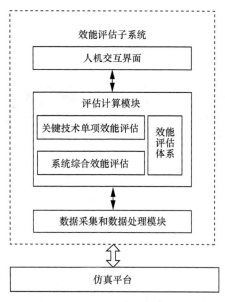

图 6-23　效能评估子系统的结构

数据采集和数据处理模块负责收集天空地一体化组网导航仿真验证各关键指标的相关数据，并对各类数据进行分类整理和保存。

评估计算模块提取体现效能的多个指标参数，如网络拓扑连通性抗毁性、路由传输性能、传输时延、网络吞吐量等，利用数据采集获取的性能数据，计算关键技术单项效能指标。然后根据效能评估指标体系和各个关键技术单项效能评估指标进行综合效能的评估。人机交互界面提供图形化的输入输出界面，便于效果的展示。

3．评估指标体系设计

评估指标主要包括体系结构效能评估和网络协议效能评估，其评估指标见表 6-2、表 6-3。导航增强效能评估指标体系见表 6-4。

表 6-2　体系结构效能评估指标

指标类	指标名	含义
拓扑结构	加权度	加权度是卫星 i 与邻接卫星之间距离 $d(i,j)$ 的倒数之和，NB_i 是星座中与卫星 i 邻接的卫星集合： $$d_\omega(i) = \sum_{j \in \mathrm{NB}_i} \frac{1}{d(i,j)}$$
	星座空间紧性	星座中任意两个卫星之间距离的倒数之和的平均值： $$e = \frac{\sum_{1 \leqslant i \leqslant j \leqslant n} \frac{1}{d(i,j)}}{n(n-1)/2}$$
	星座重访周期	星座中所有卫星的星下点回到初始位置时的时间
通信性能	邻接时延	卫星与邻接卫星的传播时延 $t_d(i,j)$
	平均时延	星座中任意两颗卫星传播时延的平均值 $t_d(i,j)$ 表示卫星 i、j 之间的传播时延，则星座的平均时延为： $$T_d = \frac{\sum_{1 \leqslant i \leqslant j \leqslant n} t_d(i,j)}{n(n-1)/2}$$
	平均误码率	星座中任意卫星 i 和 j 之间的链路误码率的平均值 $r_e(i,j)$，则星座的平均误码率为： $$R_e = \frac{\sum_{1 \leqslant i \leqslant j \leqslant n} r_e(i,j)}{n(n-1)/2}$$
覆盖率	单星全球覆盖率	单星在指定时间内对全球的累积覆盖面积与地球表面积之比
	星座全球覆盖率	星座在指定时间内对全球的累积覆盖面积与地球表面积之比
	星座指定区域覆盖率	星座在指定时间内对指定区域的累积覆盖面积与指定区域面积之比
	多重覆盖	多颗卫星同时覆盖同一区域为多重覆盖（可以计算星座的多重覆盖率和多重连续覆盖时间多项指标）
抗毁性	星座平均时延效率	时延效率定义为星座中任意两颗卫星通信平均时延的倒数之和的平均值
	星座平均传输成功率	成功率为星座中任意两颗卫星之间成功传输一位数据的平均概率

表 6-3　网络协议效能评估指标

指标类	指标名	含义
网络性能	吞吐量	单位时间发送分组数（或分组信息量） 吞吐量=总的发送分组数（或分组信息量）/仿真时间
	分组丢失率	因拥塞或链路错误造成的分组丢失数量占总的发送数据分组数量的比例 分组丢失率=1-成功接收的分组数/总的发送分组数
	端到端时延	分组从源端到目的端的时延，包括链路传输时延、各路由节点协议处理和排队时延
	时延抖动	端到端时延变化范围
协议性能	路由收敛/重路由时间	链路变化或失效后，路由协议重新收敛拓扑生成路由表，或重新发现新的可用路径的重路由时间
	业务 QoS 保障能力	根据业务 QoS 要求，评估业务总体服务质量满足程度
	负载能力	在一定拥塞避免机制和负载调节机制下，网络负载的吞吐量对比

表 6-4　导航增强效能评估指标体系

指标类	指标名	含义
时空基准精度	可见性	覆盖深度
	精度衰减因子（DOP）	几何精度衰减因子（GDOP） 位置精度衰减因子（PDOP） 水平精度衰减因子（HDOP） 垂直精度衰减因子（VDOP） 时间精度衰减因子（TDOP）
	导航系统精度（NSP）	水平导航系统精度（HNSP） 垂直导航系统精度（VNSP） 位置导航系统精度（PNSP） 时间导航系统精度（TNSP）
时空基准完好性	空间信号完好性	服务故障概率 告警时间 告警标志
	服务层完好性	误差告警阈值 告警时间 完好性风险
时空基准连续性	空间信号层连续性	空间信号层连续性
	服务层连续性	精度的连续性 完好性的连续性
时空基准可用性	空间信号层可用性	卫星故障模式 星座备份策略
	服务层可用性	精度的可用性 完好性的可用性

| 6.4 小结 |

本章系统介绍了面向天地一体化导航增强网络仿真验证构建的天空地一体化组网导航集成仿真验证系统的设计方案和主要功能。天基网络综合仿真验证系统针对天基信息传输特殊环境和业务应用具体需求,构建了数字化网络技术和协议仿真验证平台,能够演示天空地一体化组网导航、星间组网的信息传输、导航增强应用模式等新概念,并具备半物理仿真验证接口功能,能够支撑对空间网络体系结构、组网与信息传输协议、导航增强网络应用效能的试验论证。

| 参考文献 |

[1] 边少峰, 李文魁. 卫星导航系统概论[M]. 北京: 电子工业出版社, 2005.

[2] RODDY D. 卫星通信(第三版)[M]. 张更新, 刘爱军, 张杭, 等译. 北京: 人民邮电出版社, 2002.

[3] 刘立祥. 天地一体化网络[M]. 北京: 科学出版社, 2015.

[4] AKYILDIZ I F, EKICI E, BENDER M D. MLSR: a novel routing algorithm for multilayered satellite IP networks[J]. IEEE/ACM Transactions on Networking, 2002, 10(3): 411-424.

[5] CHEN C, EKICI E. A routing protocol for hierarchical LEO/MEO satellite IP networks[J]. Wireless Networks, 2005, 11(4): 507-521.

[6] 王路, 刘立祥, 胡晓惠. 基于地理位置信息的无收敛多测度卫星网络路由算法研究[J]. 宇航学报, 2011, 3(7): 1542-1550.

[7] YUAN J, CHEN P, LIU Q, et al. A load balanced on-demand routing for LEO satellite networks[J]. Journal of Networks, 2014, 9(12): 3305-3312.

[8] CHEN J, LIU L, HU X. Towards a throughput-optimal routing algorithm for data collection on satellite networks[J]. International Journal of Distributed Sensor Networks, 2016, 12(7): 1-15.

名词索引